JN189238

実技マニュアル

新版 炭酸ガス半自動アーク溶接

(一社)日本溶接協会 編

産報出版

「実技マニュアル 新版 炭酸ガス半自動アーク溶接」編集委員会

委員長	山根	敏	（埼玉大学）
委　員	小椋	立夫	（㈱ダイヘンテクノス）
	金子	裕良	（埼玉大学）
	川畑	健太郎	（デンヨー㈱）
	北村	友一	（パナソニック㈱）
監　修	田中	学	（大阪大学）
	平田	好則	（大阪大学）

（五十音順）

まえがき

炭酸ガスアーク溶接は溶接構造物を接合するときに最も利用されている接合方法の一つで，重要な溶接方法である。近年，半導体IC，電力用半導体，CPUの高速化および小型化に伴い，半自動溶接電源の進歩も目覚ましい発展を遂げている。ひと昔前はサイリスタ制御が主流であったが，これがインバータ制御へと変わり省エネ化および高速化が行われた。最新のものは制御周波数が100kHzとなり，より高速制御が可能となっており，これらの溶接電源が炭酸ガスアーク溶接に適用されるようになってきた。このように溶接電源自体が高機能化しており，半自動溶接電源も手軽に取り扱えるようになってきた。溶接品質を最終的に決めているのは溶接電源の性能のみならず溶接作業者の技能や溶接装置のセットアップに依存しており，溶接電源の設置，溶接機の準備溶接条件の設定，運棒方法など溶接品質に関わる部分は多岐にわたる。溶接品質を確保するため，技術的な基礎知識から溶接機の取扱い・操作ならびに保守・点検までのきめ細かな技術基盤の習得が必要なとなる。そこで，日本溶接協会電気溶接機部会・技術委員会では，この重要性を鑑みて，ワーキング・グループを設けて，炭酸ガス半自動アーク溶接の実作業における問題点を洗い出し，「現場の生の声」を求め，溶接作業者向けの実用的な炭酸ガスアーク溶接のガイドブックの作成を計画し，溶接品質を高めるために実用上役に立つ内容を集め，炭酸ガスアーク溶接の実用上の手引書にとなるように，1982年に初版が出版された。

出版から35年経過すると，溶接機を取り巻く技術状況も発展しており，最新の溶接電源は出版時のときと比べると電源自体の性能が格段に向上しており，良好な溶接結果が得られやすくなってきた。そこで，本書の内容を見直して，最新の炭酸ガスアーク溶接の手引書となるように改訂作業を行った。この作業を行うために，再度，電気溶接機部会技術委員会において，ワーキングを構成し，最新の状況を調査・検討を行った。市販の溶接機を使用する上で，実用上の観点から溶接管理技術者，溶接作業者ともに知っていた方が良い知識を集めた。初版ではサイリスタ制御された電源を中心に書かれており，溶接電源。ワイヤ送給装置などの写真も現状のものと異なっていた。また，エンジン駆動式溶接機に関する内容などは含まれていなかった。今回の改定において，最新のインバータ制御式半自動溶接電源に対応し，さらに，エンジン溶接機に関する記述も追加することにした。このことともに，溶接装置ならびに溶接結果の写真等についても最新のものと入れ替えるようにした。

本書の特徴は，概念的な溶接法の原理，溶接用語などの溶接技術に関する初歩的な知識を持つ溶接作業者を対象とし，内容が習得できるようにした。したがって内容の構成も入門者が抵抗なく理解できるように，できる限りの配慮を行っている。第1章から2章を「基礎編」として位置づけ，溶接機の取扱い方法を会得した上でアークの発生が行えるまでとした。第3章を「基礎動作」として位置づけ，溶接操作の基礎訓練を，第4章を「応用動作」として各種溶接姿勢における実用動作として実技の習得をめざした。また，第5章以降は，実際の溶接作業上の留意事項，溶接欠陥防止策など品質保証ならびに安全衛生上，溶接作業者として十分に心得ておけなければならない事項などを順次取り上げている。

また，記述にあたっては論理的に書きながらも体験的な表現をとり，要点を簡潔に示すかたわら，理屈めいた解説は極力排除するように心掛けている。このため，溶接作業に初心者，及び手棒溶接の経験はあるが，半自動溶接については初心者を対象としているので，本書の説明が少々くどくなっていると感じる読者もいると考えられるが，基本操作を参考にできるようになっている。さらに，本書では読者自身が理解の程度をチェックするための演習問題も付けている。

上記のように，本書は最新の溶接機を取り上げて，活きた勉学を強調した炭酸ガス半自動アーク溶接の実技指導書と考えており，初版出版にご尽力いただいた執筆・編集を担った方々の多大な労力の上に，最新の情報を提供並びに執筆していただき，改訂版を作成することができた。ここに，委員長として，本書の初版ならびに改訂作業に関与された各位および監修していただいた各位の献身的なご尽力に感謝の意を表す次第である。

平成30年3月

電気溶接機部会・技術委員会
委員長　　山根　敏

目　次

第 1 章　溶接機の構成と設置

第 2 章　機器操作の準備とアークの発生

第 3 章　溶接の基本操作

第 4 章　溶接の実技練習

第5章　溶接施工上の注意

第 6 章　整備点検

第 7 章　安全衛生

付録 1　JIS Z 3841 半自動溶接技術検定における実技試験のための練習法

演習問題

演習問題の解答

第1章　溶接機の構成と設置

1.1　標準的な溶接機の構成

1.1.1　溶接機の構成

炭酸ガス半自動アーク溶接機は機種によって構造および外観に差異はあるが，多くのものは図1.1に示すように次の要素①～⑤により構成されている。

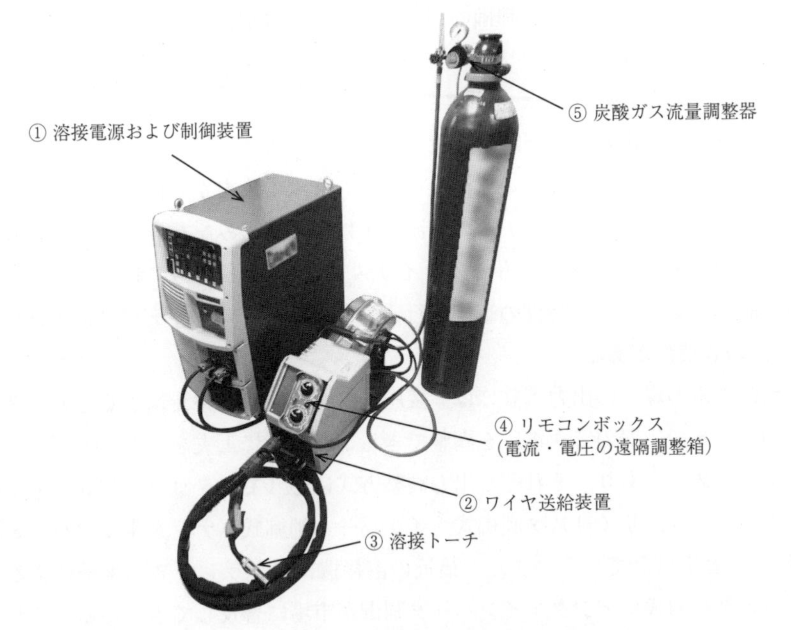

図1.1　炭酸ガス半自動アーク溶接機の構成

溶接電源は直流の定電圧特性の専用電源が用いられ，電流容量によりいくつかの機種がある。この溶接電源の多くは内部に制御装置が組み込まれており，溶接電源の開閉制御，溶接電流・アーク電圧の調整，ワイヤの送給制御，シールドガスの送給・停止などを制御して，溶接操作を便利に進められるようになっている。また，定格電流の大きい溶接機で水冷式のトーチを用いる機種では，水道水へ直接接続して冷却する方法や冷却水循環装置を使用してトーチの冷却，パワーケーブルなどの冷却を行っている。

ワイヤ送給装置は溶接トーチにワイヤを送り込むためのもので，溶接電源から離れて作業場所の近くに持ち運びできるようになっている。溶接電流，炭酸ガス（水冷式の場合は冷却水）などは，この装置を介して溶接電源やその他の供給源からトーチへ供給される。

溶接電流とアーク電圧の調整は，リモコンボックスで行うのが一般的である。このリモコンボックスは，機種によってはワイヤ送給装置に固定されたものや，ワイヤ送給装置から取りはずして作業場所に置いて使用できる。遠隔調整のできないものでは，溶接電源の前面パネルに調整器が取り付けられている。また最近のデジタルインバータ制御の溶接機においては前面パネルの機能をそのまま有したデジタルタイプのリモコンがある。

1.1.2　溶接電源および制御装置

炭酸ガスアーク溶接に用いる溶接電源は，交流の入力から直流出力を得るのに整流素子を使用している。この整流素子には整流のみを行うものと，整流と同時に出力の制御も行えるもの（サイリスタ），整流と出力の制御の他に出力波形制御によるアーク特性の制御が行えるもの（インバータ，デジタルインバータ），の3種類がある。

整流のみの場合の出力調整には，変圧器のタップの切替えによるもの（タップ切替）と変圧器の二次電圧を調整できるよう構造に工夫をしたもの（スライドトランス）があり，それぞれ出力調整方式に応じて，タップ切替式，スライドトランス式，サイリスタ制御式，インバータ制御式（デジタルインバータ制御式），とよばれている。また，最近の溶接機にはトランジスタ素子によるインバータ制御式やデジタルインバータ制御が市場に普及してきている。これらの溶接電源の特徴については，2.2.1項に説明している。

溶接電源の一次側入力については，三相式のものが多いが，交流アーク溶接機用に配線された設備がそのまま使用できるように単相式のものも製作されている。また，多くは電源周波数兼用機（50ヘルツ／60ヘルツ共用）となっているが，中には，50ヘルツ，60ヘルツ専用のものとがあるので，取扱説明書を確認しておくが必要である。

溶接電源の内部には，**図1.2**に示すように制御装置が組込まれている場合が多いが，最近の制御装置には多数の半導体部品が使用されており，これらは湿気やほこりの多いところ，また高温の場所では悪影響を受けるので，溶接電源の設置場所には注意を払わなければならない。

また，溶接電源には冷却ファンが取り付けられ，外部の空気を吸い込んで変圧器や整流素子などを強制冷却している。したがって，溶接電源は基本的には屋内使用タイプとして作られており，どうしても屋外で使用する必要がある場合には，直射日光や雨があたらないような対策を講ずるべきである。屋外の雨の中では，ビニールシートをかぶせて運転するようなことは絶対に行ってはならない。

屋外作業用としては，エンジンを動力とするエンジン駆動式溶接機を使用す

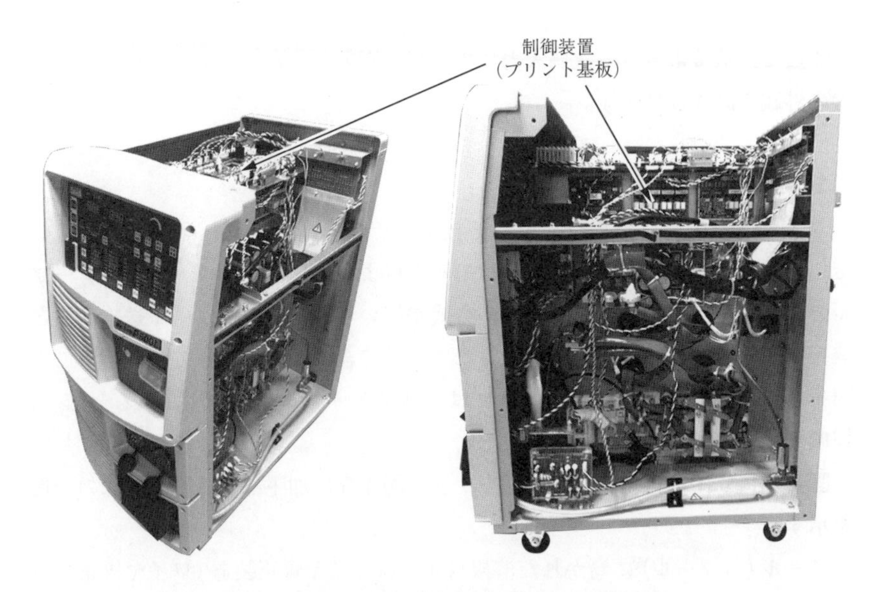

図1.2　溶接電源（制御装置内蔵）の外観と内部の例

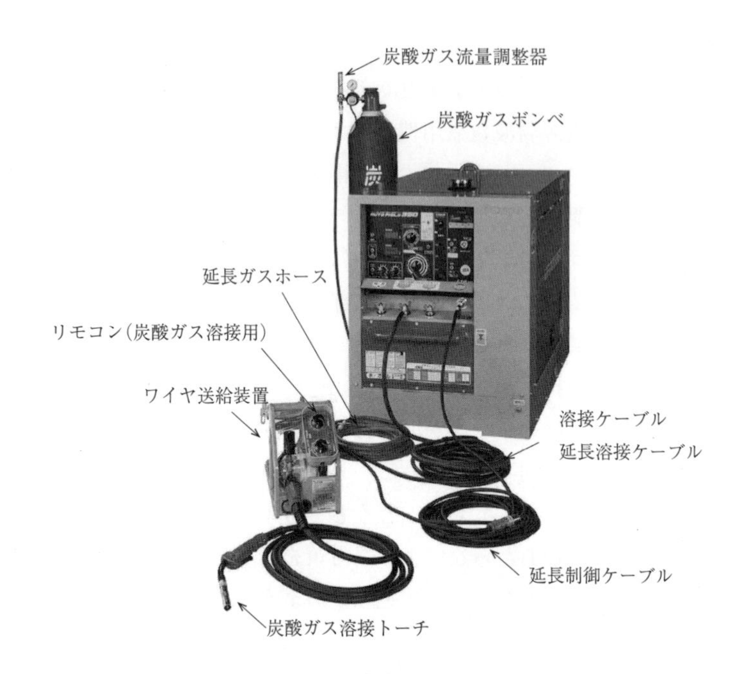

図1.3　エンジン駆動式溶接機の外観

ることで，溶接電源（一次側入力）の配線が不要となる。エンジン駆動式溶接機の外観を図 1.3 に示す。

1.1.3　ワイヤ送給装置

ワイヤ送給装置は溶接ワイヤを溶接トーチの先端まで送り込むためのもので，炭酸ガスアーク溶接機では送給モータにより，ワイヤをコンジットケーブルの方へ押し出すタイプのプッシュ方式が用いられる。このワイヤ送給装置と溶接電源の間は普通 2 ～ 5 m程度離れて作業できるようになっているが，この間をさらに離して作業したいときには，延長ケーブルを別途注文すると 25 m 程度まで延ばすことができる。

図 1.4 にワイヤ送給装置の外観を，また図 1.5 に加圧部と矯正装置部の一例を示す。

リール（スプール）に巻かれた溶接ワイヤはワイヤ矯正装置（ワイヤ矯正ローラ，ワイヤストレーナ）によってワイヤの巻きぐせを除去した後，加圧ロールと送給ロールとの間で加圧されて溶接トーチ内へ送られる。図1.4に示したものでは，ワイヤの加圧は加圧ハンドルによってバネ圧を調整するようにしてあるが，ワイヤ径やワイヤ材質によって加圧の強さの適正値が表示してある。

この加圧力が強すぎるとワイヤが変形したり，加圧ロールと送給ロールとの間でワイヤの切粉が発生し，その切粉がトーチのライナー（コイルライナー，スプリングチューブ）内に持ちこまれてワイヤの送給性を悪化させたりする。逆に加圧力が弱すぎると，ワイヤがスリップして安定なワイヤ送給ができなくなる。適正な加圧力の調整は安定した溶接作業を行うために大切なことである。

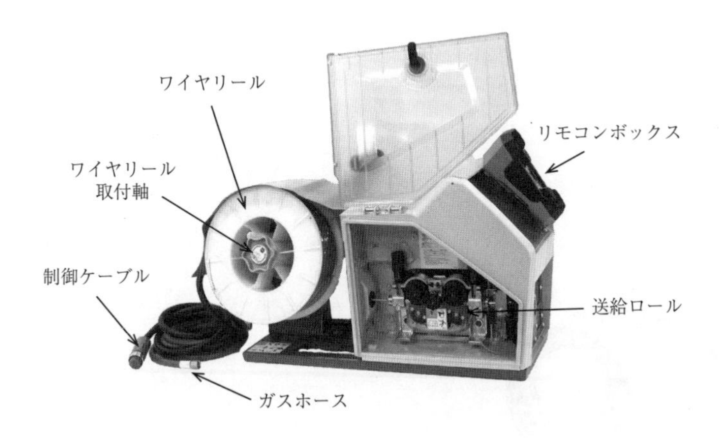

図1.4　ワイヤ送給装置の外観の例

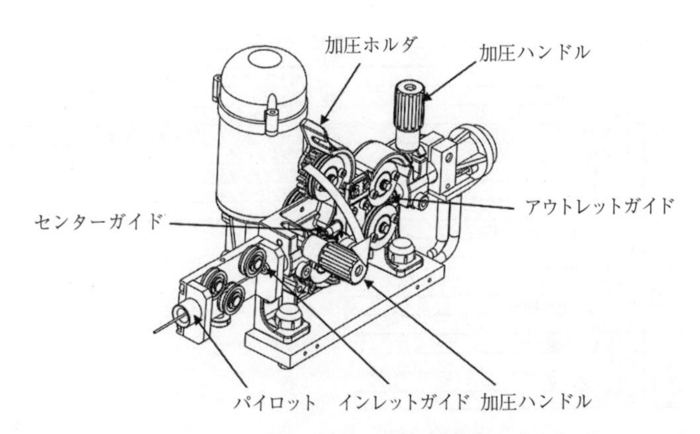

図1.5　ワイヤ加圧部と矯正装置部の一例

1.1.4　溶接トーチ

半自動アーク溶接に用いる溶接トーチには，使用する電流やトーチ形状，冷却方式により種々のものがある。トーチ形状にはカーブド形トーチ，ピストル形トーチがあり，一般にはカーブド形トーチが使用されることが多い。また，冷却方式には空冷式と水冷式とがあり，一般に空冷式のものが多いが，大電流を使用する場合に水冷式のものが用いられる。

空冷カーブド形トーチは水冷式に比べて取扱いが簡単で，複雑な形状の溶接物に対しても作業性が良好なため，広く使用されている。図1.6に空冷カーブ

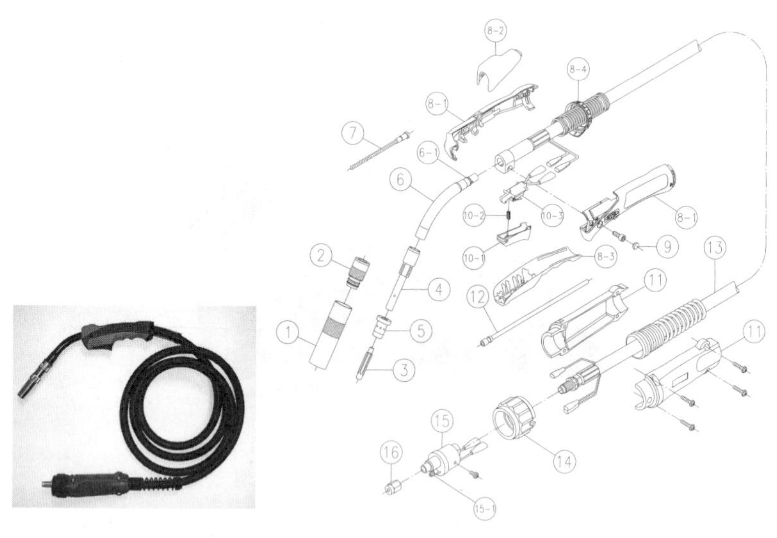

■ハンドル部

照合	品名
①	ノズル
②	インシュレータ
③	チップ
④	チップボディ
⑤	オリフィス
⑥	トーチボディ
⑥-1	Oリング
⑦	インナライナ
⑧	ハンドル キット(⑧-1～4)
⑧-1	ハンドル(L／R)
⑧-2	ハンドル(Upper)
⑧-3	ハンドル(Lower)
⑧-4	ロックリング(LockRing)
⑨	キャップ
⑩	トリガASSY(⑩-1～3)
⑩-1	トリガ
⑩-2	トリガスプリング
⑩-3	スイッチASSY

■コネクション部

照合	品名
⑪	ケーブルサポート（ネジ付）
⑫	プラライナ
⑬	パワーケーブル ※ネジ、スプリングが含まれています。
⑭	アダプタナット
⑮	給電アダプタ（ネジ付）
⑮-1	Oリング
⑯	ライナナット

図1.6　空冷カーブド形トーチの外観と先端部の構造例

ド形トーチの外観と先端部の構造の例を示す。トーチ先端部はトーチボディ，チップボディ，コンタクトチップ（チップ），インシュレータ，オリフィス，ノズルから構成されている。これらの部品の名称は製造メーカーによって異なるので念のため脚注*に示しておく。チップボディは，トーチボディとコンタクトチップの間に取り付けられ，コンタクトチップへ電気を流し，シールドガスをノズルに供給する重要な部品である。コンタクトチップには使用するワイヤ径に応じた穴があけられており，ワイヤがこの穴を通過する際にチップからワイヤへ給電される。インシュレータは，チップボディとノズルとを絶縁するための部品である。オリフィスはチップボディを介して送られてきたシールドガスの流れを整流するとともに，ノズル内に付着したスパッタによってトーチボディとノズルとの間に電気的な短絡が起こるのを防ぐ目的もあり，一般にセラミックで作られている。

次に，ワイヤ送給装置からトーチホルダ部まで電流を流す一線式パワーケーブル内には，**図 1.7** に示すライナー**が納められている。このライナーの中を通ってワイヤが送給装置からトーチ先端部まで導かれるので，ライナーは安定したワイヤ送給に重要な役割を受持つ。そのため，内径や長さについては必ずメーカー指定のものを用い，取扱説明書に書かれてある要領に従って挿入しなければならない。

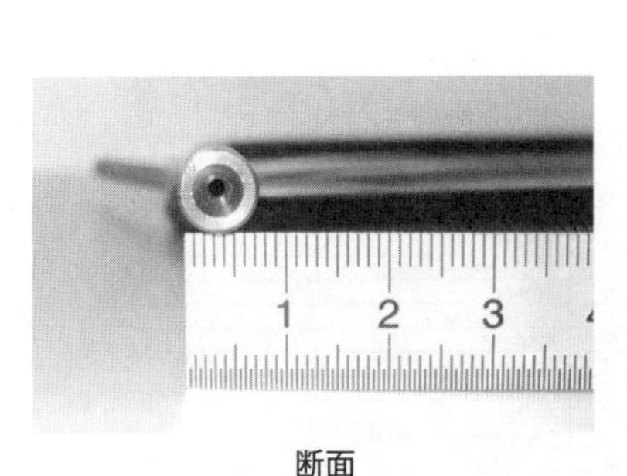

断面

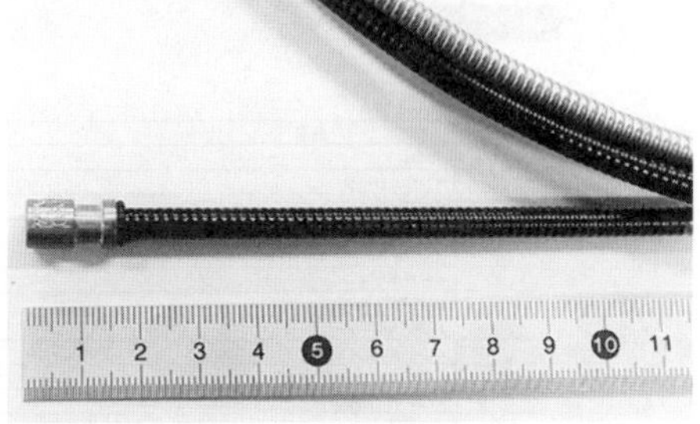

外観

図1.7　ライナーの例

---

*　図 1.6 のトーチ先端部の部品は次のように呼ばれることがある。
①チップボディ：トーチボディと一体のものもありトーチボディの一部となっている場合がある。，②コンタクトチップ：チップ，③オリフィス：（バッフル）

**　ライナーはその形状（バネ状またはコイル状に巻かれたチューブ）からスプリングチューブと呼ばれる。また，メーカーによって名称が異なり，スプリングライナ，ライナスプリング，コンジットチューブ，コイルライナーなどと呼ばれている。以下の説明ではライナーとよぶことにする。

水冷式のトーチは，大電流での連続使用などの厳しい条件で作業するときに用いられる。図1.8に水冷式トーチの外観を示す。ところで，トーチは他の構成要素に比べて熱や機械的衝撃を受けやすく，特に，先端部はアークや母材からの強い熱や，スパッタの付着などにより損傷する機会が多い。そのため，先端部の各部品は消耗品として取扱い，損傷のひどいものは適宜新品と取換えて使用すべきである。また，取扱いや保守点検のしかたによって寿命が著しく異なるので第6章を参照して大事に取扱う必要がある。

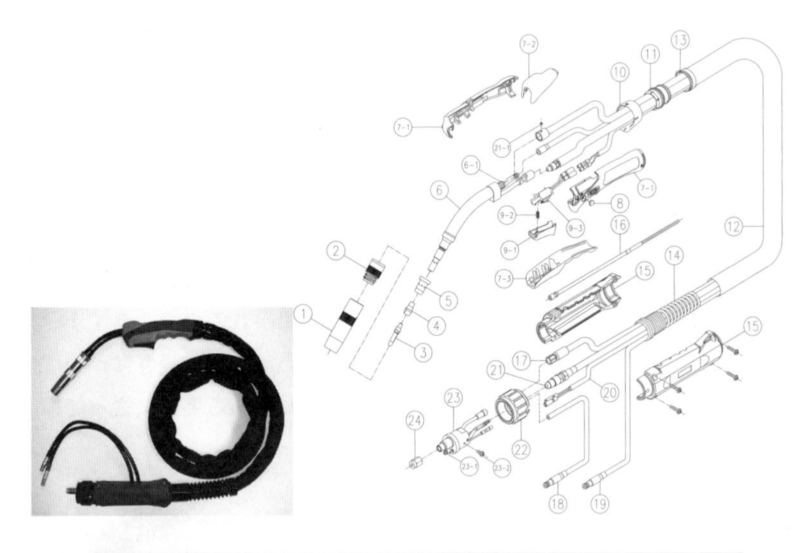

照合	品名	照合	品名
①	ノズル	⑪	エンドジョイント
②	インシュレータ	⑫	ホースシース
③	チップ	⑬	結束バンド
④	チップナット	⑭	スプリング
⑤	オリフィス	⑮	ケーブルサポート(ネジ付)
⑥	トーチボディ	⑯	MIGライナ
⑥-1	Oリング	⑰	パワーケーブル
⑦	ハンドル キット(⑦-1～3)	⑱	復水ホース
⑦-1	ハンドル(L／R)	⑲	送水ホース
⑦-2	ハンドル(Upper)	⑳	スイッチコード
⑦-3	ハンドル(Lower)	㉑	コンジット
⑧	キャップ	㉑-1	六角穴付止めネジ(M4X4)
⑨	トリガASSY(⑨-1～3)	㉒	アダプタナット
⑨-1	トリガ	㉓	アダプタ
⑨-2	トリガスプリング	㉓-1	Oリング
⑨-3	スイッチASSY	㉓-2	丸小ネジ(M4X8)
⑩	ロックリング	㉔	ライナナット

図1.8　水冷式トーチの外観例

1.1.5　その他の装置

(1) リモコンボックス（電流・電圧の遠隔調整箱）

溶接機によっては，図 1.9 に示すようなリモコンボックスを用い，溶接作業者の手元で溶接電流やアーク電圧の調整ができるようになっている。

また，機種によっては，ワイヤ送給装置からトーチ先端部までワイヤを送り込むのに便利なように，リモコンボックスにワイヤインチングボタンが設けてある。ワイヤに通電しない状態で送り込めるので安全にワイヤの送り込み作業が行える。

図1.9　リモコンボックスの外観例

(2) 炭酸ガス流量調整器

炭酸ガス流量調整器は，炭酸ガスボンベに取り付ける減圧弁，流量調整弁，および流量計を組み合せたもので，炭酸ガスがボンベ内の高圧から減圧されて膨張するときに熱を奪うので，凍結しないように加温ヒータを設けているものが多い。図 1.10 に外観を示す。

図1.10　炭酸ガス流量調整器の外観例

(3) 冷却水循環装置

図 1.11 は冷却水循環装置の外観を示すもので，水タンクとポンプにより構成され，流水指示器，給・排水口などを備えている。

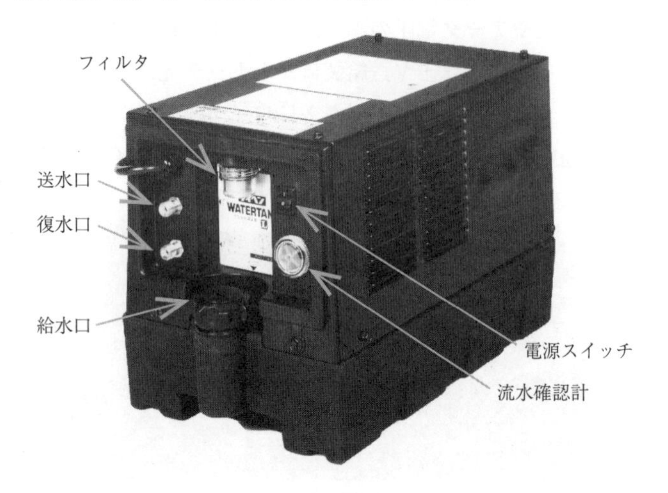

図1.11　冷却水循環装置の外観例

(4) スローダウンスイッチ（エンジン駆動式溶接機）

エンジン駆動式溶接機にはスローダウン機能が備わっている。溶接を行わない時にはエンジン回転速度を定格回転速度の 60% 程度まで自動的に下げて運転することにより，燃料消費量を節減することができる。スローダウンスイッチにより機能の有効（ON），無効（OFF）を選択できる。図 1.12 にエンジン駆動式溶接機の盤面の例を示す。

1.2　溶接機の設置

炭酸ガスアーク溶接機を設置する上で留意すべき点について，要点をあげて説明する。

1.2.1　設置場所と環境

(1) 溶接機の設置は，直射日光のあたる場所，雨のあたる場所，著しく湿気の多い所，ほこりの多い所は避ける。

(2) 溶接電源は，背面の壁や隣の溶接電源から30cm以上離して冷却効果を確保し，かつ床面のしっかりした場所に設置する（図1.13参照）。

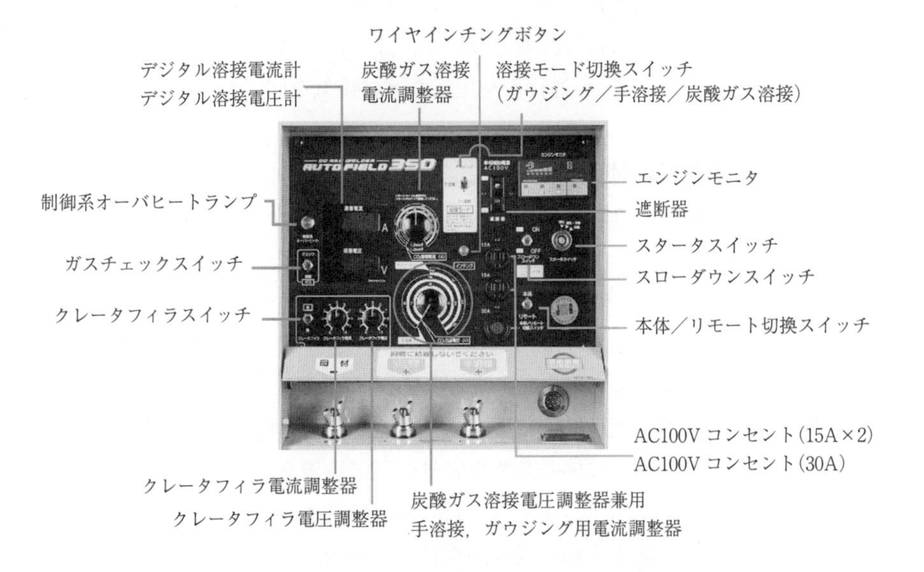

図1.12　エンジン駆動式溶接機の盤面の例

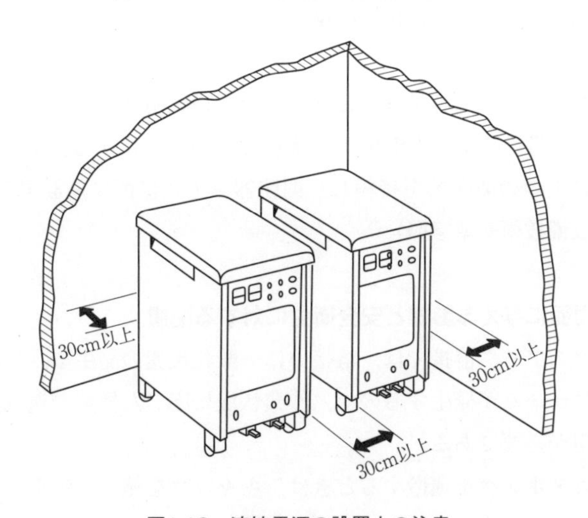

図1.13　溶接電源の設置上の注意

(3) 作業場については，風速が1.5m/sec程度以下の場所を選ぶか，それ以上の風速の所では防風対策を行う（特別に耐風性を考慮した装置，施工法を用いるときは，この限りではない)。

(4) エンジン駆動式溶接機は，エンジンの排気ガスに注意し，トンネルや屋内など通気の悪い所には設置しないか，または換気装置などを使い十分な換気対策を行う。また，通行人や民家などに排気を向けないよう設置する。

1.2.2　電源設備に対する配慮

(1) 各機種に指定された入力電圧，相数(三相か単相か)，電源周波数の電源設備を確保する。

(2) 配電盤の開閉器(スイッチ)から，なるべく短いケーブルで溶接機と接続する。配電盤からあまり離れると，入力ケーブルでの電圧降下が大きくなり，十分な性能が得られないことがある。

(3) 使用時の入力電圧の低下によって，機器が正常に機能しなくなることのないように，各機種に応じ必要な容量の電源設備を確保する。

　入力電圧は一般には200V ± 10%の変動範囲を目安としているものが多いが，近くにある大形の機械が稼動した場合に，電圧の大幅な低下が生じないか，あるいは残業時に電圧が異常に高くならないかを確認しておく。また三相入力で用いる溶接機の場合には，三相のバランスがとれているかどうかも確認しておく。

　具体的な電源設備容量は，機種ごとの取扱説明書に従う。

(4) 1つの開閉器に多数の溶接機を接続しないようにする。必ず，溶接機1台ごとに1つの開閉器を接続し，開閉器を近い箇所に施設する。(※詳細は電気設備技術基準参照)

1.2.3　周囲に与える影響と安全衛生に対する配慮

(1) 炭酸ガスアーク溶接では，溶接中に一酸化炭素の発生や，金属蒸気などを含むヒュームが発生するので，作業状況に応じた換気や送気，保護マスクの着用が必要である。

(2) 炭酸ガスボンベを運搬するときは，キャップを施し，専用台車を用いるのが望ましい。

設置に際しては，倒れないように必ず**図 1.14** に示すように固定する。

ボンベを直射日光のあたるところや，温度の高い熱源の近くに設置すると，炭酸ガスボンベではボンベ内圧が上昇し危険であるので，必ず40℃以下となる場所に設置する。

なお炭酸ガスボンベにはサイフォン式のもの（サイフォン管付き容器）があるが，これを用いると使用中に炭酸ガス流量調整器内部が凍結するので使用してはならない。

(3) 溶接時には強い光を発するので，他の作業者の迷惑にならないような場所を選択するか，あるいは可能な限り衝立や遮光カーテンなどを使用して作業場から光が発散するのを防ぐ。

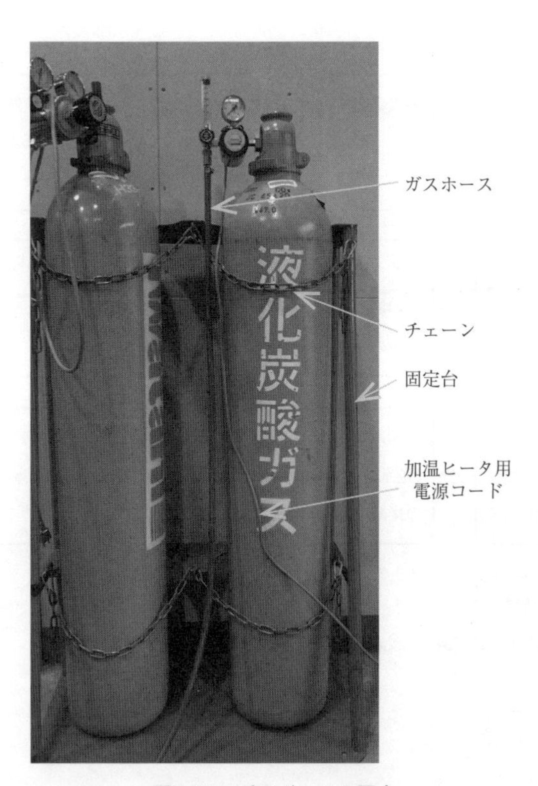

図1.14　ガスボンベの固定

1.3　溶接機の接続手順

溶接機の接続方法については，溶接機の機種によって差異があるので，詳しくは機種ごとの取扱説明書に従うが，ここでは基本的な接続方法の手順と，各段階における要点について以下の**図 1.15** と**表 1.1** で説明する。

ただし，接続の順序は必ずしもこのとおりに行う必要はないが，手順に述べられた項目はすべて確実にチェックするのが望ましい。

なお，**図 1.16** の接続系統図の中に，フローチャートの接続手順 No. に対応する番号を記入しているので，参考にしていただきたい。

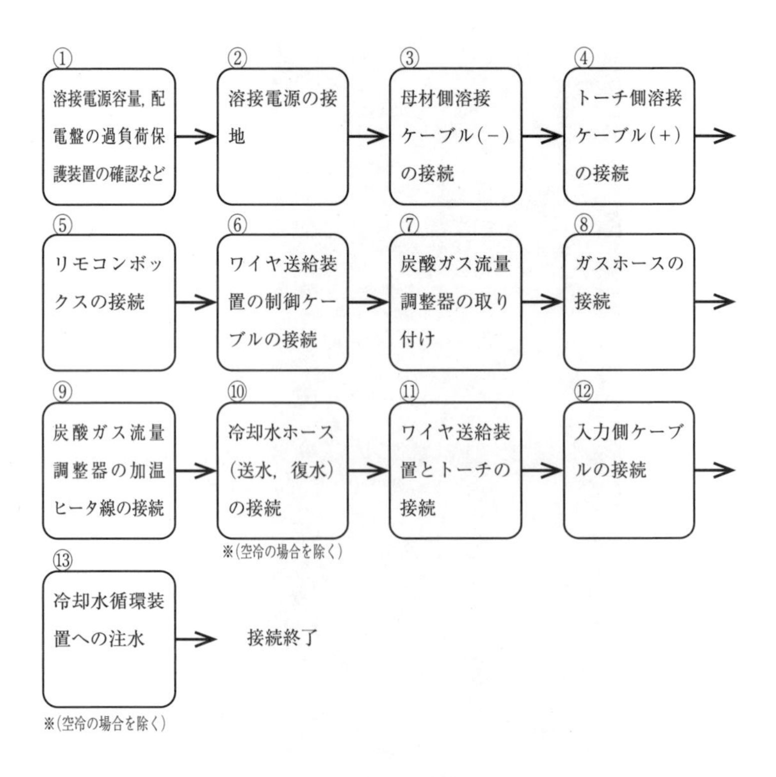

図1.15　機器の接続手順

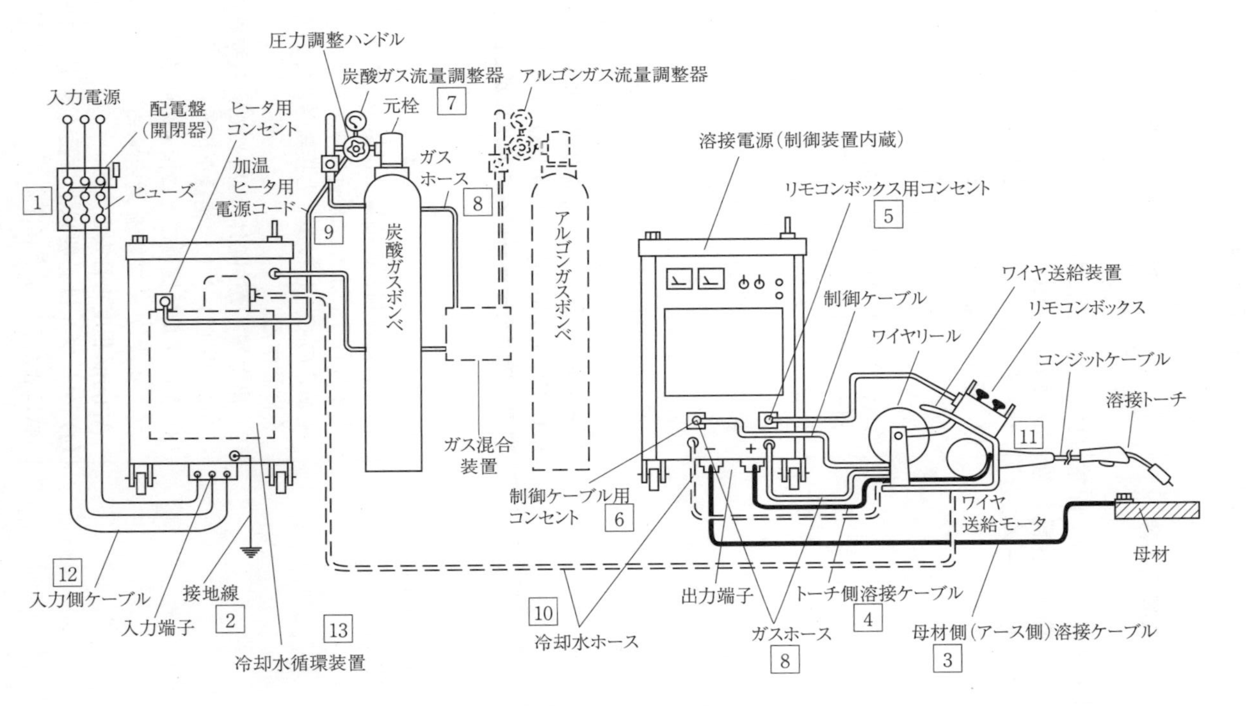

図1.16　炭酸ガスアーク溶接機（半自動）の接続系統図

表1.1　接続の各段階における要点

手順No.	接続の内容	要　　点
1	溶接電源容量，配電盤の過負荷保護装置(MCB, ヒューズなど)の確認など	(1) 機種ごとに指定されている容量の過負荷保護装置（MCB，ヒューズなど）が取り付けられているかを確認する。 (2) 電気用品取締法の適用を受ける，漏電遮断装置（地絡遮断装置）を配電盤に設ける。過大な容量のものを用いてはならない。 (3) 溶接電源の定格周波数が50，60ヘルツ共用か，専用かあらかじめ確かめ，誤った使用にならないよう注意する。また共用機の場合，入力タップや電源内制御装置などに周波数切換スイッチがないかを確認する。
2	溶接電源の接地	万一の絶縁不良，漏電に対する安全対策として必ず溶接電源の接地を行う。（電気設備技術基準第10条，電気設備の技術基準の解釈について　第240条）なお接地はD種接地工事*による確実な接地を行うことが必要である。
3	母材側溶接ケーブルの接続	(1) ケーブルの端子と溶接電源の出力端子（－）および母材側との接続にはボルトの締め付けを十分行う。また，最近はコネクタ式のものもあるので，しっかりと接続されていることを確認する。 (2) 出力端子が外部に露出している機種のものはテーピングし，絶縁を行う。 (3) ケーブルは機種ごとに指定のサイズのキャブタイヤケーブルを選定する。サイズは5 A/mm^{2}程度を目安とする。 (4) ケーブルは必要以上に長くせず，ループ状に巻かないようにする。

4	トーチ側溶接ケーブルの接続	(1) ケーブルの端子と溶接電源の出力端子（+）の接続，およびトーチへの給電部との接続には，ボルトなどの締め付けを十分行い，確実な通電ができるようにする。また，最近はコネクタ式のものもあるので，しっかりと接続されていることを確認する。 (2) 出力端子の絶縁，ケーブルサイズの選定は手順No.3に準じて行う。
5	リモコンボックスの接続（リモコンボックスのある機種のみ）	リモコンボックス用ケーブルのプラグの接続は，ロックねじを十分締め込み，確実な接続が行えるようにする。
6	ワイヤ送給装置の制御ケーブルの接続	ケーブルのプラグの接続は，ロックねじを十分締め込み，確実な接続が行えるようにする。
7	炭酸ガス流量調整器の取付け	(1) 取付け前に，ボンベの元栓を1，2度開け，取付け口のゴミなどを吹飛ばしておく。 (2) ボンベに取付けるときは，ボンベ取付け口側面に立って行う。 (3) ガス流量調整器のガス入口に，油やほこりを付着させない。 (4) 調整器の取付けナットは，取付け口に十分締め込む。 (5) 取付け（取りはずし）のときは，流量計に手をかけずに調整器本体を支えてスパナがけ作業を行う。 (6) 集中配管用の流量計は正しく働かないだけでなく，危険なのでボンベでは使用してはならない。
8	ガスホースの接続	炭酸ガス流量調整器のガス出口＝（溶接電源）＝ワイヤ送給装置間のガスホースのそれぞれの接続は，金具同士（袋ナット，ニップル）で接続する所の袋ナットを十分締め込み，ホースとニップルで接続する所は，ホースバンドなどでゆるみ止めを行う。

9	炭酸ガス流量調整器の加温ヒータ用電源コードの接続（加温ヒータを用いる機種のみ）	必ず電源コードのプラグをAC100Vのコンセントか溶接電源の専用コンセントに接続する。
10	ワイヤ送給装置の冷却水ホースの接続（水冷式トーチを用いる機種のみ）	冷却水のトーチへの給水，トーチからの排水（復水）ホースと溶接電源や冷却水循環装置とを金具同士（袋ナット，ニップル）で接続する所は，袋ナットを十分締め込み，ホースとニップルで接続する所はホースバンドなどでゆるみ止めを行う。
11	ワイヤ送給装置とトーチの接続	(1) 制御ケーブル，一線式パワーケーブルなど，ガスホース（冷却水ホース）を，所定の接続部に確実に接続する。 (2) コンジットケーブルの取付けにあたっては，使用するワイヤ径にあったライナーが，所定の長さで取付けられているかを確認する（円滑なワイヤ送給を行う上で重要であるので，必ず確認する）。
12	入力側ケーブルの接続	(1) ケーブルの接続時には，配電盤のスイッチが切られていることを必ず確認し，接続中に誤って投入されないよう，適切な手段を講じておく。 (2) ケーブル端子と配電盤側，および溶接電源の入力端子との接続はボルトなどの締付けを十分行い，確実な通電ができるようにする。 (3) 溶接電源の入力側の端子にはテーピングなどの絶縁を確実に行う。 (4) ケーブルは，入力電流に対し余裕のあるサイズ（断面積）のものを用いる。それぞれ，各機種に指定されたものを用いればよいが，5A/mm^2 程度になるように選定する。なお，入力電流の算出は次式により行える。

		○三相入力機の場合 $$入力電流（A）= \frac{定格入力（KVA）\times 1000}{\sqrt{3}\times 定格入力電圧（V）}$$ ○単相入力機の場合 $$入力電流（A）= \frac{定格入力（KVA）\times 1000}{定格入力電圧（V）}$$ (5) ケーブルが長くなるときは，電圧降下を防ぐ上から太めのサイズのものを用いるのが望ましい。
13	冷却水循環装置への注水と呼び水（水冷式トーチを用いる機種のみ）	(1) タンクへの注水時にはタンク内にゴミが入らないようにし，注水後は注水口にふたをする。 (2) 冷却水循環装置の電源部分に，水がかからないように十分注意する。 (3) 注水の終了後，呼び水が必要な冷却水循環装置の場合には入口にも注水を行っておく。

＊D 種接地工事

1 次側入力電圧が 300 V 以下の低圧用の機器の外箱，または作業台などの鉄台が対象となる。（「電気設備に関する技術基準を定める省令」（平成 9 年 3 月 27 日通商産業省令第 52 条，最終改正：平成 24 年 6 月 1 日経済産業省令第 44 号）の解釈により，（接地箇所）の区分に応じ接地工事を施さなければならないとされているので，必ず確認の上実施すること。）

具体的な施設方法は内線規程 140 節に規定されている。

第 2 章　機器操作の準備とアークの発生

この章では溶接を行うまでの前段階として，配電盤のスイッチ投入からアークの発生までの準備について説明する。

2.1　溶接準備

機器の接続が終了した段階で溶接機の操作に入るが，その前に部品類の取付けの確認などを行う。

溶接準備についても，溶接機の種類によって差異があるが，前章と同様に基本的な要点を図 2.1 および表 2.1 で説明する。

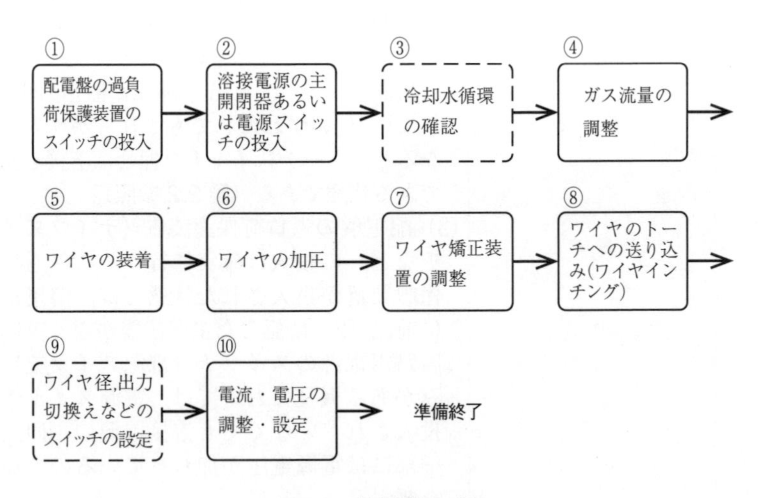

図2.1　溶接準備の手順

エンジン駆動式溶接機の場合は，商用電源への接続が不要なため配電盤の過負荷保護装置や溶接電源の主開閉器の操作がない代わりに，エンジンの始業前点検や始動操作が必要となる。

表2.1　溶接準備の各段階における要点

手順No.	準備の内容	要　　点
1	配電盤の過負荷保護装置のスイッチの投入	(1) 投入する前に下記の点を確認する。 (i) 入力側ケーブルは所定のサイズのものが確実に接続され，また絶縁されているか。 (ii) 入力電圧が溶接機の所定の範囲に入っているか。また三相入力機の場合は各相間（線間）の電圧がバランスしているか。 (2) 溶接電源の主開閉器あるいは制御回路用電源の入・切を行う電源スイッチが切られていることを確かめて，配電盤の過負荷保護装置を投入する。主開閉器は溶接電源の主回路と内蔵している制御回路用電源の入・切を手動で行うものであり，ノーヒューズブレーカをこれにあてている機種もある。これに対し，電源スイッチは主に制御回路用の電源の入・切を行うものである。ただし，一部の機種ではこのスイッチの投入で主回路の一次側が「入」となるものもある。（この場合，一次側が「入」でも出力側には電圧は印加されない。）いずれにしてもこれらが「入」となると，トーチスイッチを押せば溶接を開始できる状態である（図2.2参照）。 (3) 配電盤の過負荷保護装置（ナイフスイッチなど）の投入は確実に行う。この過負荷保護装置が投入された状態では，溶接電源に前記（2）に記した主開閉器がなく，制御回路用電源のスイッチ（電源スイッチ）のみがある機種においては，電源スイッチが投入されていなくても溶接電源の主回路の一部には電源電圧が加わっているので注意を要する。

2	溶接電源の主開閉器あるいは電源スイッチの投入	(1) 投入する前に，溶接ケーブル（母材側，トーチ側）について，前記1と同様に確認する。 (2) トーチスイッチが押されていないかを確かめて，主開閉器あるいは電源スイッチを投入する（作業台などにトーチを置いた状態で，トーチスイッチが気づかない間に押されていることがままあるので注意を要する）。 (3) 投入後，溶接電源内のファンが回っているかどうかを確認する。
3	冷却水循環の確認（冷却水循環装置のある機種のみ）	(1) 一般に冷却水循環装置を使用する場合は，溶接電源側に水冷・空冷などの切り替えスイッチが備えられている場合があり，これらは冷却水の循環を水圧でチェックし，水圧OKで動作が可能となるように制御しているので，水圧OKを表示灯で確認する。この機能を有さない溶接電源の場合は，目視で冷却水の循環を必ず確認する必要がある。 (2) ポンプの作動音だけでの判断では，必ず冷却水が循環しているとは限らないので注意をする。この場合は，復水ホースから水が戻ってきているかどうかを確認する。 (3) 水が循環しない場合には，使用をせず呼び水が必要な場合は注水を行い冷却水の循環を確認する。冷却水が循環しない場合は，冷却水の循環経路に目詰まりを起こしている可能性があるので取扱説明書を確認の上，対処する必要がある。
4	ガス流量の調整	(1) 溶接電源に設けられているガスチェック（点検）のボタンを押して「点検」の状態にする（図2.2参照）。（ガス流量の固定式の調整器では，この操作の手順は不要である） (2) 調整器に圧力調整ハンドルのある機種では，このハンドルを十分ゆるめた後（左まわし），ボンベの元栓を開き，その後ハンドルを締め込み所定の圧力（0.15～0.2MPa）に調整する。 (3) 流量調整つまみで必要な流量に設定する。

		(4) ガスチェック（点検）のボタンを再度押してを「溶接」の状態に戻す。 (5) 炭酸ガスとアルゴンガスを単独のボンベを用いて混合して使用するときは，混合比の調整はガス混合装置で指定された方法で行い，その他は (1) ～ (4) に準拠する。 (6) 加温ヒータを用いる方式の炭酸ガス流量調整器では，ヒータが温まっていることを確認する。ただし，トーチスイッチ「入」で加温の始まる機種の場合はこの限りではない。
5	ワイヤの装着	(1) ワイヤがさび，ほこり，水分などがないことを確認する。さびている場合は，さびているワイヤを取り除く。 (2) ワイヤリール（ワイヤスプール）を取り付け軸にはめ，抜け止めを確実に行う。 (3) ワイヤ端をできるだけストレートにし，トーチ取り付け側のアウトレットガイドまでそれぞれのワイヤ送給装置に指定の手順で通す。 (4) 送給ロールおよびアウトレットガイドはワイヤ径にあった所定のものになっているかを確かめる。また，アウトレットガイドとロールの溝のセンターが合っているかも確かめる。
6	ワイヤの加圧	(1) ワイヤをロールの溝に確実にはめ込み加圧を行う（ワイヤ送給装置により様々であるが，一般に図1.5に示す加圧ホルダを下ろし，加圧ハンドルを起こして加圧する）。 (2) 加圧力の調整は，使用するワイヤに応じ指定されたバネの長さになるよう（目盛などで表示されている）にして行う。 注）ワイヤ加圧力の調整には，この他に次のような方式がある。 （ｉ）一定加圧方式……すでに適切な加圧力にセットされており，ワイヤ装着時に加圧ハンドルを起こすだけでよく，加圧力の調

		整の必要がない方式。 （ii）一定の送給負荷で（例えばコンジットケーブルにループをつくる）ワイヤ送給を行い，送給ロールにてワイヤがスリップしないように加圧力を調整する方式。
7	ワイヤ矯正装置の調整	(1) トーチ端でのワイヤの極端な曲がりを抑えるため，およびワイヤ送給負荷の低減のため，ワイヤの巻きぐせの適度な矯正を行う。 (2) ワイヤ送給装置により調整法は様々であり，それぞれに指定された方式で確実に調整する。参考までに代表的な方式を挙げると，次のとおりである。 （i）矯正装置が設けられており，可動アーム（図1.5）を指定された量（目盛などで表示）だけ押し込む。 （ii）矯正装置が設けられており，ワイヤ送給装置にトーチを取り付けない状態で，ワイヤを送給し，ワイヤがほぼ真直ぐに出るように可動アームを押し込む。 （iii）ワイヤの送給ロールへの進入角を，ガイドチューブやロールで規制して矯正する（この場合，調整は不要である）。
8	ワイヤのトーチへの送り込み（ワイヤインチング）	(1) 使用するワイヤに合ったチップをトーチに取りつける。このとき，チップをしっかり締め込み，確実に通電できるようにする。 (2) リモコンボックス，あるいはワイヤ送給装置に設けられたインチングボタンで，チップの先端より20mm程度突き出るまでインチングする。インチングボタンのないものはトーチスイッチを押してワイヤを送給する（このときは，ワイヤ先端に電圧が加わっているので，ワイヤ先端が母材に触れないように注意する）。

9	ワイヤ径，出力高低などのスイッチの設定（これらスイッチのある機種のみ）	使用するワイヤ径，出力（電圧）の高低，トーチスイッチ操作（自己保持の有無など）などの切換えの必要な機種あるいは行える機種については，指定された方法で切換・設定を行う（図2.2参照）。
10	溶接電流・アーク電圧の調整・設定	(1) 使用する溶接電流，アーク電圧を各調整器によりあらかじめ設定する。調整方式は機種により異なるが，基本的には溶接電流とアーク電圧をそれぞれの調整器で行う個別調整方式のものと，溶接電流のみ調整すればアーク電圧は自動的にほぼ適正な値に調整される一元調整方式の2つに大別できる。また，機種によってはこの両者をスイッチの切換で選択できるようにしているものもある。 （i）個別調整方式の場合 　リモコンボックスか電源正面パネルにある調整つまみ（またはハンドル）を回して，それぞれ使用する電流（ワイヤ径別に目盛られている），電圧値に目盛を合せる。 　この目盛は大まかな目安であるので，正確には実際にアークを出して電流計，電圧計をみて調整する。* （ii）一元調整方式の場合 　電流調整ボックスの電流設定つまみで設定する。 　この場合電圧は自動的にほぼ適正値になっているので調整する必要はないが，微調整つまみが設けてあるので，これを利用して電圧を高目，低目に調整することは可能である。

		(2) クレータ制御が可能な機種で，クレータ制御を行う場合は「クレータ有」または「自己保持有」とし，前記（1）項と同じ方法でクレータ電流と電圧を調整しておく。 一元調整方式の可能な機種でも，クレータ条件は一元調整のものと個別調整のものとがある。　なお，図 2.2 にはクレータ制御と一元，個別の切り替えが可能な溶接電源の前面パネルの一例を示す。

＊　この電圧計は，ほとんどのものは電源の出力端子にかかる電圧（端子電圧）を示している。したがって，アークの長さが同じ（アーク端にかかる真のアーク電圧が同じ）でも，電源とトーチ間のケーブル長さ，太さが異なるとこのケーブルでの電圧降下に差異が生じ電圧計の指示値が異なる。真のアーク電圧の測定，管理は困難であるので，実用的にはこの電圧を用いる。

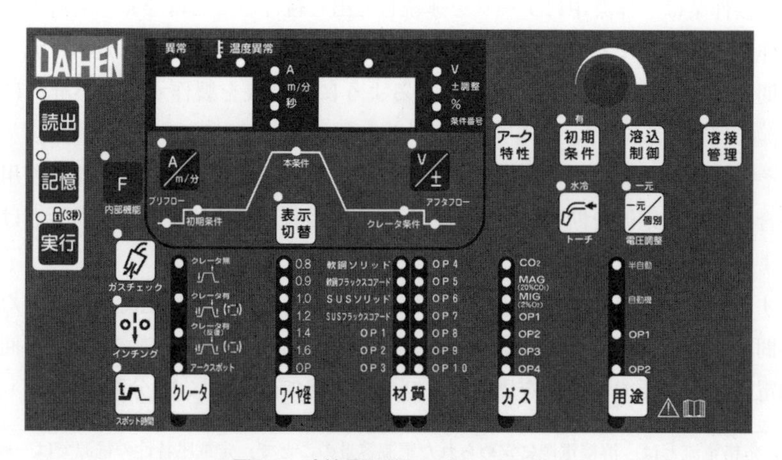

図2.2　溶接電源前面パネルの一例

2.2　溶接機の特徴と使い方の注意

2.2.1　条件調整方式と操作上の特徴

1.1.2項において炭酸ガスアーク溶接機の種類について簡単に説明したが，ここでは**表2.2**により，条件調整方式と操作上の特徴について説明する。

表に示すように，機種によって条件調整方式や機能の差異があるので，使用する溶接機の特徴をよくつかんでおく必要がある。特に，アーク発生中に出力の調整のできない機種で誤った操作を行うと，機器の故障の原因ともなるので，正しい取扱いについてはアークを出す前に十分確かめておく必要がある。

2.2.2　溶接電源の使用率

溶接の準備も終了し，いよいよアークの発生に移るのであるが，その前に溶接電源の銘板に記載してある定格電流*と使用率を確認しておく必要がある。

この定格電流と使用率を越えた条件で溶接を行うと，溶接電源を焼損する危険性があるので，定格電流および使用率を越えないよう注意しなければならない。

(1) 使用率

溶接作業は，作業中にアークを連続して出し続けることはなく，場所の移動や作業の段取りなどをしている時間も少なくない。したがって，定格電流を長時間連続して流し続けることができるように溶接機を製作すると不経済になる。

そこで，溶接機には使用実態に合うように使用率が定められてあり，使用率に合せて定格電流を断続的に流したとき，溶接機が熱的に支障をきたさなければよいことになっている。

すなわち，**図2.3**に示すように，使用率とは通電時間と休止時間を含めた全時間に対する通電時間の割合を百分率で表したものである。この場合，1回の通電と休止に要する時間を周期とよび，溶接機では一般に10分間としている。

---

*　定格電流とは，溶接電源に定められた電流容量のことで，定電圧特性の電源では一般に使用し得る最大の電流値に定められている。

表2.2　各種溶接機の操作上の特徴

溶接機の種類	条件調整方式	操作上の特徴
インバータ制御式	1. 一般にリモコンボックスを装備し，この電流・電圧の調整つまみを回して調整する。 2. 個別調整方式のものが多いが，切り替えスイッチの選択で一元調整もできるようにしたものがある。 3. 大電流用のものではクレータ制御が可能なものが多い。	1. 溶接条件の調整は，リモコンボックスのつまみによって無段階の連続調整ができる。 2. アーク発生中でも電流・電圧の条件変更ができる。 3. 外部信号による条件の設定，および変更が容易であり，専用自動機やロボットと組み合わせるような自動溶接にも適する。 4. アーク特性を自在に変えることができる。（ソフトアーク，ハードアーク）
サイリスタ制御式	1. 一般にリモコンボックスを装備し，この電流・電圧の調整つまみを回して調整する。 2. 個別調整方式のものが多いが，切り替えスイッチの選択で一元調整もできるようにしたものがある。 3. 大電流用のものではクレータ制御が可能なものが多い。	1. 溶接条件の調整は，リモコンボックスのつまみによって無段階の連続調整ができる。 2. アーク発生中でも電流・電圧の条件変更ができる。 3. 外部信号による条件の設定，および変更が容易であり，専用自動機やロボットと組み合わせるような自動溶接にも適する。
タップ切り替え式	1. アーク電圧は溶接電源に設けられた切り替えスイッチを回して調整するものが一般的である。 2. 電流は電流調整つまみを回して調整する。 3. 個別調整方式のものが多いが，一元調整方式のものもある。	1. アーク電圧は段階調整のため，条件調整が比較的簡便である。 2. タップの数が少なく，切り替え段数の少ないものでは，こまかな電圧調整ができない。 3. 外部信号による条件変更，およびアーク発生中の条件変更はできない。
スライドトランス式	1. 交流アーク溶接機と同じように，溶接電源に設けられたハンドルを回して溶接電流を調整すればよいように，一元化されたものが多い。 2. 個別調整方式のものもあり，この場合のアーク電圧は溶接電源に設けられたハンドルを回して調整し，電流は電流調整器を回して調整する。	1. ハンドルを回すことによって，連続的な出力調整が可能である。 2. 外部信号による条件変更は行いにくい。したがって，リモコンボックスを装備しているものは少ない。

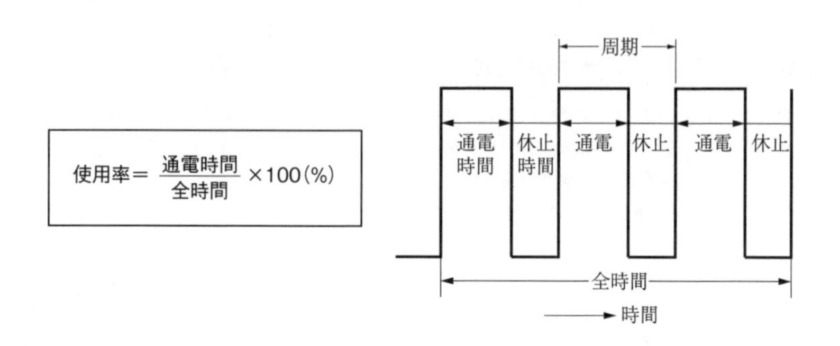

図2.3　使用率の説明図

したがって，使用率が仮に60％の溶接電源とは，10分間のうち6分間は定格電流で使用でき，残りの4分間は休止する必要があることを意味している。ただし，これはあくまで溶接電源の温度上昇試験を行う上で便宜的に定めたものであり，実際の溶接作業では様々なアーク発生時間と休止時間が組み合わさって行われているが，要はアークの出ている時間の割合が60％程度以下であれば問題ないということである。

ただし，周期を10分と定められているのは，同じ60％の割合でもアークを30分間連続して出し，20分間休止するような使用はできないことを意味している。

この点，自動溶接などで1回の溶接時間が長い場合は，十分考慮して溶接機の容量を選択しなければならない。

(2) 許容使用率

銘板に表示されている使用率の値は，その溶接電源の定格電流で使用した場合のものである。

実作業では，いつもこの定格電流で作業するわけではなく，定格電流値未満で作業する方がむしろ多い。このときには定格使用率を越えて使用することも可能であり*，この場合の使用率を許容使用率とよんでいる。実際に使用する

*　大半の溶接電源はこのような使用法が可能であるが，電流を下げても（定格電流値未満）定格使用率を越える使用率で用いられない機種もある（定使用率形）。

電流での許容使用率を計算するには次の式が適用できる**。

$$許容使用率 = \left(\frac{定格電流}{使用電流}\right)^2 \times 定格使用率$$

また，休止せずに連続して（使用率100%）使用できる電流を求めると上式により

$$連続使用が可能な電流 = 定格電流 \times \sqrt{\frac{定格使用率(\%)}{100}}$$

となる。

図2.4は許容使用率と使用電流などの関係を調べるための早見図である。

例えば定格電流350A，定格使用率50%の溶接電源を実作業で90%の使用率にて用いる場合には，溶接電流を何A以下にする必要があるかを調べると，図中のA点となり，出力電流(%)は約75%となる。

したがって，350(A)×75/100 ≒ 263Aとなり，263A以下で使用すれば，使用率90%で用いてもよいことになる。

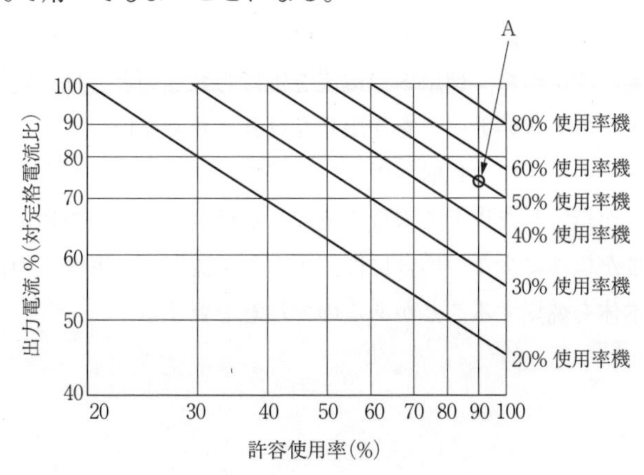

図2.4　許容使用率の早見図

** この式は，使用率を下げて定格電流を越える電流で溶接する場合には適用できない。
その理由は，溶接電源に用いられている整流素子は，主変圧器などに比べて熱容量が小さく，定格を越えた電流を使用すると急激に温度上昇して整流素子を焼損する危険があるためである。

2.2.3　溶接トーチの使用率

これまで説明してきた使用率の考え方は，溶接トーチについても適用でき，溶接電源と同様に，トーチに定められた定格電流と使用率の範囲内で使用しなければならない。

ただし，トーチの場合は，溶接作業の状況によって母材やアークから受ける輻射熱などの影響が異なり，溶接電流による発熱だけで使用率を決められない。

例えば，同じ溶接電流，アーク電圧で溶接を行っても，溶接速度の速い場合と遅い場合では，トーチ先端部が受ける母材からの輻射熱は，後者の方が多い。このように使用状態によってトーチの受ける熱影響が異なることを想定して，一般にトーチの定格使用率は溶接電源の使用率より余裕をもたせ大きめにしてある。

また，トーチの使用率はシールドガスの種類によっても左右される。特に断らない限り，トーチの使用率は炭酸ガスを用いた場合を基準として定めている。アルゴンガスと炭酸ガスの混合ガスを用いるマグ溶接*では，アルゴンガスの作用で輻射熱が大きく，トーチ先端部の温度上昇が炭酸ガスの場合よりも高くなるので，使用率や電流を下げて用いなければならない。

また，作業の状況から，使用率や電流を下げられないときは，定格電流あるいは定格使用率の大きいトーチを使用しなければならない。

水冷式トーチの使用率は輻射熱の他に冷却水の流量によっても大きく左右され，メーカーが指定した以上の水量を確保しなければ，所定の使用率で溶接できない。流量が極端に少ない場合には，小さな電流でも，トーチの電流ケーブルやトーチ本体を焼損することがあるので注意を要する。

---

*　マグ溶接とは，アークの安定性の向上，スパッタ発生量の減少，ビード形状の改善などを目的としたもので，シールドガスとして，アルゴンガスと炭酸ガスの混合ガスを用いて溶接を行う方法である。

2.3　アークの発生から終了まで

前節までの手順で準備が終了した。

この節ではトーチスイッチの操作によるアークスタートから終了までの手順について，その要点を図 2.5，および表 2.3 で説明する。

なお，トーチスイッチの操作による溶接機の動作の順を追って示すと，図 2.6 のブロックダイヤグラムのとおりである。

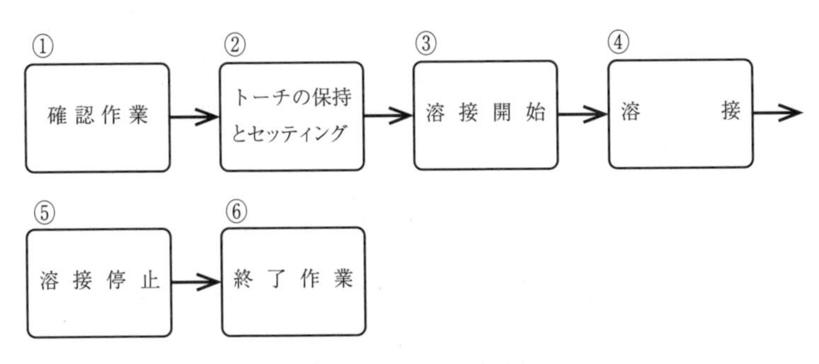

図2.5　溶接操作の手順

表2.3　溶接操作における要点

手順 No.	操作の内容	要点
1	確認作業	各切換器の設定，電流・電圧の設定，その他の制御のスイッチなどの設定が指定どおりにいっているか点検する。
2	トーチの保持とセッティング	トーチを軽くにぎり，ノズル－母材間距離を所定の値（一般に 15mm 程度）に近づけ保つ。
3	溶接開始	(1) トーチスイッチを押して，ガス供給，ワイヤ－母材間に電圧印加，ワイヤ送給となり，ワイヤが母材にタッチしてアークスタートする。 (2) ワイヤが母材にタッチするとき，トーチを押さえ気味にしないと，トーチが待ち上げられアークスタートがスムーズに行われない。

4	溶接	(1) アークスタート後, トーチスイッチを離しても, ガス供給, 主回路が「入」, ワイヤ送給の動作が保持される機能（自己保持と称している。クレータ制御のできる機種にはこの機能がついている）を有する機種では, トーチスイッチを離した状態でトーチを移動する。 (2) 自己保持のない機種では, トーチスイッチを押し続けた状態でトーチを移動する。
5	溶接停止	(1) 溶接終了時, クレータ制御のできる機種では, 再度トーチスイッチを押すと, クレータ処理に適した溶接電流, アーク電圧に切り換わるので, 必要な時間トーチスイッチを押し続けてクレータ処理をする。 　その後, トーチスイッチを離すとワイヤ送給停止, 主回路が「切」, ガス供給停止となり溶接が終了する。 (2) 自己保持のない機種では, トーチスイッチを離すと, ワイヤ送給停止, 主回路が「切」, ガス供給停止となり溶接が終了する。 (3) 手順3, 4, 5の操作による動作状態をブロックダイヤグラムで示すと図2.6のとおりである。
6	終了作業	(1) ガスボンベの元栓を締めてガスチェック（点検）ボタンにより, 調整器〜トーチ間のガスを放出した後, 圧力調整ハンドルのある調整器では本ハンドルを緩めておく。 　その後, ガスチェック（点検）ボタンを再度押し「溶接」の状態に戻しておく（ガスの放出を行っておかないと, 圧力計が上ったままであり, ボンベの元栓を締めたことを確認できない。 　また作業終了時には, 必ず元の状態に復す習慣を身につける上からも必要である）。 (2) 溶接電源の電源スイッチあるいは主開閉器を切る。 (3) 配電盤の過負荷保護装置を切る。

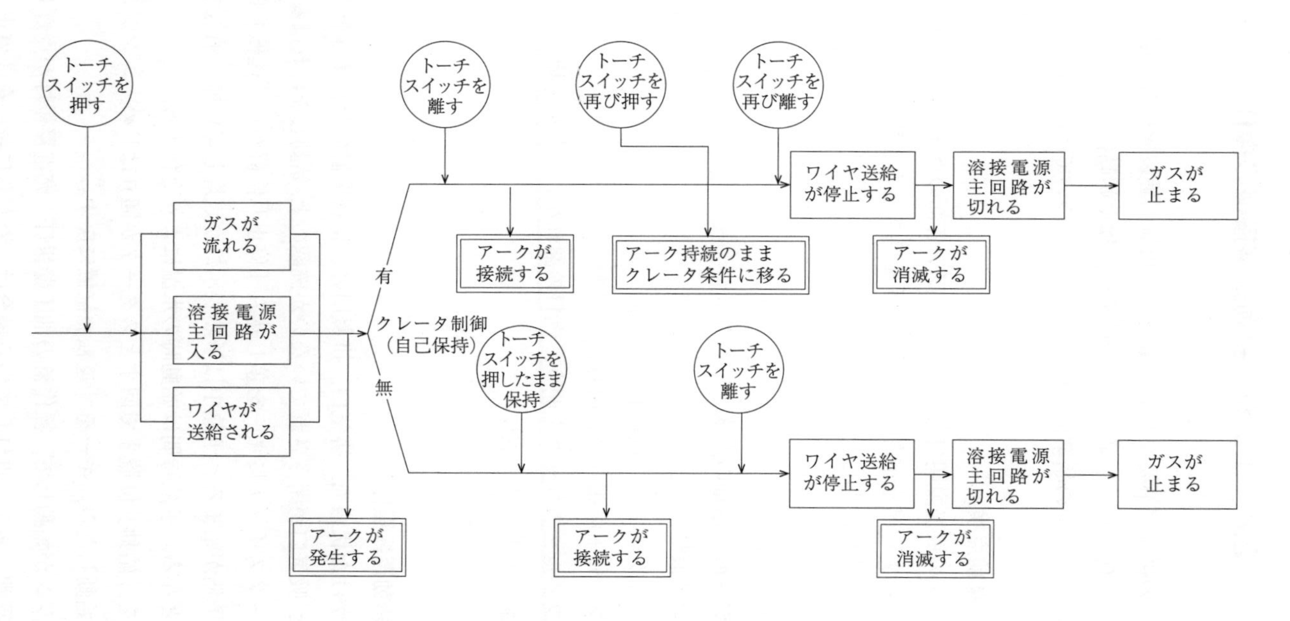

図2.6　トーチスイッチの操作ブロックダイヤグラム

2.4　エンジン駆動式溶接機の操作

商用電源への接続が不要なため配電盤の過負荷保護装置や溶接電源の主開閉器の操作がない代わりに，エンジンの始業前点検や始動操作が必要となる。

この節ではエンジンの始業前点検と運転方法について説明する。

2.4.1　始業前点検

始業前に機械の取扱説明書に従い，エンジン各部の点検を行う。機械の内部には高速で回転する部分があり，回転部に手を巻き込み怪我をする恐れもある。点検は，必ず機械を停止した状態で行う。

(1) エンジンオイル量の点検

(2) 燃料量の点検

(3) エンジン冷却水量の点検

(4) バッテリ液量の点検

(5) バッテリケーブルの接続および点検

(6) ファンベルトの張り具合の点検

(7) 燃料フィルタのコックを開き，燃料の漏れないことを点検

(8) 各部配管の継手部の点検

(9) 各部配線の点検

2.4.2　始動運転操作

シートをかけた状態や，排気口，排風口の上に物を置いたまま運転してはならない。また，吸気口が閉ざされていないか確認の上，始動しなければならない。

(1) スタータスイッチにキーを差し込み「停止」位置から「運転」位置まで回すと予熱が始まる。予熱中は予熱表示灯が点灯していて，消灯すれば予熱完了となる。予熱時間は始動時の水温により変化する。

(2) キーを「始動」位置まで回すとスタータが回りはじめ，エンジンが始動する。始動したら，キーを「運転」位置に戻す。

(3) エンジンが始動して，操作盤の油圧警報灯，充電警報灯が点灯していなければ正常である。点灯している場合は，ただちにキーを「停止」位置に

してエンジンを止め，取扱説明書を参照に原因を調べる。

2.4.3 停止操作

(1) エンジン冷機運転の後，スタータスイッチを「停止」の位置に回してエンジンを停止させる。

(2) 停止後，燃料フィルタのコックを閉じる。

第3章　溶接の基本操作

前章までで，半自動アーク溶接機器の取扱いと操作がひと通り行え，少なくともアークを発生できる段階にいたっていることと思う。この章では，次の段階としてトーチの操作を中心に溶接作業の基本となる操作について説明し，これらを習得する。

さらに，できるだけ早く「アークと仲よしになる」,「半自動アーク溶接になれる」ことに主眼を置く目的で，まず身体に覚え込ませる練習が行えるようにしている。そのため，具体的なデータ類は少なめにしているので，必要に応じ第5章と照らし合わすことが望ましい。

3.1　作業姿勢とトーチの移動・操作

3.1.1　安定した作業姿勢

半自動アーク溶接作業では，ビードのできばえが適正な溶接条件の設定によることはもちろんであるが，トーチの移動・操作によって左右される度合いも大きい。思いどおりに円滑なトーチの移動・操作をするためには，まず無理のない安定した姿勢をとるよう心掛けねばならない。

安定した姿勢とはどのようなことかを整理すると，次のようになる。

① 身体のどこかに負担がかかり，疲れを感じないこと。

② コンジットケーブル，ガスホースなどに余裕がなく，引っ張られ気味になってトーチがぐらぐらしないこと。

③ アークスタート時(溶接開始点)と終了時とでトーチ角度が変化しないこ

と。

④ 溶接中に，トーチ角度，溶接線，溶融池の状況などがよく観察できること。

⑤ トーチの移動範囲が広くとれること。

ただし，安定した姿勢のみに気をとられるあまり，コンジットケーブルに極端な曲がり(特に手元付近での曲がり)が生じるような姿勢をとると，円滑なワイヤ送給を阻害する恐れがあるので，注意しなければならない。

安定した姿勢は，具体的には継手の種類や溶接姿勢（下向きか，立向きかなど）によって様々であるが，溶接作業は下向きの姿勢が基本となるので，ここでは下向姿勢について取りあげる。

初心の方を対象に安定した姿勢を取りやすい例として，作業台に向って腰かけ，手持ちの遮光面(ハンドシールド)を用いて溶接する場合がある（図3.1)。なお，溶接トーチがカーブド形かピストル形（第1章参照）かで多少様子が異なるが，カーブド形の方が多数使用されているのでこの形を対象として説明する。

① 腰かけあるいは作業台の高さを調整し，作業台の上面がほぼ「おへそ」の辺りにくるようにする。

② ①により調整した高さで，腕・ひじ・手首に無理な力がかからないかを確かめる。

③ 同様に，溶接線のやや前方から軽くのぞき込むような姿勢が無理なくとれるかも確かめる。

④ 作業台のほぼ真正面にすわり，母材(練習用のテストピース)は身体の正面からやや右側に置く*。

①～⑥の番号は，本文中の説明に対応する

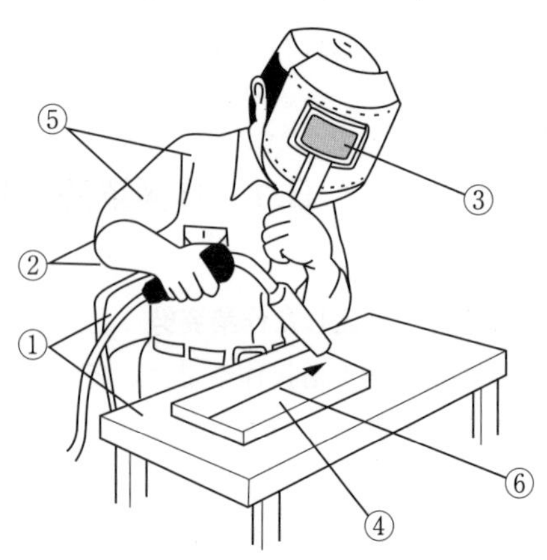

図3.1　安定した作業姿勢

*　やや右側に置く方が，溶接開始点と終了点でのトーチ角度の変化が少なく，また溶接線の前方からのぞき込む姿勢を取りやすいのでこのようにする。長い母材を溶接する場合には，身体の正面の右側から溶接を開始すればよい。

⑤ トーチを待った腕は身体から浮かし，自由に楽に動かせるようにかまえる。

コンジットケーブル類の重みでトーチがぐらぐらしない程度の力で保持するが，肩の力は抜くように心掛ける。

⑥ テストピースの右側から左端までトーチを移動し，トーチがケーブル類に引っ張られないか，腕・ひじが窮屈な感じにならないか，トーチスイッチが容易に操作できるかなどを考慮して，トーチのにぎる位置，作業台と身体の位置，身体とテストピースの位置を確かめる。

3.1.2 模擬操作

安定した姿勢の感じがつかめたら，アークを出して練習する前に，トーチの円滑な移動が特に意識しなくてもできるよう，**表 3.1** に示す模擬操作を繰り返し行う。

トーチ操作に慣れていない場合，最初の間は手が震えたりして安定せず，トーチ角度やノズル－母材間距離が変わったり，移動速度にムラが出るので，遮光面を持っている手の人さし指を**図 3.2** のように，軽く右手（トーチを持っている手）に添えてやると，安定した移動がしやすくなる。

ただし，この方法では両手を同時に動かす関係上，上体の動きが必要になってくるので，溶接開始点と終了点でトーチ角度が変わりやすく，長い溶接線のトーチ移動に対しては実用的でない。したがって，この方法に頼ってしまうことのないようにできるだけ早い時期に腕を浮かせて（右手だけで）トーチ移動ができるように心掛けることが大切である。

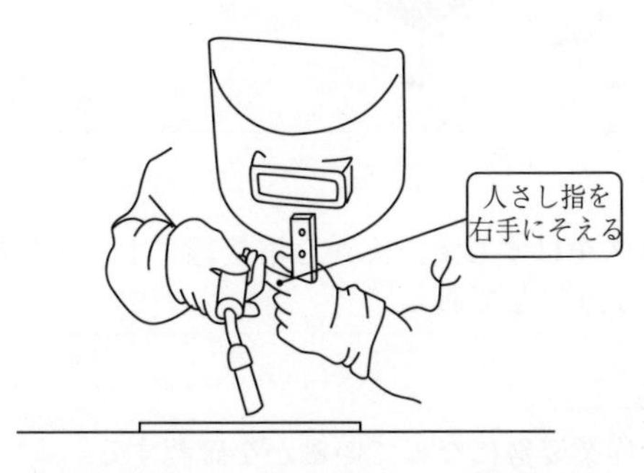

図3.2 円滑なトーチ移動のための補助的手段

表3.1　模擬操作の手順

手順No.	操　　作	関連事項
1	(溶接機の準備・操作) 第2章で述べた手順に従って溶接機を準備・セットする。 ワイヤをインチング操作してトーチへ送り込み，チップの先端から10～15mm程度突き出した状態でワイヤを切断し，その後溶接電源を「切」の状態にする。 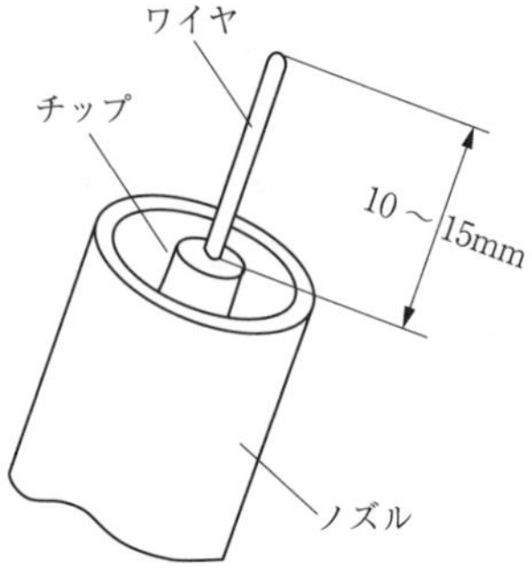	第2章参照
2	(テストピースの準備) 厚さ3.2～6mm，大きさ150×300mm程度のテストピースの長手方向，にチョークや石ぼくなどで約20mmの間隔で直線を引き，これを作業台の上に置く。 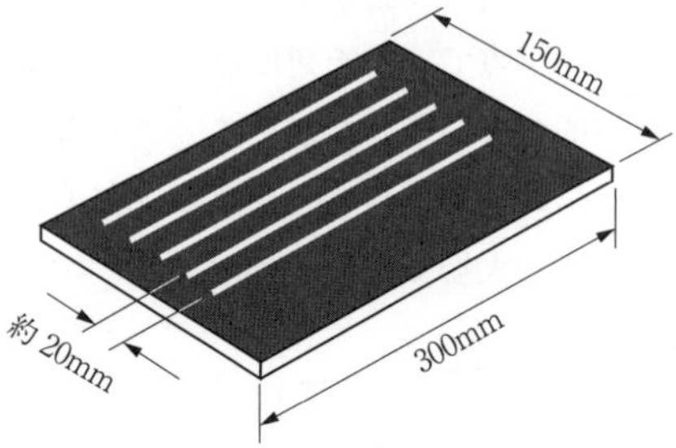	
3	(遮光面) 遮光ガラスをはずして，窓から溶接線・トーチ先端部が直接見えるようにしておく。	
4	(作業姿勢) 安定した作業姿勢になっているかを確認する。	3.1.1項図3.1(安定した作業姿勢)

<table>
<tr><td>5</td><td>(トーチの保持・移動)

下図のようなトーチ角度で，ノズル－母材間距離*を 10 ～ 15mm に保持し，この状態を保ちながら白線にそってトーチを移動する（前進溶接**）。

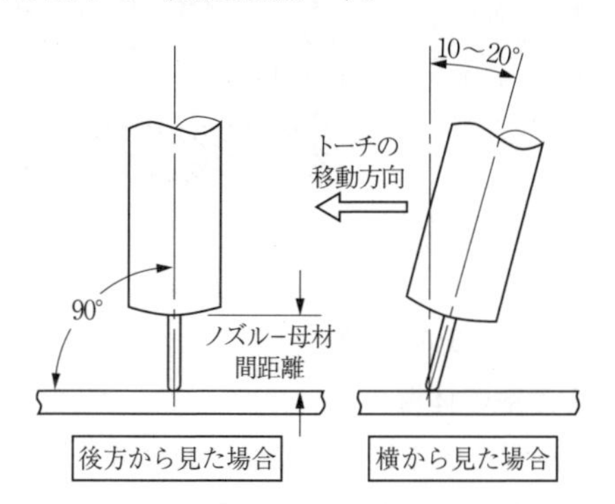

移動速度(溶接速度)は 30cm/min 程度を目標にしてみる。ただし，決められた速度にするのはかなりの経験者でも難しい。
遅くもなく速くもなく，比較的スムーズに移動しやすい速度で移動し，このときの速度を測ってもらい，結果としてその速度の感覚をつかむのがよい。
また，移動中に深い息をすると手がぶれやすくなるので，息は浅目にし，その代わりその数を増やす方がよい。</td><td></td></tr>
<tr><td>6</td><td>(繰り返し練習)

安定した作業姿勢を確認し，白線にそって5の手順を繰り返し，トーチのスムーズな移動ができるようになるまで練習する。
スムーズな移動とは　1本の溶接線，およびそれぞれの溶接線において　①トーチの保持状態が一定であること　②トーチの移動速度が一定であること　③溶接線とずれないように移動すること</td><td></td></tr>
</table>

*　本章では，トーチ操作を含む基本的な操作について述べているので，トーチの高さを一定に保つのに一番わかりやすいノズル－母材間距離を基準にしている。

実際には図（次頁）のように似たような寸法で少しずつ異なるが，その差はわずかであるので厳密に使い分けるとき以外は，この三者は実質的に同じと考えて取扱う（ただしトーチの構造によってはチップの先端がノズルの先端より大幅に奥に引っ込んでいるものがあり，このときはノズル－母材間距離とチップ－母材間距離は別として考える必要がある）。

また，ノズル－母材間距離が変わるとどのような影響が出るかは第5章（5.3.2 項）に説明されているので参照されたい。ここでは，ノズル－母材間距離を極力一定に保つことが半自動アーク溶接の基本操作において重要であることのみ紹介する。
** 図のようにトーチを進行方向と逆に傾けて，右から左へ（右ききの人の場合）トーチを移動する操作法のこと。トーチを押して行く形になる。
　これと逆に，トーチを進行方向と同方向に傾けて左から右へ移動する場合を後退溶接といい，トーチを引っ張っていく形になる。詳しくは3.2.4に記す。

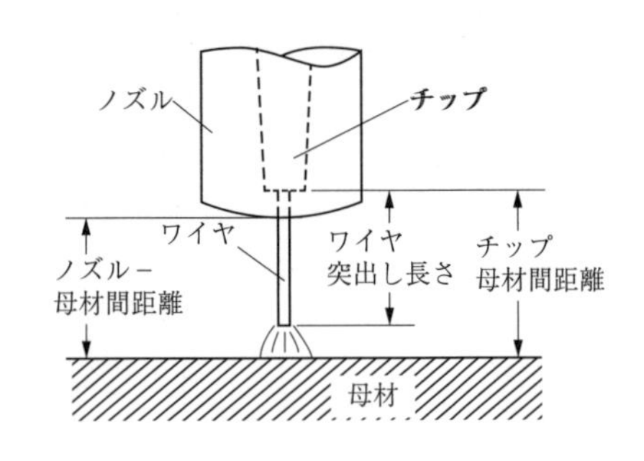

3.1.3　アークの発生とトーチの移動

(1) アークスタートの感触の体得

トーチの移動・操作の感覚をある程度身につけた段階で，第2章に記された操作・取扱い方に従って実際にアークを出してみる。

すなわち，トーチスイッチを押せばワイヤとガスが送られ，溶接電源の主回路が閉じてワイヤと母材間に電圧が加わるので，ワイヤが母材に接触すればアークが発生する（図3.3参照）。この際，手溶接の経験がある人は，手溶接でのスタートの感覚で操作しがちなので，最初の間は次の点に留意する必要がある。

手溶接では溶接棒の先端を母材に軽く打ちつけたり，こするような操作でアークスタートさせるが，半自動アーク溶接では，ワイヤが母材へ連続的に送り込まれてくるので，後で述べるように，一定の高さにトーチを保持していればよく，トーチを母材に打ちつけるような操作は好ましくない。

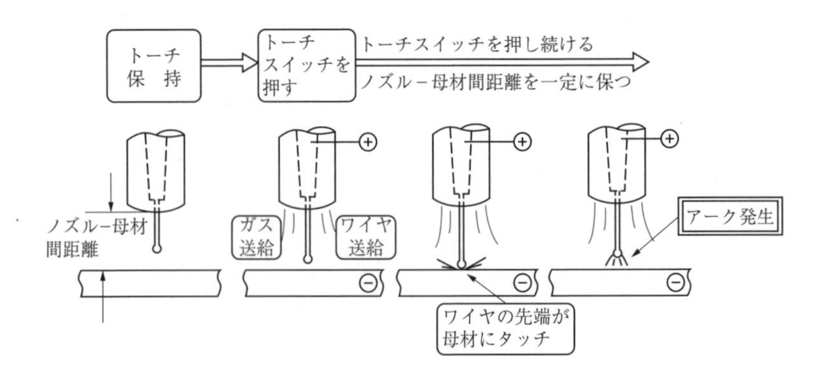

図3.3　アークスタート時の手順

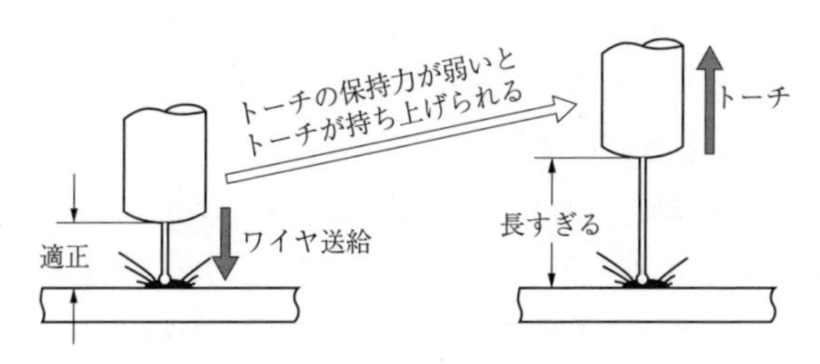

図3.4　アークスタート時の感触

ただし，**図 3.4** に示すようにトーチが持ち上げられる感じになるので，ほどよい力でトーチを保持しなければならない。このアークスタート時の感触にまずなれることが必要であり，これは溶接作業に初心の方についても同様である。

そこで，適当な溶接条件を選定し，スタートの練習を行ってみる。

① 模擬操作に用いたテストピースを使用し，溶接電流 130A 前後，アーク電圧 21 ～ 22V に設定する（ワイヤは 1.2mm ϕ，炭酸ガス流量は 15 ℓ / min 程度)。

② ノズル－母材間距離を 10 ～ 15mm にし，ワイヤ先端を母材表面から若干浮かした状態になるようにトーチを保持してトーチスイッチを押す，アークスタートさせる。このとき，トーチが持ち上げられてノズル－母材間距離が長くなりすぎるとアークの持続が難しくなるので，トーチを母材側に押しつける感じで保持するのがよい。

③ アーク発生時のノズル－母材間距離が極端に長すぎたり，最初からワイヤの先端を母材につけてトーチスイッチを押すと，ワイヤがチップの先端に溶着（バーンバックとよんでいる。**図 3.5** 参照）しやすくなるので，このような方法は避ける。

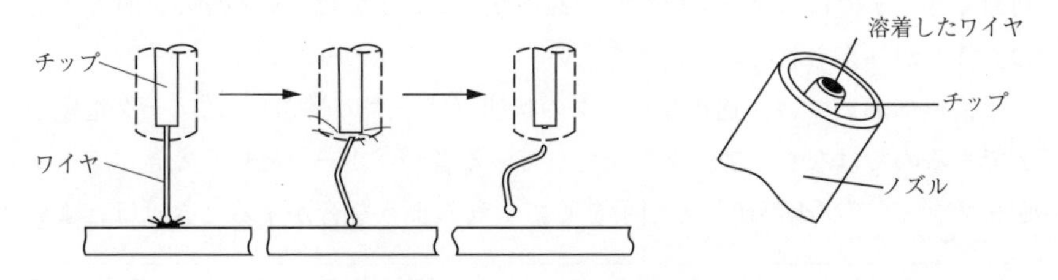

図3.5　バーンバックの説明図

④ アークスタート直後も，ノズル－母材間距離を 10 ～ 15mm のほぼ一定の長さに保ってトーチ移動に移れるように，②の操作を繰り返してアークスタートの感触を身につける。

⑤ スタート時の感触と同時に，終了時の操作感もつかんでおく。トーチスイッチを離せばワイヤはモータの惰性でほんのわずかな間だけ送られた後，停止し，そのタイミングに合わせて電源が切られる。

すなわち，ノズル－母材間距離をアーク発生中と同じに保ってトーチスイッチを離せばよいのであって，手溶接のようにトーチ（ホルダ）を引上げる必要はない。このような操作をすると，まだ温度の高い溶接部にシールドガスが当たらず，悪い結果となるので避けなければならない（図 3.6）。

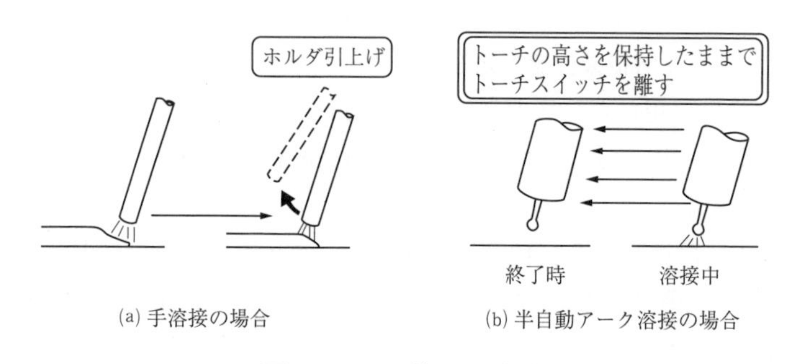

図3.6　アーク終了時の操作

(2) 適正なアーク状態と溶接条件の選択の目安

トーチの保持力などを特に意識しなくても良好なアークスタートができるようになれば，そのまま模擬操作で練習した要領でトーチを移動すればビードが置ける。しかし，良好な溶接を行うのに適したアークの状態については，まだ判断できるまでにはなっていないであろう。ここまでは，いわゆる「押し着せの条件」が与えられているにすぎない。

手溶接においては，適正なアークの状態（アークの長さ*）はアーク電圧などでみるのではなく，アークの発生している音が“ボー”というときはアークが長すぎる，“パチパチ”と拍手をしてくれるような音がするときはほどよい

＊　アークは溶接電流が同一であれば，アークの長さが長くなるほどアーク電圧が高くなる性質がある。

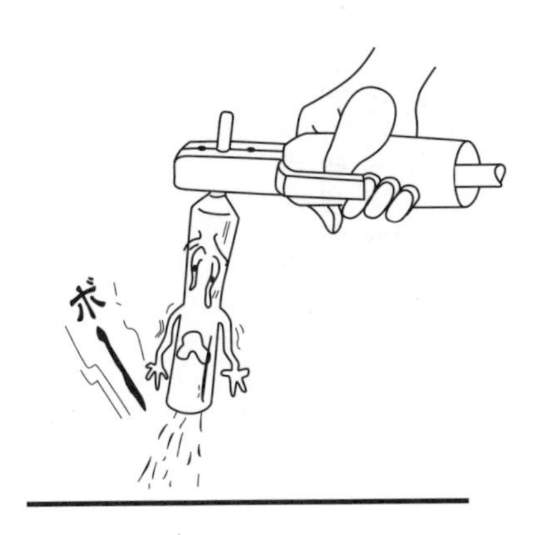

図3.7　アーク音による適正なアークの状態の判断

アークの長さになっていることが経験的に知られている(**図3.7**)。このように，例えばアーク音によって適正なアーク状態に保てるように運棒することができる。

炭酸ガスアーク溶接においても，適正なアーク電圧を知っていることと合せ，ある程度感覚的に良好な状態をつかむことも大切である。これは勘に頼るというのではなく，作業しやすい適正なアークの状態を「身体で覚える」というねらいである。

この状態を見分ける手段として，アーク音，アークの持続の善し悪し(アークの安定性)，スパッタの発生量・発生状況，ビードの外観・形状を挙げることができる。ただし，ビードの外観・形状はアークの停止後に結果としてわかることであるので，他の三者とは区別した方がよく，詳しくは第5章に記すこととし，ここではごく基本的なところのみ説明する。

適正な状態，適正でない状態を比較してまとめてみると，**表3.2**のようになる。アーク電圧（アークの長さ）の微妙な差異によるアークの状態の違いをつかむには多少の経験がいるが，まず表3.2に示す程度の基準で適正な状態を判断する。

なお，(e) にシールド不良の状況を記載しているが，一例を**図3.8**に示している。このような悪い状況は，アークを停止してから気付くのではなく，アークを発生したときに気付かなければならない。すなわち，炭酸ガスの出し忘れの状態でアークを出すと，異常なアーク音となり，適正量の炭酸ガスを流した

表3.2　適正なアークの状態の見分け方

見分ける手段	適正な状態	適正でない状態	
		現象	原因
アーク音 アークの持続の善し悪し (安定性)	基本的には，気持ちのよい規則的な連続音がして，アークの長さの変動が少ない状態 ○小電流の短絡移行域注) では，周期性のよい短絡音（ジー，チー，あるいはピー）がする。 ○大電流域では，アーク音によって見分けるのはやや難しく，アークの長さの変動，スパッタの発生状況，ビードの形状で判断する。	(a) ときどき，あるいは頻繁にワイヤが突込む，つっかかる。……パンパンと跳ねてアークが切れる。 パン パン	(a)－1　アーク電圧が低すぎる（アークの長さが短すぎる)。 (a)－2　ノズル－母材間距離が長すぎる(特に短絡移行域で)。 (a)－3　ワイヤ送給速度が大幅に変動している。 (a)－4　チップ，あるいは溶接ケーブル接続部の通電性が悪くなっている。
		(b) ワイヤ先端の球が大きく成長し，ボトボト落ちるのが見える。 ボー シュル シュル	(b)－1　アーク電圧が高すぎる（アークの長さが長すぎる） (b)－2　ワイヤの送給速度が遅くなっている(送給が悪くなっている)。

スパッタの発生量，発生状況	使用する電流によって異なるが，発生量が極端に変化せず，比較的小粒のものがパラパラとやや遠くへ飛散する。また，大き目のものがビードのそばに，ときどきポトポト落ちる程度。	(c) パンパン跳ねて，身体の方まで勢いよく飛んでくる。	上記(a)－1～4
		(d) 大粒のスパッタがビードのそばに，ボトボト落ちる。あるいは，溶融池付近からコロコロと発生する。	上記(b)－1～2
ビードの外観・形状	表面に孔がなく，滑らかである。余盛の形が極端に凸でなく，余盛高さとビード幅がバランスしている。	(e) 表面に孔がある。または，局部的に（焼もちのように）膨らんだり，へこんだりしている。	(e)－1　シールドの不良によるブローホールの発生
		(f) 極端に平たい（ベタな）ビード，あるいは凸のビードになっている。ヒゲが多数発生している。	(f)－1　アーク電圧が適正でない（詳しくは3.2.1参照）。

注）炭酸ガスアーク溶接では，溶接電流の大きさによって，ワイヤ先端の溶けた金属（溶滴）が母材側へ移るときの様子が異なる。例えば，1.2mm ϕ のワイヤでは250A程度がその境となり，小電流側は短絡移行，大電流側はグロビュール移行とよばれる移行となる。

短絡移行は次の図のように，「ワイヤ端が母材の溶融池と短絡してアークが消滅」と「短絡が切れて再びアーク発生」を規則的に繰り返し，この短絡によってワイヤ端の溶滴が母材側へ移るやり方をいっている。この短絡－アークの繰り返しは一般に50～100回／sec程度であり，母材側への入熱が制限されるので，薄板や立向き，上向きなどの溶接に適している。

一方，大電流側では，ワイヤ端が溶融池とほとんど短絡せず，比較的大きな球滴（グロビュール）となってアークの出ている空間を飛行して溶融池へ移行する。

⑦①→②→③→④→⑤→⑥

溶融プール

ワイヤ端溶融部

アーク｛発生①／再び発生⑦｝継続→短絡③（アーク消滅）→⑦へ

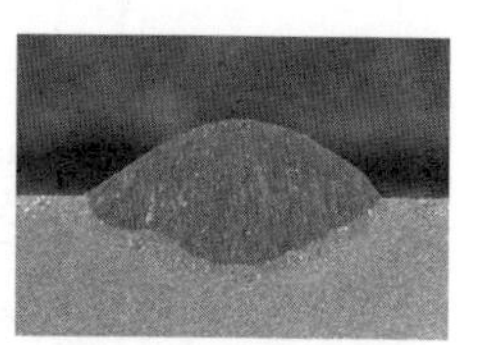

(a)正常なビード(外観と断面)

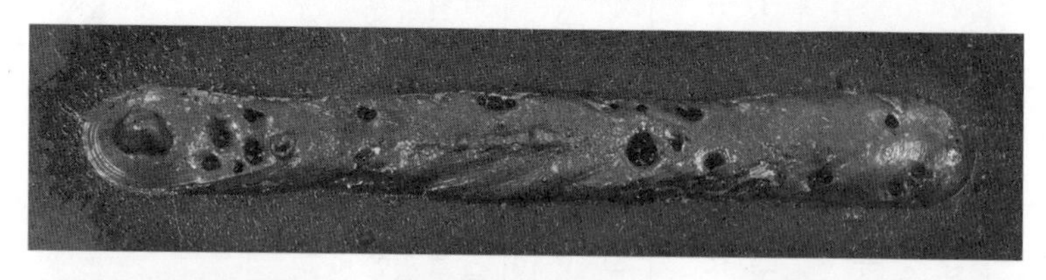

ふくれ(クレータ部)

ピット(表面の開口部)

大きなブローホール

(b)極端にシールドが悪い状況でのビード(外観と断面)

図3.8　シールドが正常な時と不良の時のビード

ときと比較してみれば，わりと簡単に差異がわかる。また，流量が少なく，かつノズル－母材間距離が極端に長くなっているときにも，同じようなことがわかる。

このような見分け方を頭に入れて実際にアークを出し，アークの状態に最も大きな影響を与えるアーク電圧を変えて，アークの長さおよびアークの状態の変化をよく観察し，「適正」，「不適正」を言葉でなく感覚としてつかんでみる。そこで，1つの例として，アークスタートの練習に用いたテストピースとそのときの溶接条件を基本にし，できれば2人が1組となって**表3.3**の手順でアークの状態を観察してみる。

さらに，大電流域についても同じ手順で観察してみる。大電流域では，溶滴の移行の様子も含め，短絡移行域とはアークの状態がかなり異なる。この場合

表3.3　適正なアークの状態の観察

手順 No.	操　作　・　観　察	関連事項
1	(溶接機の準備・セット) 模擬操作，アークスタートの練習での手順と同様に行う。ワイヤは1.2 mm ϕ を用いる。	表3.1
2	(テストピースの準備) 厚さ3.2～6mm，大きさ150×300mm程度のテストピースを作業台の上に置く。	
3	(作業姿勢) 安定した作業姿勢になっているかを確認する。	3.1.1 項 図3.1(安定した作業姿勢)
4	(溶接条件の設定) ノズル－母材間距離を10～15mmにしてアークを発生させ，他の1人が溶接電流を130Aに合わせ，アーク電圧を高目（アークの長さが明らかに長すぎる程度）に設定する（低目にするとアークがとぎれやすく，条件の設定が難しくなる)。 なお，炭酸ガス流量は15 ℓ /minとする。	
5	(トーチの保持・移動) 右図のようなトーチ角度，ノズル－母材間距離に保持し，この状態を極力一定に保ちながらアークを発生させ，トーチを一定速度で移動する。 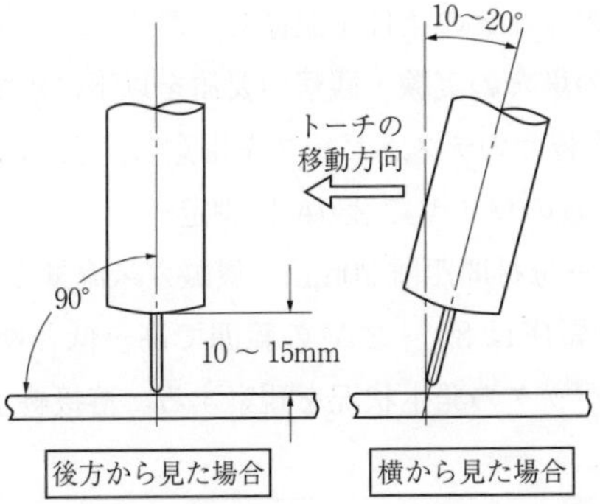 10～20° トーチの移動方向 90° 10～15mm 後方から見た場合 横から見た場合	

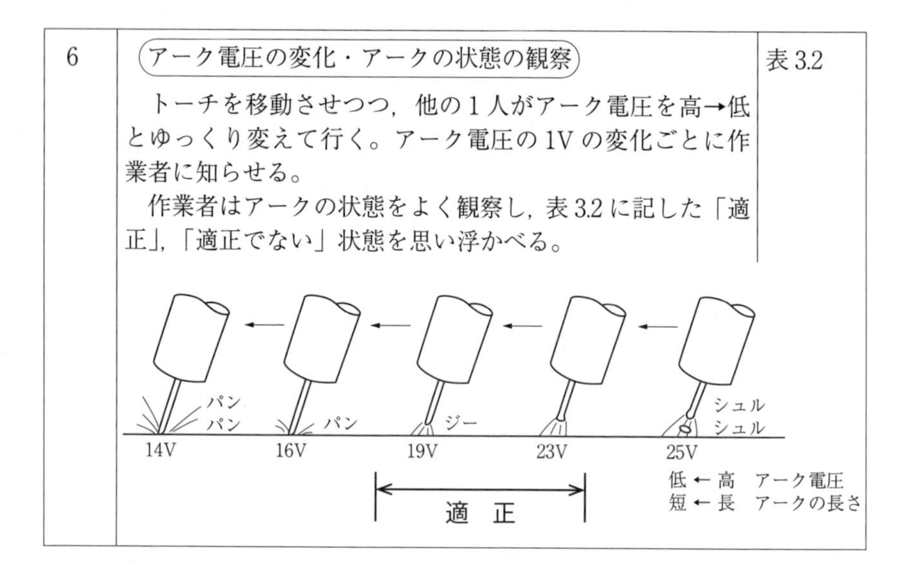

6	アーク電圧の変化・アークの状態の観察 トーチを移動させつつ，他の1人がアーク電圧を高→低とゆっくり変えて行く。アーク電圧の1Vの変化ごとに作業者に知らせる。 作業者はアークの状態をよく観察し，表3.2に記した「適正」，「適正でない」状態を思い浮かべる。	表3.2

は，少々アーク電圧を下げてアークの長さを短かくしても，パンパンとワイヤが母材に突込むような状態にはなかなかならない。母材の表面から下にアークが潜る程度になっても*，アークは切れることなく続き，スパッタの発生がきわめて少なくなる。ただし，ビードの余盛形状が凸状になる。

したがって，大電流域では，アーク電圧が極端に高いときは，表3.3と同じような状況で判断できるが，アークの適正な状態をつかむのにアーク音やアークの安定性をよりどころにするのは無理である。それゆえ，この場合はスパッタの発生状況やビードの外観・形状をもとに判断し，適正な状況が得られたときの電圧・電流などの条件を記憶しておく。

大電流域の場合の実験・観察の要領を以下に示す。

板厚9mm程度のテストピースを用意し，表3.3と同様に

① 1.2mm ϕのワイヤで280Aに設定

② ノズル－母材間距離20mm，炭酸ガス流量20 ℓ /min

③ アーク電圧は35～25Vの範囲で高→低とゆっくり変化させアークの長さ，スパッタの発生状況を観察する。溶接終了後，ビードの外観形状を観察する。

---

* このような状態のアークを「埋もれアーク」とよんでいる。

(3) トーチの円滑な移動

これまでの段階で，アークの発生，トーチの取扱い，および適正なアークの状態の判断に大分慣れてきたので，少し本格的なビード置きの練習に入ってみる。

模擬操作で体得した感覚で，真直ぐのビード（ストレートビード）を何本も置いて練習する。最初は意識して次の点に注意し，トーチの円滑な移動ができるようにする。下記の注意点は，すでにこれまでの段階で断片的に説明しているので重複するが，あらためて整理してみると

① 適正なノズル－母材間距離，トーチ角度を極力一定に保つ。

② ムラなく自分のねらいとする一定速度となるように移動する。

③ 溶接線とずれないように移動する。

これらの練習の手順を**表 3.4** に示す。

なお，上記①～③が十分体得できたかどうかを見るには，大電流よりは小電流で細い目のビードを置いた方がわかりやすいので，130A の条件を基本にした。

表3.4　トーチの円滑な移動のための練習

手順 No.	操　作　・　観　察	関連事項
1	(溶接機の準備・セット) 模擬操作，アークスタートの練習での手順と同様に行う。ワイヤは 1.2 mmϕ を用いる。	表 3.1
2	(テストピースの準備) 厚さ 3.2 ～ 6 mm，大きさ 150 × 300mm 程度のテストピースを準備する。長手方向に，チョークや石ぼくなどで約 20mm の間隔で直線を引く。ただし，アーク発生中はテストピースの表面状況によっては線が見えにくいことがあり，白線だけを頼りにして真直ぐのビードを置くのはかなり難しいので，図のように，他の平板をガイドに用いるのもよい。	

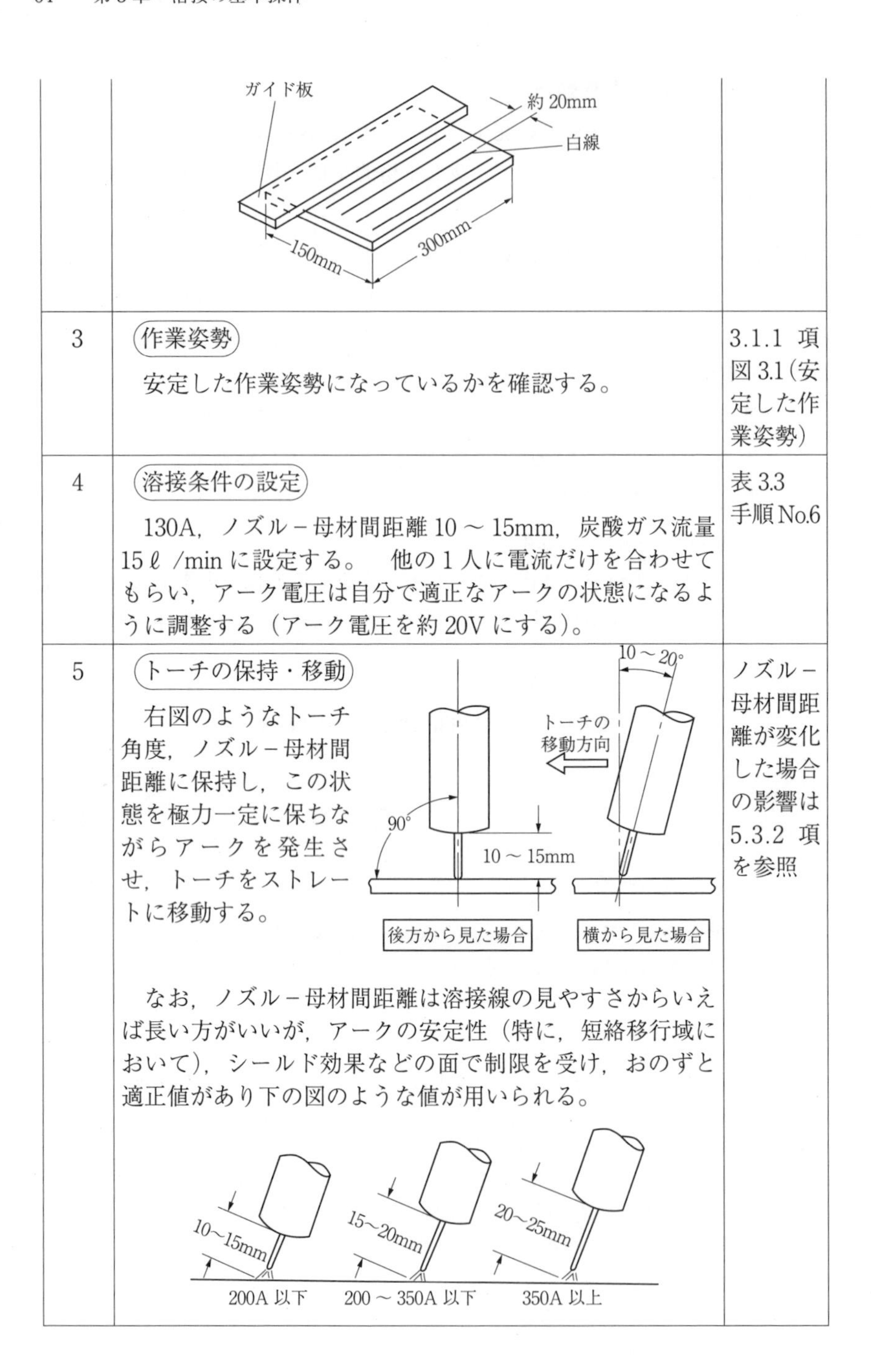

3	(作業姿勢) 安定した作業姿勢になっているかを確認する。	3.1.1 項 図3.1(安定した作業姿勢)
4	(溶接条件の設定) 130A，ノズル－母材間距離10～15mm，炭酸ガス流量15ℓ/minに設定する。　他の1人に電流だけを合わせてもらい，アーク電圧は自分で適正なアークの状態になるように調整する（アーク電圧を約20Vにする）。	表3.3 手順No.6
5	(トーチの保持・移動) 右図のようなトーチ角度，ノズル－母材間距離に保持し，この状態を極力一定に保ちながらアークを発生させ，トーチをストレートに移動する。 なお，ノズル－母材間距離は溶接線の見やすさからいえば長い方がいいが，アークの安定性（特に，短絡移行域において），シールド効果などの面で制限を受け，おのずと適正値があり下の図のような値が用いられる。	ノズル－母材間距離が変化した場合の影響は5.3.2 項を参照

<table>
<tr><td>6</td><td>(トーチの移動速度)

基本は，極力一定速度で，かつ溶接線とずれないように移動することである。
トーチ角度，ノズル－母材間距離に大きな変動の生ずるようなフレの有無と合わせ，速度のムラの有無を最初の間は他の１人に確かめてもらうのがよい。
移動速度（溶接速度）は，最初から速くしすぎると，このフレやムラが大きくなるので，25 ～ 30cm/min 程度を基準として練習する。ただし，例えば 30cm/min という決まった速度にするのは経験者でも難しい。したがって，この速度はあくまでも目標であって，これぐらいが 30cm/min であろうと判断して移動し，その結果として 30cm/min であったか, 25cm/min であったかということである。
すなわち，大体 25 ～ 30cm/min 程度の一定速度で，身体の特定の部分に力が入らずに円滑な移動ができるまで，繰り返しビードを置く。退屈な練習であるが，ストレートビードが一番基本となるので，自信が持てるまで繰り返す。</td><td>表 3.2</td></tr>
<tr><td>7</td><td>(円滑な移動のチェック)

上記 6 では，ビード幅のそろい，ビードの曲がりや溶接線とのズレの有無をチェックし，どの程度トーチの移動が円滑に行われているかを確かめつつ，繰り返して練習してきた。
ここで，代表的なビードの例をかかげる。

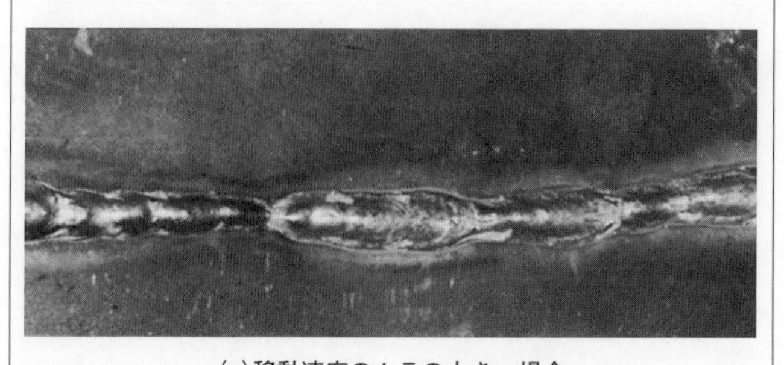

(a)移動速度のムラの大きい場合</td><td></td></tr>
</table>

	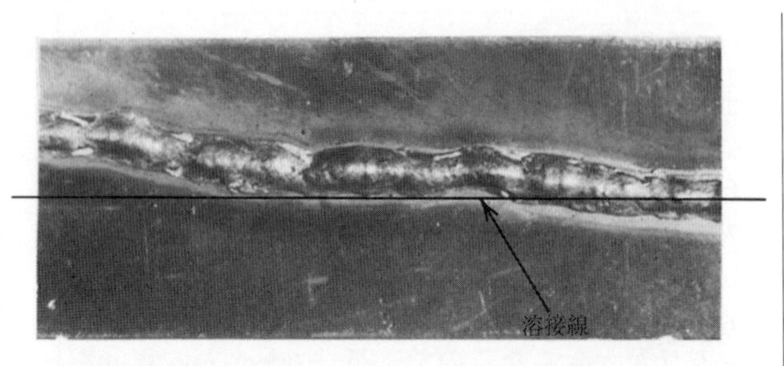 (b)溶接線とのズレ，トーチのフレによるビードの曲がりがある場合 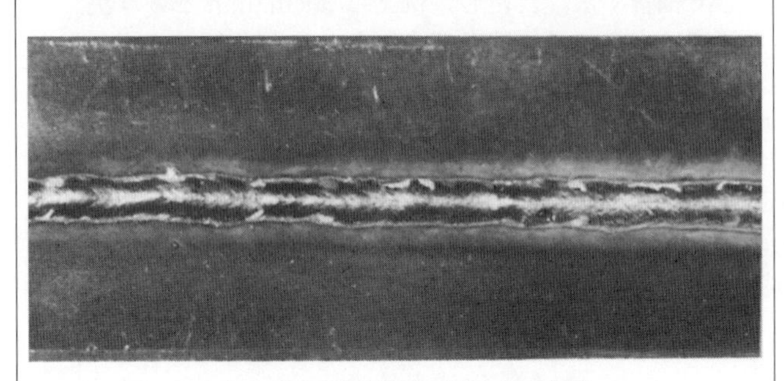 (c)かなり円滑な移動が行われた場合	
8	(速度の向上) 前記7の（c）程度のビードが置けるようになれば，もう少し移動速度を上げて，35～40cm/min程度を目標にして，同様にビード置きとチェックを繰り返す。	3.2.3項

3.2　ビードのできばえ

前の節では，トーチの操作についての基本的な技量を段階を追って説明した。この節ではもう少し具体的に溶接結果，すなわちビードのできばえを左右する要素を整理し，また実際に確かめてみる。

3.2.1　アーク電圧によるビード外観・形状の変化

適正なアークの状態(アークの長さなど)の大略の見つけ方は3.1.3項で説明したとおりであるが，溶接結果(ビード外観・形状)との関連について体得する必要がある。

最も単純でよくわかるのは，溶接電流・速度を一定にしてアーク電圧を変化させ，溶接結果がどのように変わるかを見る方法である。

そこで，短絡移行域と大電流域の2通りの電流条件(130Aと280A)にて，アーク電圧の影響を確かめてみることにする。前節3.1.3項の（2），表3.3に記した手順に準じて各アーク電圧でのビードを置く。溶接速度は，極力25～30cm/minの一定速度になるように努力する。

この結果の一例を図3.9に示す。ビードの表面状況・滑らかさ，ビード幅と余盛の高さ(ビードの高さ)のバランス‥‥‥ビードが凸形か平たいか‥‥‥などをよく観察する。ビードのできばえは，ビードそのものの外観・形状が最も大切であるが，ビードの近くに付着したスパッタにも十分注意して観察しておく。

ただし，ビード外観・形状およびスパッタの付着のしやすさは，板の温度や表面状況(黒皮があるかないか,油や塗料の膜があるかないか)などによって差があるので，この点を含んでおく必要がある。また，図3.9には溶込みの状況を確かめるために，断面の様子も示している。

アーク電圧の変化によるビード外観・形状の変化を見てみると，アーク電圧が高いと盛上りの少ない平べったい形となり，逆に低いほど盛上った形になることがわかる。ビードが盛り上って凸になるアーク電圧では，表面からはわかりにくいがビードのきわが十分溶け込まず，いわゆるオーバラップ気味になっ

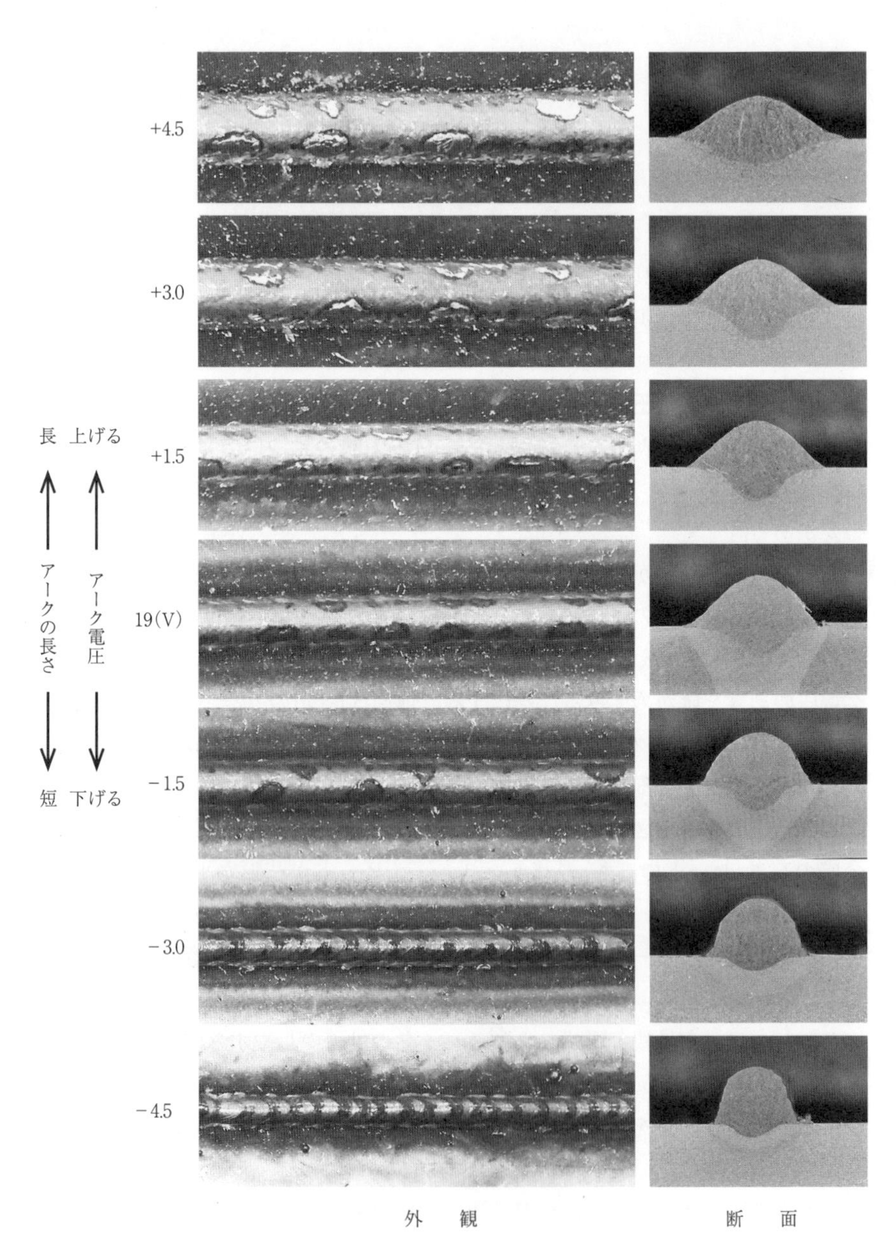

(a)短絡移行域の場合　130A, 40cm/min, 15 ℓ /min, 前進角 15°
ノズル−母材間距離 15mm, ワイヤ 12mm ϕ , 板厚 3.2mm

図3.9　アーク電圧によるビード外観・形状の変化(その1)

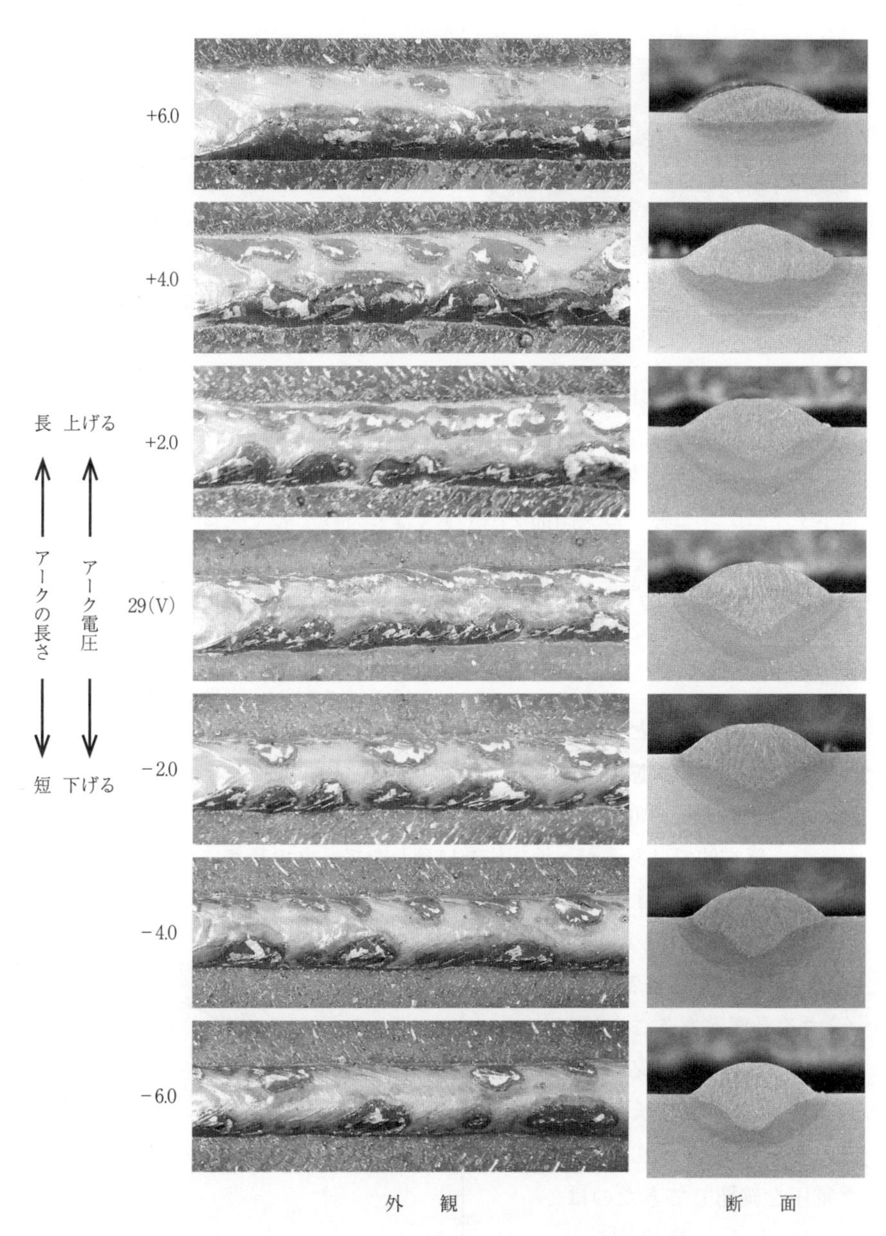

(b)大電流域の場合　　280A, 40cm/min, 20 ℓ /min, 前進角 15°
ノズル－母材間距離 20mm, ワイヤ 12mm ϕ , 板厚 9mm

図3.9　アーク電圧によるビード外観・形状の変化(その2)

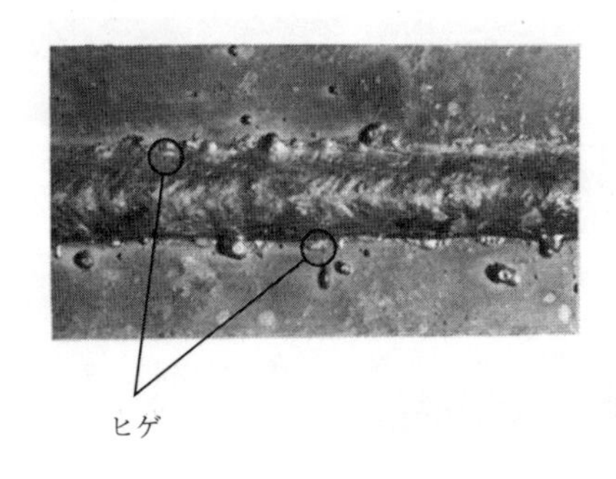

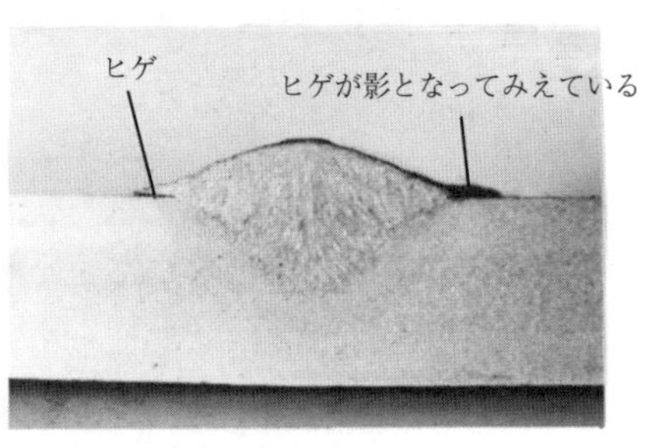

図3.10　好ましくないビード外観の例(ヒゲの発生)

ている。また，アーク電圧が高すぎるときおよび低すぎるときにも，図3.10に示す“ヒゲ”と称する突出部が出やすくなり外観を悪くする。

このように，それぞれの電流において表面が滑らかでビード幅と余盛高さのバランスが取れ，スパッタの付着量が少ない良好なビードの得られるアーク電圧の範囲を確かめることができる。

3.2.2　溶接電流とアーク電圧のバランス

適正なアークの状態および良好なビードを得るのに，それぞれの溶接電流において程よいアーク電圧があることが，これまでの操作練習・実習を通じてわかった。感覚的ではあるが，溶接作業に適したアークの長さに合わせようとすると，図3.11に示すとおり溶接電流の増加(減少)とともに，アーク電圧を高く(低く)する必要があることに気付いているはずである。*

適正なアークの状態や良好なビードが得られるアーク電圧を確認してきたのは，いいかえると溶接電流とアーク電圧のバランスする組合せを探してきたことに

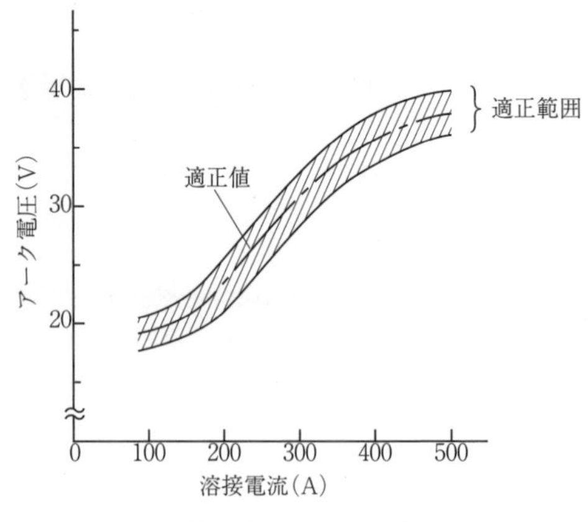

図3.11　溶接電流とアーク電圧のバランス

なる。バランスのとれた両者の間には一定の関係があり，数式**によって示すことができるが，3.1.3 項(2)，3.2.1 項の手順で練習したように，溶接作業の中でこの両者の関係をうまくつかむのが望ましい。

溶接物の板厚，継手の種類，姿勢が決まると，まず大略の溶接電流の目安がつけられるので（下向きの場合であれば，ここまでの操作練習で感覚的に判断できるであろうし，巻末の付録に記された標準的な溶接条件表などを参考にすることもできる），この溶接電流とバランスするアーク電圧を選定するわけである。

ただし，このアーク電圧には 3.2.1 項で確かめたようにバランスする値に幅がある（適正範囲，前掲の脚注の数式参照）。この範囲の中で，ビード形状や溶込みの目的に合ったアーク電圧を選ぶことができる。例えば，開先を設けた溶接物を多層盛りで仕上げる場合，最後の層（化粧盛りなどとよぶことがある）ではアーク電圧を適正範囲の中で高目に設定すれば，仕上り外観のよい平たいビードが得られる。

溶接機の取扱いとの関連で述べると，第 2 章で説明されているように，溶接電流，アーク電圧の調整方式に種々のものがあるが，個別調整方式では上記の手順に従い，まずアークがとぎれずに続く電圧高目の状況で溶接電流値を合わせ(アーク電圧が低くワイヤが母材に突込むような状況では，電流値は合わせられない)，次に，この電流にバランスする適正なアーク電圧に調整すればよい。

一方，一元調整方式のものでは，図 3.11 に示す適正条件になるようにあらかじめ溶接電流とアーク電圧の関係が調整してあるので，溶接電流のみ合わせれば，自動的に適正なアーク電圧が得られるようになっている。

---

*　アーク電圧の変化：炭酸ガスアーク溶接のように比較的細いワイヤに大きい電流を流す溶接法では，同じアークの長さに調整しても，電流の増加にともない，自然にアーク電圧が高くなる性質がある。さらに，電流が大きい場合ほど適正なアーク長は長くなる傾向となるのでアーク電圧が高くなる。

**　溶接電流とアーク電圧の適正な関係

250A以下の小電流域：アーク電圧V（ボルト）＝0.04×溶接電流I（アンペア）＋16±2

250Aをこえる大電流域：アーク電圧V（ボルト）＝0.04×溶接電流I（アンペア）＋20±2

例えば 130A であると，

$V = 0.04 \times 130 + 16 \pm 2 = 21 \pm 2$ となり，19～23V が適正電圧となる。

これらの数式で，ほぼ適正なアーク電圧とその範囲の目安をつけることができる。

ただし，この数式は長さ 5m 程度のケーブルを接続したときの，ケーブルでの電圧降下を見込んでいる。したがって，ケーブル長が変わった場合は若干補正したアーク電圧を選ぶ必要がある。

3.2.3　溶接速度によるビード外観・形状の変化

これまでは，自分のやりやすい速度で，できるだけムラのないトーチの移動ができるように練習を進めてきた。その過程で，移動速度を速くしようとするとトーチ角度が変わったり，溶接線からずれやすくなってしまうことも体験した。トーチの移動操作を人手で行う半自動アーク溶接作業では，おのずと適切な溶接速度があり，あまり任意に選べないが，技量が向上すれば速度を上げることができる。この点も考慮して，溶接速度によるビード外観・形状の変化を体得してみる。

3.2.1 項における確認と同じ要領でテストピースにビードを置く。速度の範囲は, 20 ～ 60cm/min 程度としてみる。また, すでに述べているとおり（表 3.1 を参照）, 決められた速度に合わせるのはかなり困難であるので，例えばほぼ 30cm/min というような目標で溶接してみる。極力一定速度になるように心掛け，かつ腕を動かす感触で溶接速度の感じをつかむ。このときのビード外観・形状をよく観察し，速度の効果を大ざっぱに把握するのである。

図 3.12 に，130A，280A の大小二種類の電流における各溶接速度でのビード外観と断面形状の一例を示した。ビードの単位長さ当たりの溶着量が速度の増大とともに少なくなるので，小さなビードとなり，ビード幅は狭くなる。また，母材の単位長さ当たりに与えられるエネルギーも少なくなり，ビードの母材とのなじみが悪くなって，凸形の形状になりやすい。

さらに，やや見えにくいが，ビード表面を注意深く観察すると「波目」とよばれる表面の模様を見つけることができる。溶接速度が遅いときはこの波目の模様が円形に近く，速くなるほど細長い形になって行く。この波目の模様を見て，溶接速度が遅いか速いかを見分けることもできる（**図 3.13** 参照）。

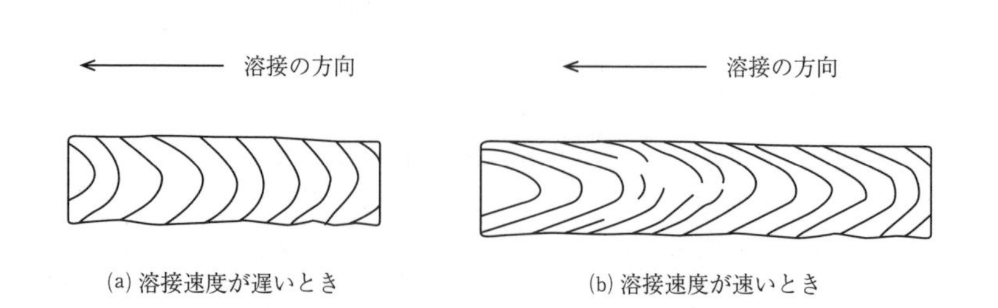

図3.13　溶接速度の違いによるビードの波目の差異

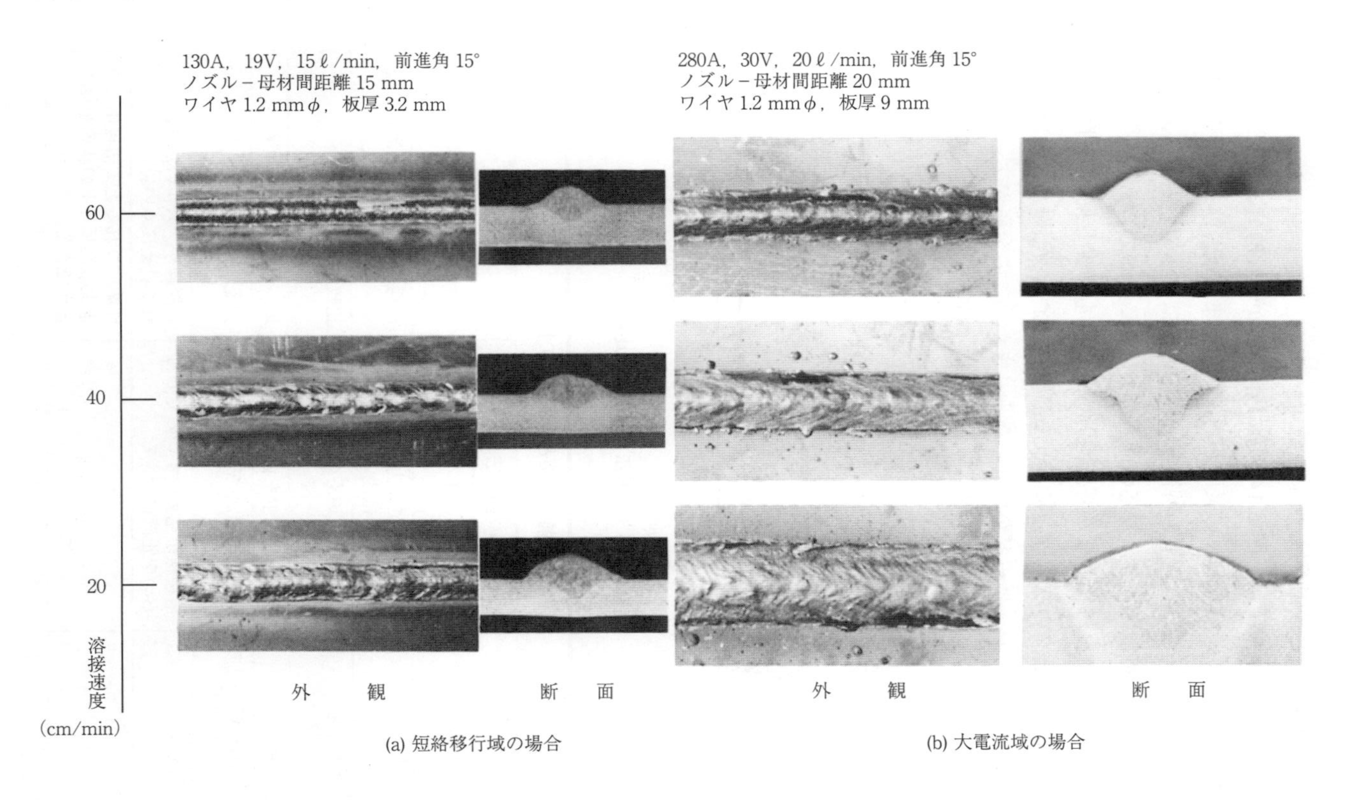

図3.12　溶接速度によるビード外観・形状の変化

3.2.4　前進溶接と後退溶接

炭酸ガスアーク溶接では，**図 3.14** に示す前進法が一般的であるが，後退溶接にも**表 3.5** に示すような種々の長所がある。ここまでは，前進溶接を中心に話を進めてきたが，これら両者の特徴を心得ておけば，作業の内容によっては使い分けることも可能であり，対応の能力を広げることができる。

図 3.14 と表 3.5 とを対比しながら，両者の違いをもう少し掘り下げてみる。前進溶接では，アークの吹付け力によって溶融した金属（溶融池）が前方へ押し広げられて行くので，ビードが平たくなる。また，この金属がアークの吹付け力を弱めるクッションとなってアークによる掘下げ力が減少し，溶込みが浅

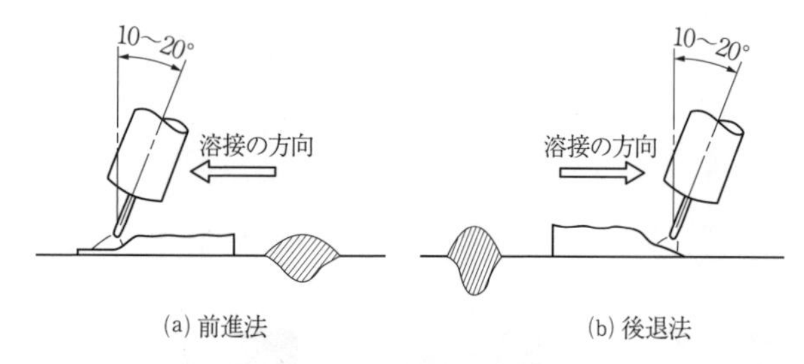

図3.14　前進法と後進法の比較

表3.5　前進溶接と後退溶接の比較

比較の項目	前進法	後退法
ビードの形状	余盛が低く，平たいビードとなる。	余盛が高く，幅の挟いビードとなる。
溶込み	溶融金属が前方へ流れやすく，溶込みは浅い。	溶融金属が前方へ流れにくく，溶込みは深い。
スパッタの発生	比較的大きいものが前方へ飛ぶ。	比較的少ない。
裏波ビード*	均一なビードを得やすい。	均一なビードを得にくい。
小 電 流(100A以下)でのアークの安定性	後退法に比べて安定しにくい。	安定しやすい。
作業のしやすさ	溶接線が見えやすいので，ねらいを正確にできる。	溶接線がノズルのかげにかくれて見えにくい。
その他		作業になれると，溶接中にでき上ったビードの状態を見ことができる。

＊　4.1.1 参照

くなる。後退溶接はこの逆の状況となる。したがって，比較的深い開先内で，溶着量の多い溶接を前進溶接で行うと，溶融金属が前方へ流れやすく，これが原因で溶込みが不足しやすくなる。このような場合には後退溶接を用いることがある。

なお，前進溶接と後退溶接のいずれでもトーチ角度(前進角，後退角)が大きすぎると，大量のスパッタの発生や溶込不足を招くので，図3.14に示すように10～20°に保つ必要がある。

3.3　ウィービング操作とビード始・終端部の処理

3.3.1　ウィービングビードの練習

これまでの基本操作の習得で，一応平らな板でのビード置きができる段階まできたが，実作業では，単に真直ぐのビードを置くだけの技量では，良好な結果の得られないことがあり，少し応用技術が必要である。その1つがウィービング操作である。

ウィービング操作の目的は

① 1本のビード(1回の溶接パス)で多量の溶着金属を盛りたい，あるいは幅の広いビードを得たい場合。

② ストレート操作(トーチを真直ぐに移動させる操作)では，十分な溶込みを得るのが難しい場合・・・例えば図3.15のような場合。

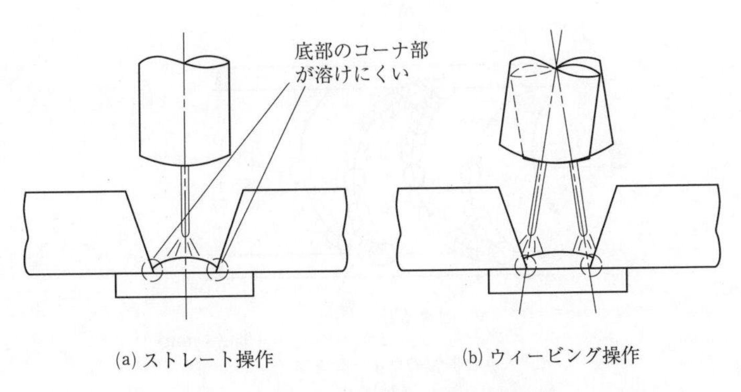

図3.15　ウィービング操作が必要な例

③ ストレート操作ではビード形状が凸になるので，この形状を整える場合。
④ 薄板や，板の突合せ部のすき間(ギャップ)が大きいときなど，熱が集中すると抜け落ちやすいのでこれを防ぐ場合。
⑤立向きや上向きの姿勢では，熱が集中すると溶融金属が垂れ落ちやすくなるので，これを防ぐ場合。

などである。

炭酸ガス半自動アーク溶接では，手溶接の場合ほどウィービング操作の種類は多くないが，それでも数種類のものが用いられている。この項では，その中で基本的と考えられ，またよく用いられているものに絞ってその要領を説明する。各継手や姿勢で用いられる独白のものは第4章に紹介されている。

(1) 小刻みなウィービング

図3.16にウィービング操作時のワイヤ先端の軌跡（ウィービングパターン

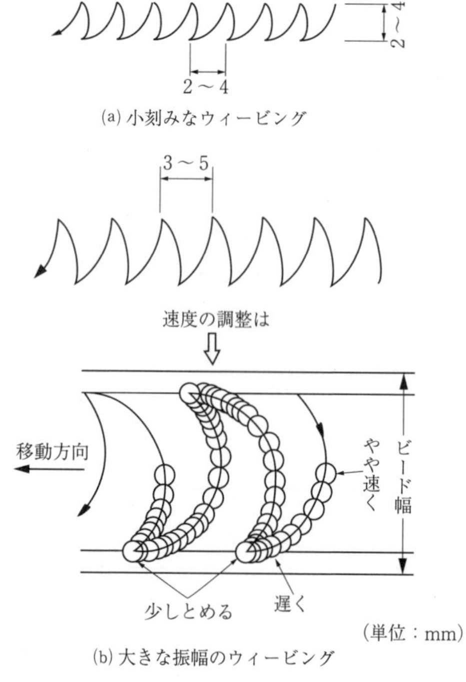

図3.16　ウィービングの基本操作

とよんでいる）を示した。

(a) が小刻みなウィービングの基本例である。このウィービング法は開先底部のすき間が大きくて抜け落ちやすいときにこれを防止する場合，裏波溶接，立向きの第一層目（初層）の溶接など，広範囲に用いられるので，ストレートビード同様に十分な練習を積むことが望ましい。

操作のポイントは，①ウィービング幅，②ピッチ（溶接速度とバランスしたピッチ），③ウィービング速度（トーチの移動速度）であり，これらが均一でなければならない。図 3.16 中に記された値を 1 つの目安として，速目のウィービング，遅目のウィービングとも，トーチを振る動作に不自然さを感じなくなるまで平板でビード置きを繰り返す。小刻みなウィービング操作によるビードの例を図 3.17 に示した。

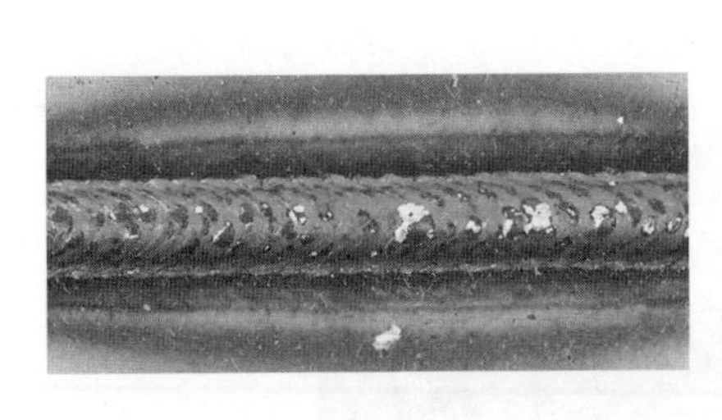

(a) 良好なウィービング

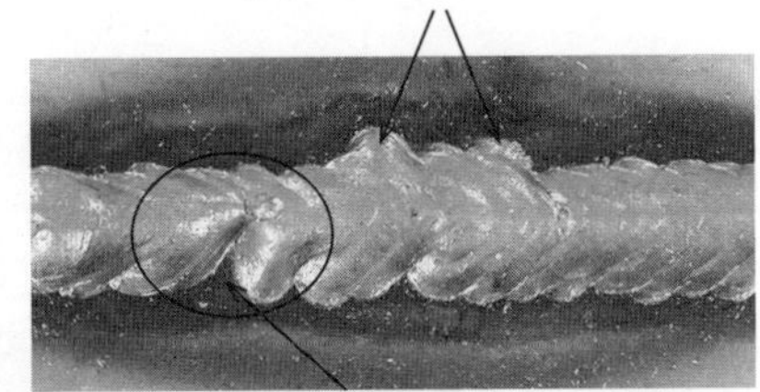

(b) ウィービングの振幅，ピッチが均一でないとき

図3.17　小刻みなウィービング操作による例

(2) 大きな振幅のウィービング

前記 (1) と比べて大きな振幅のウィービングであり，比較的板厚の大きい下向突合せ溶接やすみ肉溶接，立向，上向溶接の中間層や仕上げ層に用いられる。これらの溶接では，幅の広いビードにする必要があるので，ビード両端での十分な溶込みを得ることやアンダカットの発生を防止するのが主な目的である。

そのために，図 3.16(b)にも示すとおり，ウィービングの両端では必ず心もちトーチを止める感じで操作し，これに対し中央部では，やや速目にトーチを移動するのがこのウィービング操作のポイントである。その他の留意点は，小刻みなウィービングの場合と同様である。図3.18にこのウィービングによるビードの例を示した。

また，ウィービングの振幅が大きすぎると，溶融池の温度の高い部分が十分シールドされなくなり好ましくないので，振幅はノズル口径の1.5倍程度を限度として，これを越えないようにする必要がある（図3.19参照）。

(a)良好なウィービング

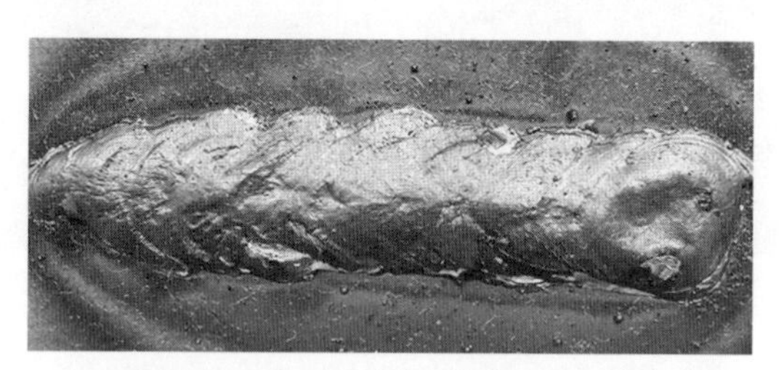

(b)ウィービングの振幅が均等でないとき

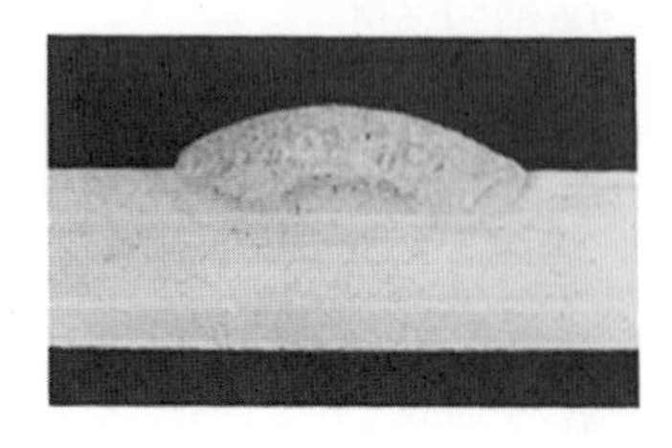

停止時間：長い　　　停止時間：短い

(c)ウィービング両端の停止時間の違いによる比較

図3.18　大きな振幅のウィービング操作によるビードの例

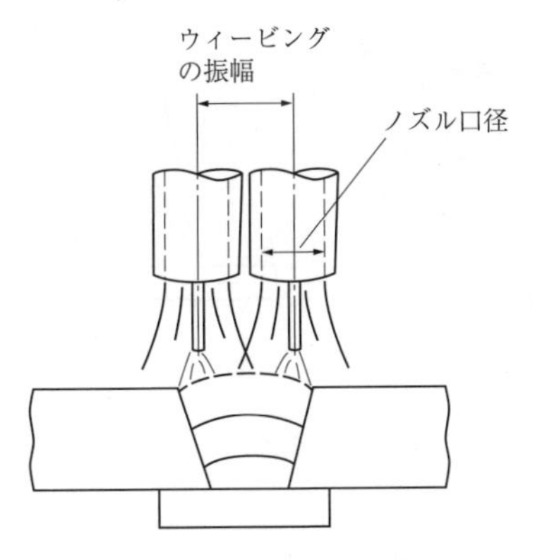

図3.19　ウィービングの振幅

3.3.2 ビード始・終端部の処理

実際の溶接作業では，1本の短かいビードで溶接が終了するものだけではなく，長い溶接長では何本かのビードを継ぎ足していくのが普通である。そのために，ビード継ぎやビード端部の処理が必要になってくるので，これらの処理を取りまとめて説明する。

(1) 始端部

溶接の開始点(始端部)は，母材の温度がまだ上っていないので溶込みが不足気味になり，母材と溶融金属の融合不良を招きやすく，その対策が必要である。図3.20はその代表的な方法を示したものである。

(i) (a) のタブ板(すて板)を用いる方法は，溶接欠陥の出やすい部分が溶接線外になるようにする方法で，比較的重要な構造物や強度・内部欠陥に対する要求の厳しい継手などに使用される。ただし，すて板を使える場合にしか適用できない。

(ii) (b) のバックステップ法とよばれる処理法は，適用性が広くよく用いられている。

(iii) (c) は円筒構造物の円周継手などでビードを完全に重ねて溶接を終了する必要がある場合など，重ね部(ビードの始端部)の溶込みを確保するときに，あらかじめ始端部のビードを小さ目にしておく方法である。

最も広く用いられるバックステップ法の要領は次のとおりである。

① 溶接開始点より15mmほど前方でアークスタートし，トーチ角度，ノズ

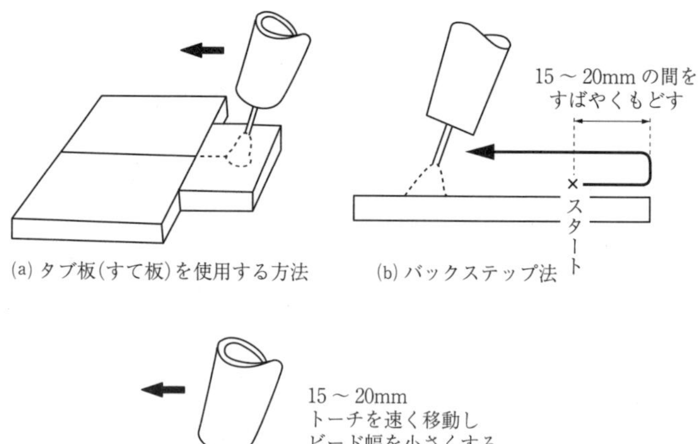

(a) タブ板(すて板)を使用する方法　(b) バックステップ法

(c) ビード継ぎを考えた場合

図3.20　始端部の処理方法

ル－母材間距離を所定の値になるよう整えながら手早く溶接開始点に戻り，本溶接を始める。

② 溶接開始点に戻ると，良好な溶込みを得るため母材を予熱する目的でトーチを若干止める。ただし，開始点が板の端の場合は，溶融金属が垂れ落ちやすくなるので，本溶接へ折り返すタイミングに慣れるまで繰り返し練習する。

(2) 終端部（クレータ部）

溶接ビードの終了部には，クレータとよばれる凹みが残る*。炭酸ガスアーク溶接では，一般に手溶接より大きい電流を用いるので凹みも大きい。図3.21(a)，(b)に大小2種類のクレータ部の例を示した。

これらのクレータをそのまま残すと，溶接金属が不足して(のど厚が不足し)

---

* アークの吹付け力によってアーク直下の溶融池が押しさげられており，この状態でアークを切ると凝固した面が本溶接部のビード表面より低くなり，凹みとなって残る。電流が大きいほど大きな凹みとなる。

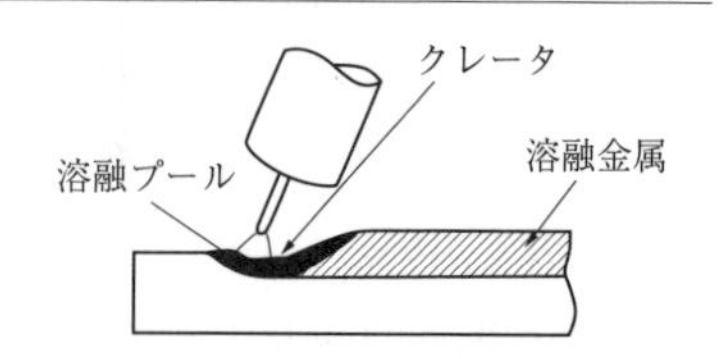

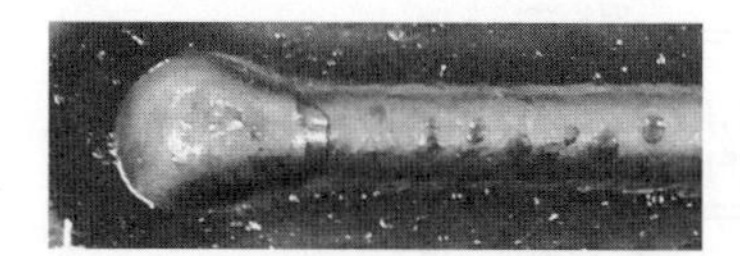
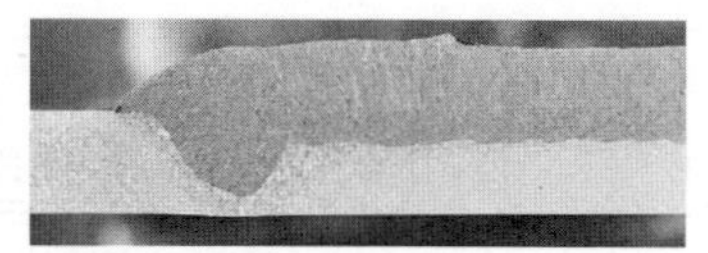

(130A，19V，40cm/min)
(a)小電流でのクレータ

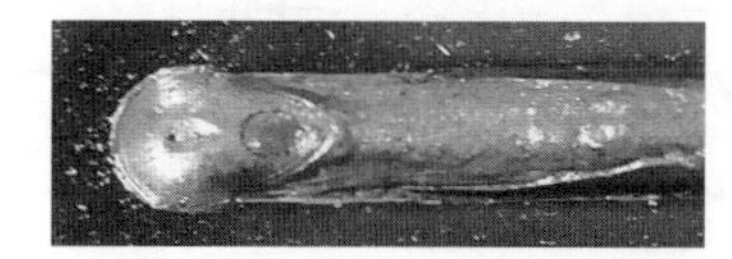

(300A，31V，40cm/min)
(b)大電流でのクレータ

(溶接条件　300A，31V，40cm/min
クレータ処理条件　180A，21V)

(c)大電流でのクレータ処理

図3.21　クレータ部とクレータ処理(外観と断面)

割れたり，収縮孔を生じ欠陥になることがある。それゆえ，図3.21(c)に示すように，この凹みを極力小さくすることが望ましく，この処理のことをクレータ処理という。

クレータ処理には次のような方法がある。

(i) クレータ制御装置のついた溶接電源を用いる場合

クレータ部(溶接終端部)での溶接電流を本電流の60～70％に低減し(これをクレータ電流という)，この電流に見合ったアーク電圧に切り替えて凹みを小さくしてからアークを切って溶接を終了する。

この操作の手順は**図3.22**に示すとおりで，あらかじめクレータ電流および電圧を設定しておき，トーチスイッチの操作でこの条件に切り替えるのである。

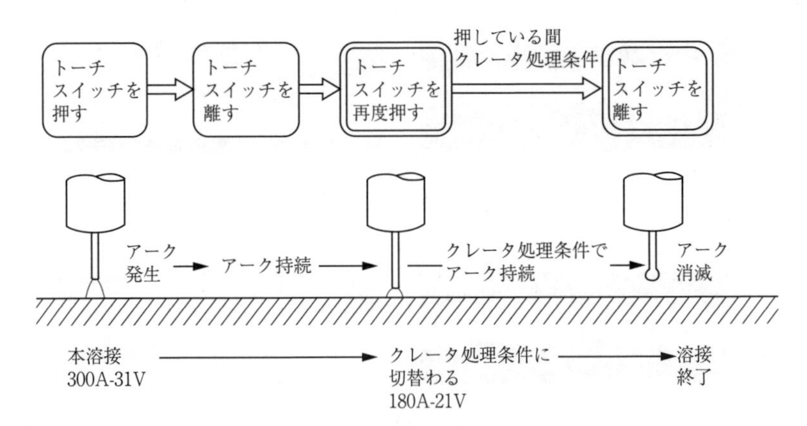

図3.22　クレータ部とクレータ処理方法（クレータ制御装置による場合）

（ii）クレータ制御装置が溶接電源についていない場合

図 3.23 に示すような方法を挙げることができる。

(b) のタブ板（すて板）を使用する方法は，始端部の処理法でも説明した方法であるが，同様にすて板を適用できる場合にしか使えないので一般的ではない。

(a) のアークを断続させる方法が広く一般的に用いられる。

この方法の要点は次のとおりである。

①本溶接が終了すると溶接線の後方へ少しトーチをバックさせて後，トーチの移動をとめる。

②1度アークを切って1～2秒後に再度トーチスイッチを押してアークを発生させる。

③この操作を2～3回繰り返して溶着金属を補充し，凹みを小さくする。

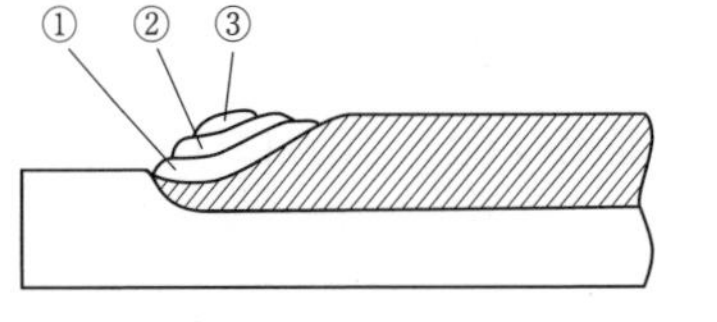

(a) アークを継続させる

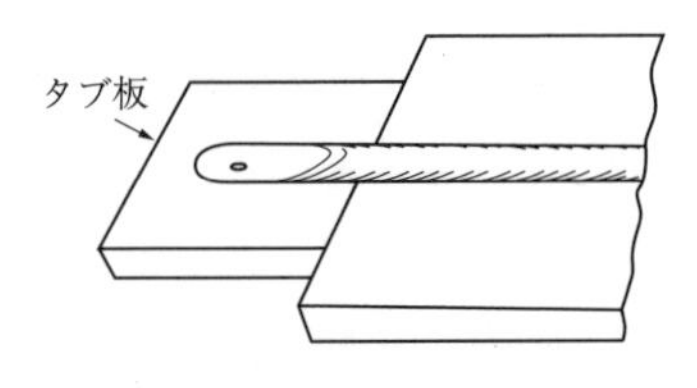

(b) タブ板を利用する

図3.23　クレータの処理方法（クレータ制御装置を用いない場合）

(3) ビード継ぎ

長い溶接長の作業を行う上で必要なビード継ぎについて，基本となる操作法を図 3.24 にかかげた。

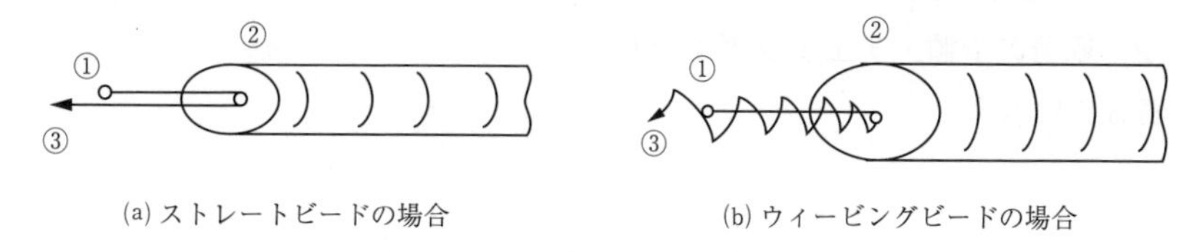

(a) ストレートビードの場合　　(b) ウィービングビードの場合

図3.24　ビード継ぎの処理方法

(i) ストレートビードの場合の要点（図 3.24(a)）

① クレータの前方 10 ～ 20mm の位置①でアークスタートする。

② 手早く，クレータ中央よりやや本溶接のビード側(図 3.24 でいえば右側)まで戻る。

③ 本溶接を開始する。

(ii) ウィービングビードの場合の要点（図 3.24(b)）

①，② ストレートビードの場合と同様に操作する。

③位置②からウィービングを始める。ただし，大きなウィービングを行うとビードがクレータからはみ出す恐れがあるので，クレータ内ではウィービンクの振幅は小さくする。

3.4　基本練習のまとめ

これまでは，単純な平板上でのビード置きでの練習，溶接条件の選定など，基本操作を体得してきた。これらの体得してきたことを実際の継手に適用し，まとめを行う。

まとめのテーマとしては練習用材料として手ごろであり，また基本操作で練習・体得した技量の範囲内で十分こなせる継手として「うす板の水平すみ肉溶接」を選定した。この溶接を通じ，これまでの各要点がどの程度身についているかをチェックし，不十分な点があればおさらいをする。

(1) 基本とする条件

① 材料は厚さ3.2 mm, 50 × 300mmとし, 2枚1組でT字形の継手とする。

② 130～170Aの電流の範囲で, 作業しやすい条件を求めてみる。ワイヤは1.2mm φ, 炭酸ガス流量は15 ℓ /min程度とする。

(2) 練習の手順・チェックポイント

表3.6に示す。

表3.6　基本練習のまとめの手順とチェックポイント

手順	操作　練習	留意点・チェックポイント
1. 材料の組み立て	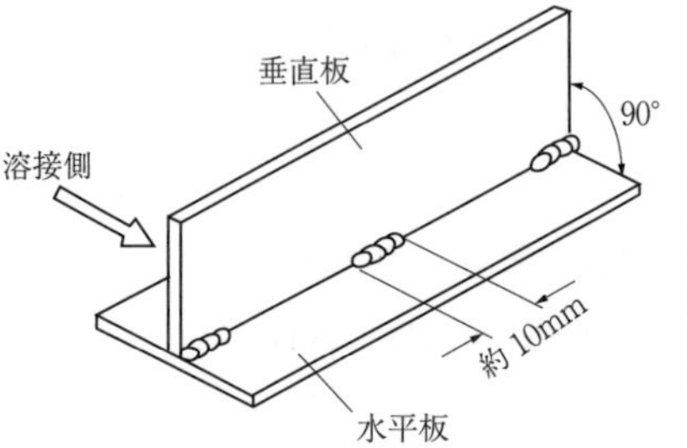 ○裏側に3箇所仮付。 ○タック溶接の条件は本溶接の場合と同じ程度。	① タック溶接のための電流・電圧も, 適正でバランスがとれていること。 ② タック溶接の練習は基本操作として取り上げていないが, 本溶接と同じ扱いと考える。 ③ タック溶接の注意点は, 本溶接中にはずれないようしっかり溶接する。ノズル－母材間距離が長すぎないようにして, しっかり溶け込ませる。
2. 溶接条件の確認	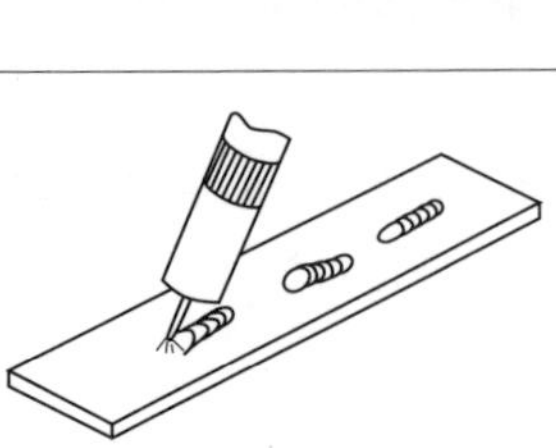 ○他の板か, 水平板にアークを発生させて130～170Aの範囲で作業しやすい電流を選び, アーク電圧を合わせる。	① 本溶接するときのノズル－母材間距離にして電流を合わせる。 ② 電流・電圧のバランス（アーク音, スパッタの発生量, ビードの形状などをみて）をよく確かめる。

		③ ノズルの先端にスパッタが付着して，シールドガスの流れを乱していないかを確かめる。
3. 材料のセット安定した姿勢の確認	右の点に注意して安定した姿勢をとる。	以下の点を確かめる。 ① 作業台の高さは適切か。 ② 身体と材料の位置は適切か。 ③ トーチが溶接の始端から終端まで円滑に移動できるか。 ④ 溶接線がよく見えるか。 ⑤ 身体のどこかに負担を感じないか。
4. トーチの保持角度，ワイヤのねらい位置の確認	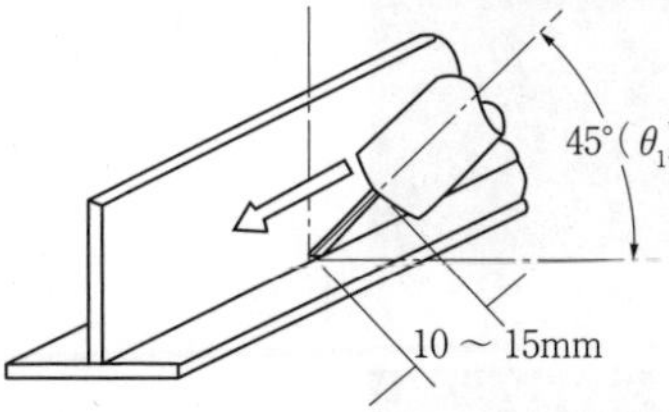 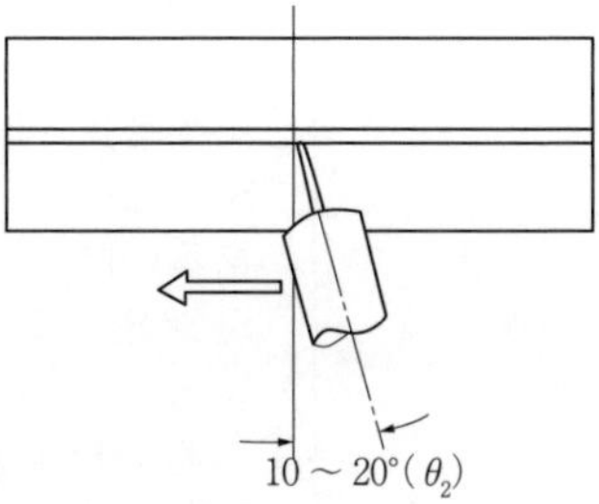 ○前進溶接。 ○ワイヤ先端のねらいはコーナの中心部。 ○アーク発生をさせずにトーチを溶接の始端から終端まで移動する。	① θ_1, θ_2, ノズル－母材間距離が溶接の始端から終端まで極力一定に保たれるか。 ②狙いのずれをできるだけ少なくする。

5. 溶接	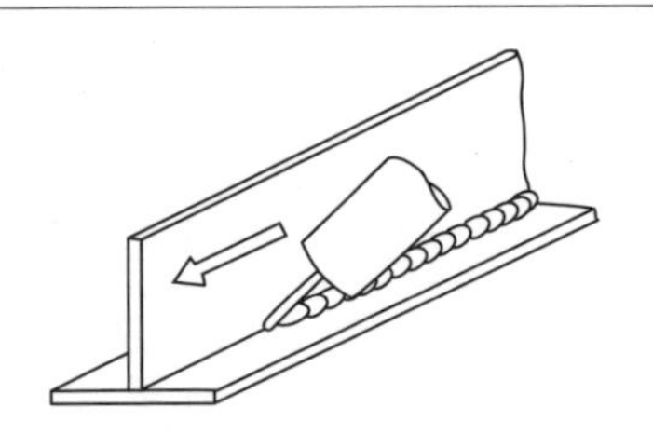 ○電流・電圧は，手順2.で確かめたものを用いる。 ○溶接速度は30cm/min前後で，トーチの移動が円滑に行える程度とする。	① θ_1，θ_2，ねらい位置，ノズル－母材間距離，溶接速度を一定に保つこと。 ② アークの状態をよく観察する。できれば，溶融した部分（溶融池）も観察し，次の手順6.の結果と対応させてみる。
6. 結果のチェック	(a) 脚長の不ぞろい（不等脚長）	
		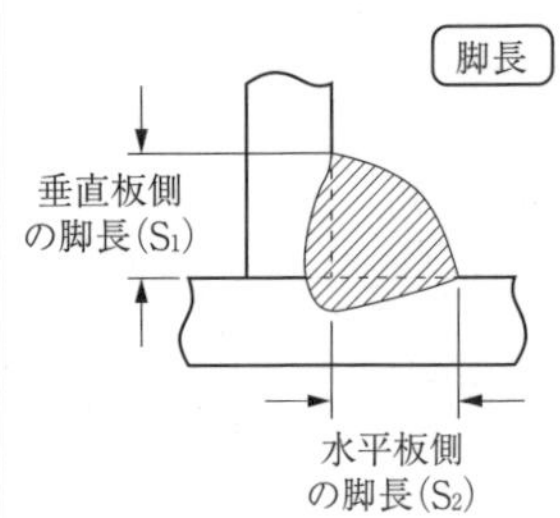 ○等脚長とは $S_1 = S_2$ ○不等脚長とは $S_1 < S_2$ あるいは $S_1 > S_2$ ①ねらい位置がコーナからずれていないか（溶接線のずれ）。 ②トーチ角度 θ_1，が45°より極端にはずれていないか（トーチの保持角度）。

(b) ビード形状が凸形	
	①アーク電圧が低すぎないか（条件のバランス）。 ②溶接速度が速すぎないか（トーチの移動速度の感覚）。
(c) 多量のスパッタの付着	
 	①アーク電圧が高すぎないか，あるいは低すぎないか（条件のバランス）。 ②トーチ角度 θ_1，が極端に大きくなっていないか……トーチをねかせすぎていないか（トーチの保持角度）。
(d) 良好な例	
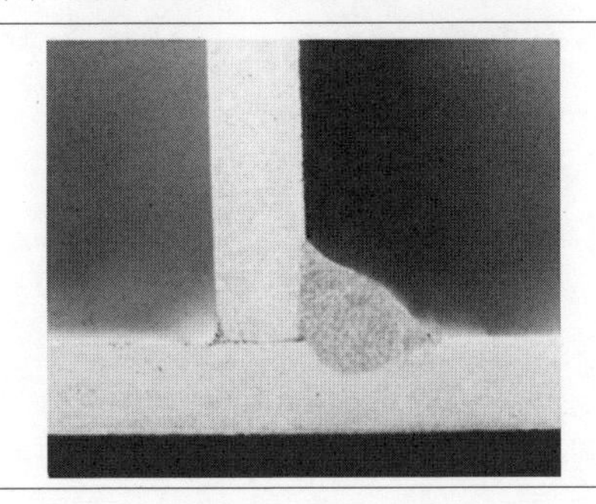	

<table>
<tr><td>7. 再溶接（溶接の繰り返し）</td><td>○修正あるいは確認しなおした条件，操作法で溶接を繰り返す。
○全長にわたって，等脚長で溶接線のずれの少ない均一なビードが置けるまで繰り返す。</td><td></td></tr>
<tr><td>8. まとめ</td><td colspan="2">① 適正なアークの状態を把握（電流・電圧のバランスの把握）すること。
② トーチ角度，ねらい位置の適正値と適正値からのずれによる影響を把握すること。
③ 円滑なトーチ移動が可能な速度を実感としてとらえること。</td></tr>
</table>

第4章　溶接の実技練習

前章では，初歩的な溶接トーチの基本操作法を実習してきたが，溶接ワイヤのねらい位置，トーチの保持角度，ノズル－母材間距離，溶接速度などにまんべんなく気を配れ，バラツキのない円滑なトーチ操作を身につけたところで，実作業に準じた溶接実習に入る。

本章では，下向姿勢から水平すみ肉，立向，横向，上向姿勢へと段階的に実習を重ねて行く。実践的な応用操作を習熟するために，各溶接姿勢ごとに基本的なビードの置き方から始め，1層および多層溶接へとステップアップして行き，あらゆる溶接姿勢に対応できる基本的なトーチ操作を習得する。

なお，本章に示される溶接条件は，大きさの限られている実習用として選定されたテストピースを対象としたもので，現場溶接に比べると電流・電圧をかなり低目に設定している。実作業においては，溶接構造物の大きさ，板厚，継手形状，溶接姿勢，使用ワイヤなど考慮に入れて，現場作業に見合った溶接条件を選定しなければならない。

4.1　下向溶接

4.1.1　薄板下向裏波溶接

実技練習の初めに，いきなり裏波溶接に入ると戸惑いが先行し，しりごみする人もあるかと思われる。しかしながら，薄板下向裏波溶接は，ごまかしのききにくい溶接法であり，溶融池の変化を観察しながら，その変化に機敏に対応できるトーチ操作を身につけるのに最も適している。それゆえ，これから段階的に進んで行くあらゆる姿勢の溶接作業の基本ともなるので，この項でしっかり練習しておく。

〔1〕平板ビード練習

(1) 準備

テストピース（3.2t × 150 × 200（mm））の長手方向に約 15mm 間隔で白線を引き，これを身体に対して平行になるように作業台の上に置く。

(2) 実習条件

ワイヤ 1.2mm φ，溶接電流 120 ～ 140A，アーク電圧 18 ～ 20V，炭酸ガス流量 約 15 ℓ /min，ノズル－母材間距離 10 ～ 15mm に設定する。

(3) 操作法

前進角約 10°，溶接速度 30 ～ 40cm/min で白線にそって**図 4.1** に示される(a)(b)(c)(d)の順にトーチ操作を行い，ビードが真直ぐで，幅，高さにムラがなくなるまで練習する。

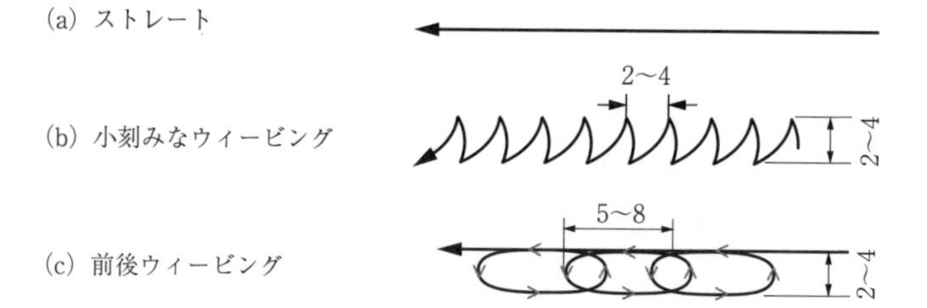

図4.1　裏波溶接のウィービングパターン

〔2〕溶落ち練習

(1) 準備

（ i ）3.2t × 50 × 200（mm）の板を使って，**図 4.2**(a)に示されるような短冊形のテストピースを準備しておく。仮付溶接は両端で行い，1.6mm φワイヤを短かく切って板の間に狭み込み，そのまま仮付溶接を行うと多少収縮するが，均一なルート間隔が得られる（図 4.2(b)は裏面に仮付溶接を行ったもの）。

（ ii ）短冊形テストピースは，溶接する箇所が作業台面に密着しないように

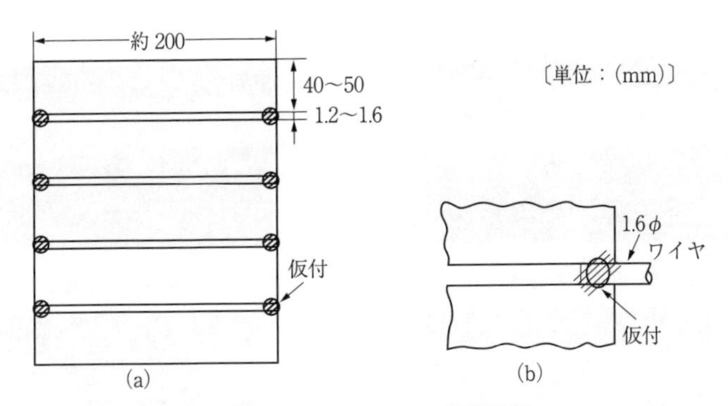

図4.2　テストピースの準備要領

浮かして固定する。

(2) 操作法

(ⅰ) 4.1.1 項〔1〕-(2) の設定条件で溶接線にそって，溶接速度 20～30cm/min のストレートビードを置いていく。

(ⅱ) 溶融池の色が白味を帯び，溶融池の楕円が細長くなるとともに表面が母材面より低くなっていき，それがさらに進行すると溶け落ちる。

(ⅲ) この溶落ちの過程を何度も繰り返して観察し，溶落ちのタイミングをつかんでおく。**図 4.3** は溶落ちの進行状態を説明したものである。

(ⅳ) 溶接中，図 4.3(a)(b)および**図 4.4** に示されるように，溶融池の前面が

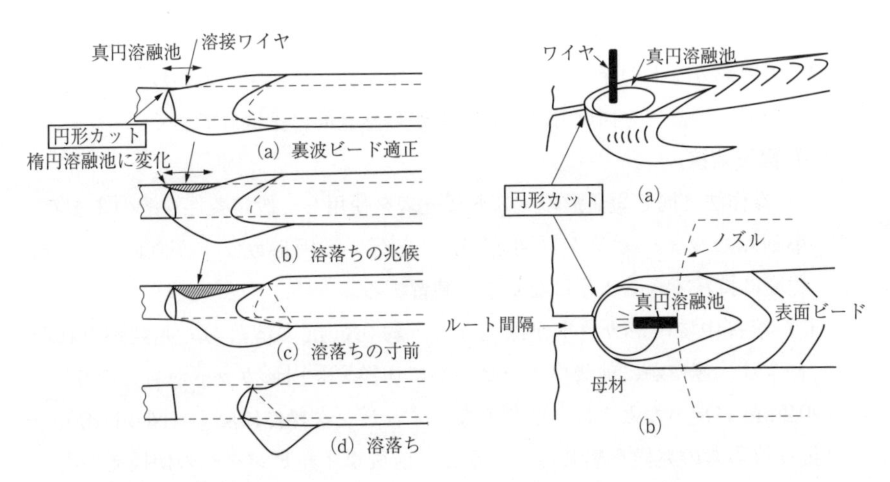

図4.3　溶落ちの状態説明図　　図 4.4　溶融池と円形カット

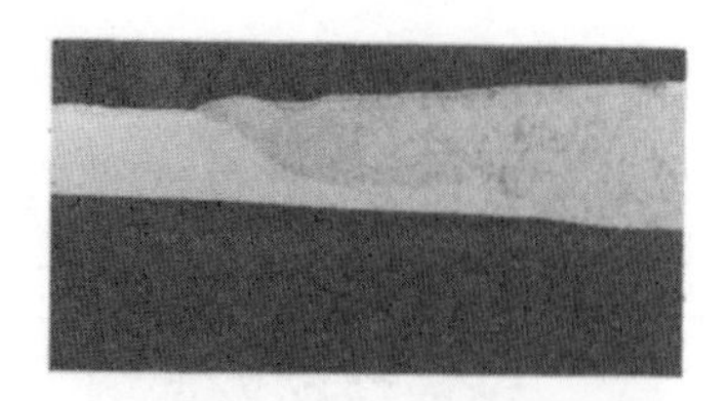

(a) 溶込み不足の場合

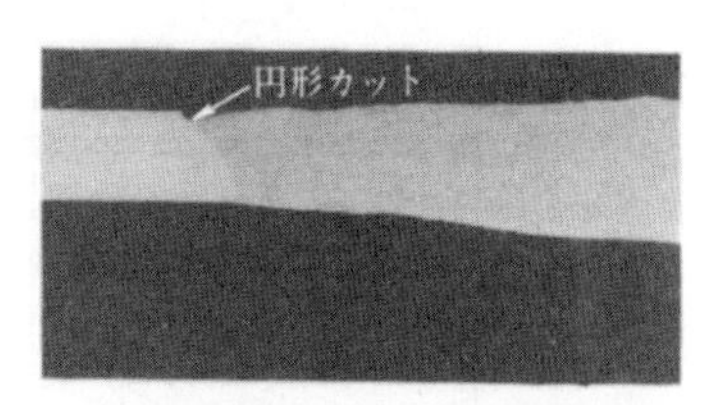

(b) 裏波ビード適正の場合

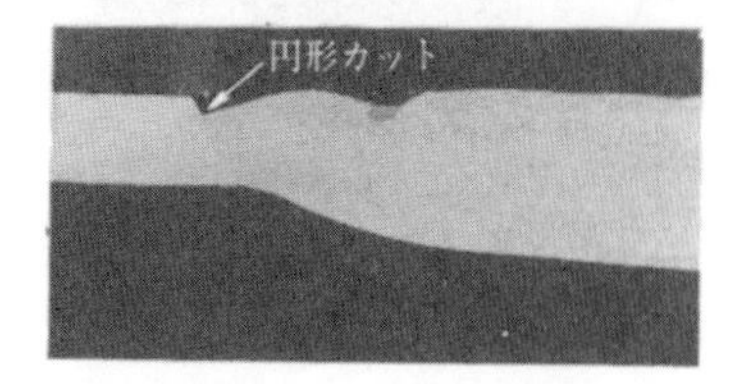

(c) 裏波ビード過多の場合

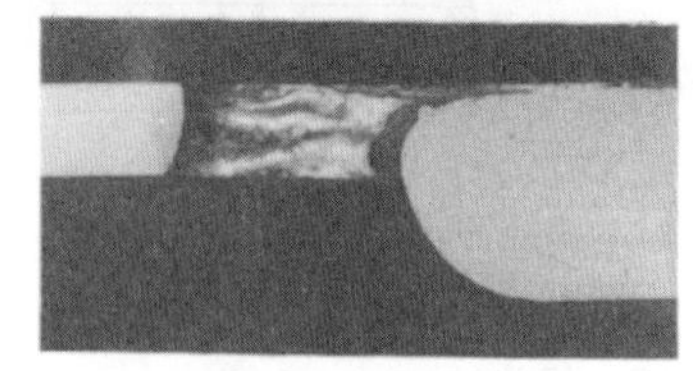

(d) 溶落ちの場合

図4.5　裏波形成ビードの縦断面

母材表面より少し沈んで，アンダカット気味になっている点に注目する(遮光ガラスNo.10～11を使用すると見えやすい)。なお，このカットに該当する用語が見当たらないので，一応ここでは円形カットと名付けておく(図4.3および**図4.5**の(b)，(c)参照)。

(v) 円形カットの深さが0.1～0.2mm程度のときに裏波ビードは適正で，さらに深くなって0.3mm程度になると溶落ちの兆候となる。溶接中に，この円形カットの深さ加減は，スケールを使って測定するわけにもいかないので，溶落ちを何度も繰り返しながら感覚的に把握しておく。

(3) 裏波溶接

(i) 操作法と同じ短冊形のテストピースを使用し，設定条件もそのままで，小刻みなウィービング（図4.1(b)）を行い，円形カットが0.1～0.2mm程度に持続できるようになるまで練習する。

(ii) 溶接中に円形カットが深くなり，約0.3mmの溶落ちの兆候が現れたときは，速やかに前後ウィービングに切換え，円形カットがもとの0.1～0.2mmに戻ったときに，小刻みなウィービング操作に戻す（図4.1(d)）。

(iii) 溶落ちの兆候を感じとってから，前後ウィービングへの切換えが条件反射的に行えるようになるまで繰り返し練習する。

〈注意 1〉 検定試験に合格するだけが目的の溶接であれば，テストピースは短く，ルート間隔も任意に精度も高くとれるので，息をつめてのストレート操作でも裏波ビードはつくることができる。しかし実際の作業現場では，板の段差，ルート面やルート間隔のバラツキなど，被溶接物の開先精度が悪い場合も多く，一定速度のストレート操作では均一な裏波ビードは得がたい。

現場作業に適応できる技能を身につけるためには，遮光ガラスを通して溶融池の表面状態から裏波ビードのでき具合を予想できる洞察力と，溶融池の変化に即応できる機敏性の鍛練が必要である。

〈注意 2〉 初心者は，ワイヤねらい位置，トーチの保持角度，ノズル－母材間距離，溶接速度，およびウィービングの幅やピッチ，溶融池の表面状態など，注意しなければならない要素が多く，練習にあたって注意力が散漫になりやすいので，2 人 1 組でお互いに注意しあいながら練習を重ねるか，熟練者に指導を仰ぐことが望ましい。

4.1.2　中・厚板下向多層溶接

この項では，下向すみ肉溶接の状態で実習するが，V 形突合せ溶接のトーチ操作も基本的には変わりがないので，V 形突合せ溶接の練習も兼ねている。この方法から入ると，開先加工の手間が省け，練習も手軽という利点もある。

(1) 準備

テストピース（9t × 50·100 × 200（mm））2 種を 2 組 T 字形に仮付けして，下向き位置になるように作業台上に固定する（図 4.6 参照）。

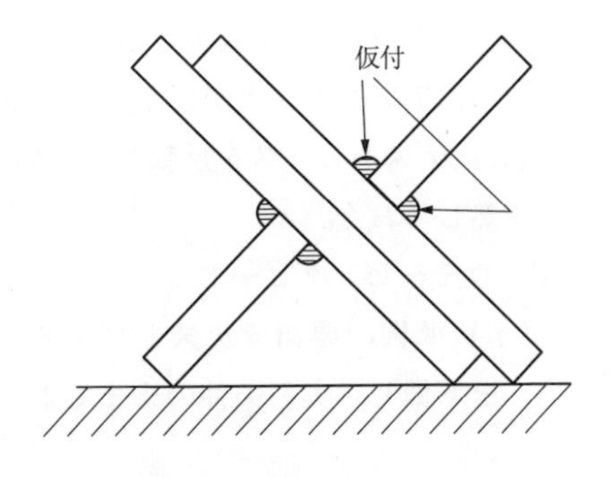

図4.6　T 字形テストピース

(2) 実習条件

ワイヤ 1.2mm φ，溶接電流 280 ～ 300A，アーク電圧 30 ～ 34V，炭酸ガス流量 15 ～ 20 ℓ /min，ノズル－母材間距離 約 20mm に設定する。

(3) 操作法

(A) ストレートビード

(i) **図 4.7** に示される溶接順序で，前進角 10 ～ 20° を保ちながら，溶接速度 40 ～ 50cm/min のストレートビードを置く。

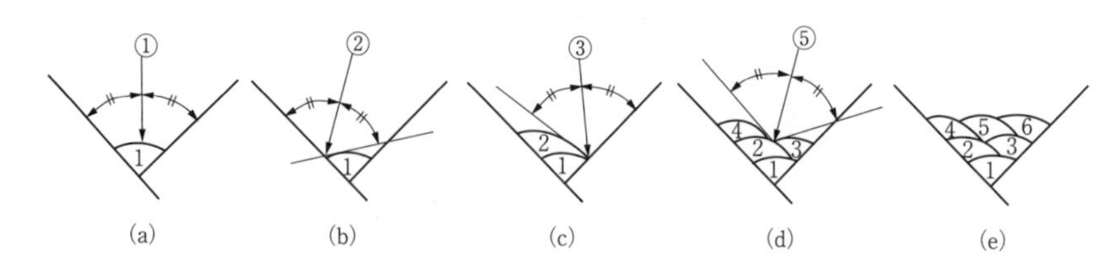

図4.7　ストレートビードによる積層法

(ii) ワイヤのねらい角度は, 初層①では母材の交差角 90° の中心線（図 4.7(a)）を保持し，②以後はビード表面と母材（図 4.7(b)(c)）またはビード表面とビード表面の交差角（図 4.7(d)）のおよそ真ん中をねらう。

(iii) 溶着金属は均一にふり分けて不等脚にならないように注意する。

(iv) 熱容量が小さいテストピースに連続して多層溶接を行うと，パス間温度が上昇し，母材が赤熱し，ビードは乱れ，スパッタも多くなる。パス間温度を考慮し，母材が冷えたのを確認した後に，次のパスの練習を行う。

(v) 図 4.7(e) に完成図を示すが，最終層のビード表面は滑らかで，両端にはアンダカットがなく，左右の脚長は等しくなければならない。

(vi) テストピースを反転して，同じ要領で後退法によるトーチ操作も習熟しておく。

(B) ウィービングビード

(i) 準備の要領でテストピースを準備し，実習条件のままでよい。

(ii) **図 4.8** の 1 はストレートビードを置き，2,3 の順にウィービング操作の練習を行う。

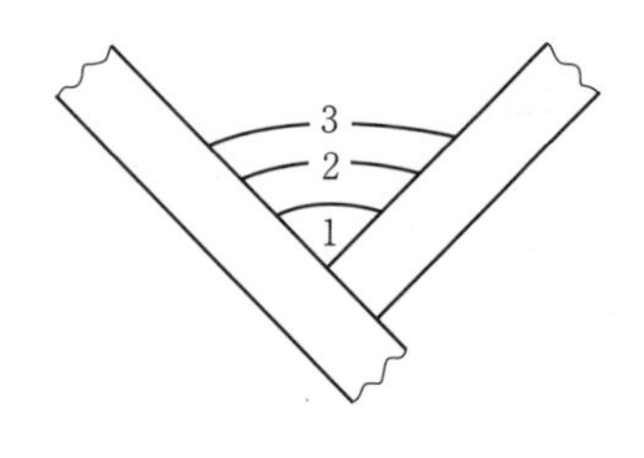

図4.8　ウィービングビードの積層法

（iii）ウィービング操作は，図4.9に示されるように，ビードの中央部は速く，端にいくに従って遅くし，両端では少し止める。

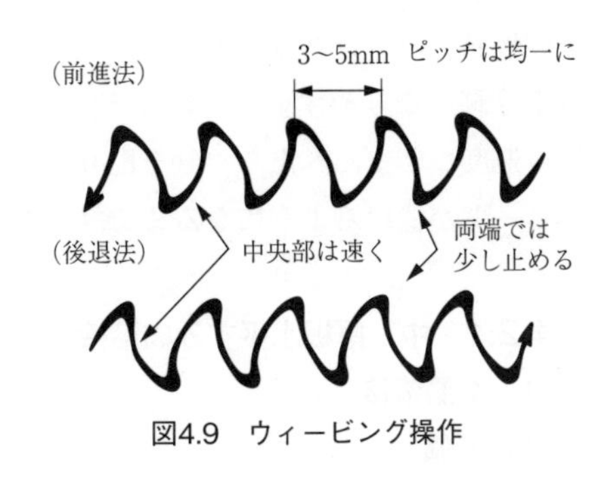

図4.9　ウィービング操作

（iv）ウィービング幅は，前のビードの両端まで確実に操作し（図4.10），ビード幅の不揃い，アンダカット，溶込不良などの発生に留意する。なお，ウィービング幅はノズル口径の1.5倍を限度として操作する。

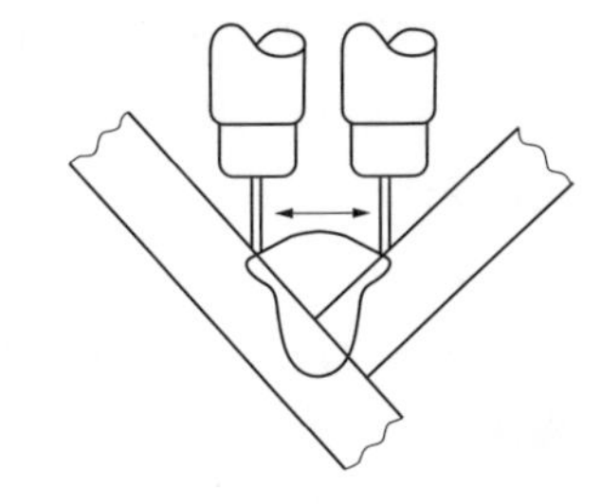

図4.10　2層目ビードのウィービング幅

〈注意〉ウィービング幅が極端に大きすぎると，ブローホールの発生原因ともなり，逆に小さすぎると，ビード両端の溶込不良，オーバラップなどの発生原因となるので，トーチ操作には細心の注意が必要である。

（v）前進法，後退法のいずれも自由に操作でき，ビードの余盛高さや幅，ビードの波目にムラがなくなるまで繰り返し練習する。

このウィービング操作は，他の溶接の基礎となるものであるから，確実に習熟しておかなければならない。

4.2　水平すみ肉溶接

小電流（短絡移行）による薄板水平すみ肉溶接の基本的なトーチ操作は，3.4節において実習してきたが，本項では，大電流による1層仕上げのビードの置き方から実習を始め，中・厚板水平すみ肉溶接における多層溶接の基本的な積層法を習得する。

大電流による中・厚板の水平すみ肉溶接では，溶融金属が垂れ気味となり，垂直板側にはアンダカット，水平板側にはオーバラップを生じやすく，ビードも不等脚になりやすい。それゆえ，ワイヤのねらい位置，トーチの保持角度，溶接速度などまんべんなく気を配り，ビード断面が二等辺三角形に近い等脚長のビードが置けるようになるまで練習を重ねる。

4.2.1　中・厚板水平すみ肉溶接

〔1〕1層溶接

(1) 準備

テストピース（9t × 65 × 200（mm））2枚をT字形に仮付し（溶接線と反対側に2箇所），水平位置になるように作業台に固定する。

(2) 実習条件

ワイヤ 1.2mm ϕ，溶接電流 250 ～ 280A，アーク電圧 26 ～ 30V，炭酸ガス流量 15 ～ 20 ℓ /min，ノズル－母材間距離 約 20mm に設定する。

(3) 操作法

（i）この場合のトーチ角度およびワイヤねらい位置は，図4.11(b)に従う。

（ii）トーチの移動は，30 ～ 40cm/min の均一な速度で行い，ワイヤねらい位置のズレやトーチの保持角度に注意して，前進法でストレート操作する。

〈注意〉ワイヤねらい位置がコーナー側へ寄りすぎると，垂直板側にアンダカットを生じやすく，逆にコーナーから離れすぎると，不等脚ビードとなる。溶接線に対するワイヤのねらい位置や保持角度の変化は，ただちにビード形状や溶込みに影響するので，実習にあたってはたえずワイヤが正しい位置を保つように注意する。

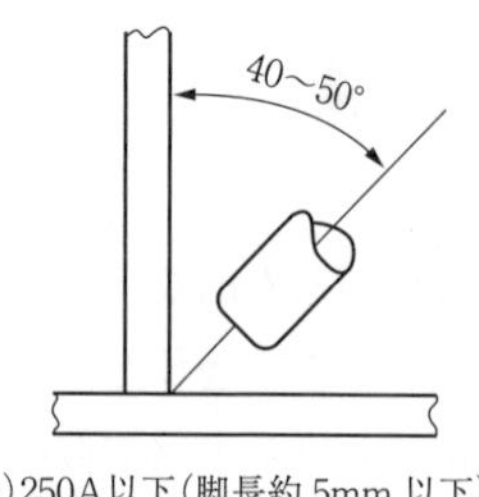

(a)250A以下（脚長約 5mm 以下）

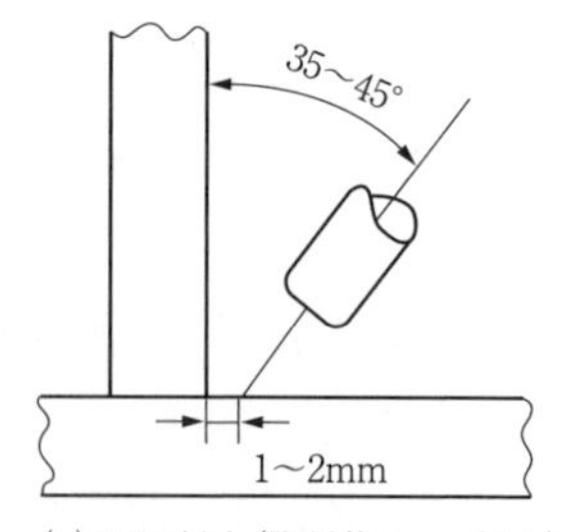

(b)250A以上（脚長約 5mm 以上）

図4.11　水平すみ肉溶接のワイヤねらい位置およびトーチ角度

（iii）水平板と垂直板の脚長が等しく（脚長寸法 6 ～ 7mm），テストピースの全長にわたって均一なビードが得られるようになるまで繰り返し練習する。

〈注意 1〉特に，大電流による水平すみ肉溶接では，溶接速度を下げたり，幅の広いウィービング操作を行ったり，溶接電流およびアーク電圧を上げるなどの策を講じて，無理に 1 層で大きな脚長のビードを置くことは好ましくない。このようにすると，溶融金属は垂れ下がり気味となり，垂直板にはアンダカット，水平板にはオーバラップを生じやすく（図 4.12），脚長はアンバランスでビード外観も悪くなる。水平すみ肉溶接において，1 層溶接で得られる等脚長は，7 ～ 8 mmが限度である。

〈注意 2〉厚板溶接では，小刻みなウィービング操作を行う場合もあるが，ウィービング幅は 2 ～ 3mm の範囲にとどめ，操作は水平板と垂直板が熱的に平衡を保つようにするため，水平板側で行う（図 4.13 参照）。

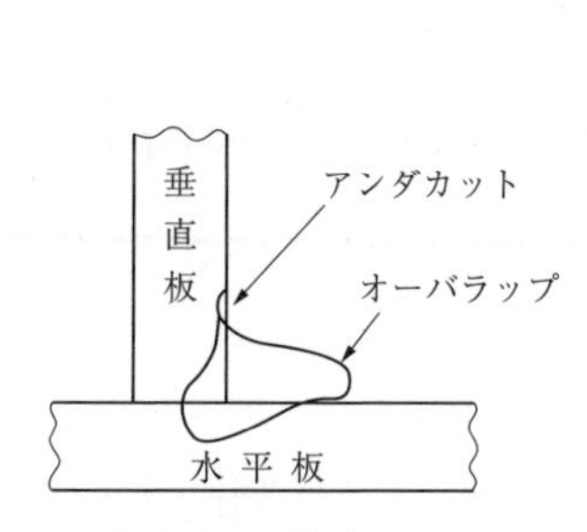

図4.12　水平すみ肉溶接における
アンダカットとオーバラップ

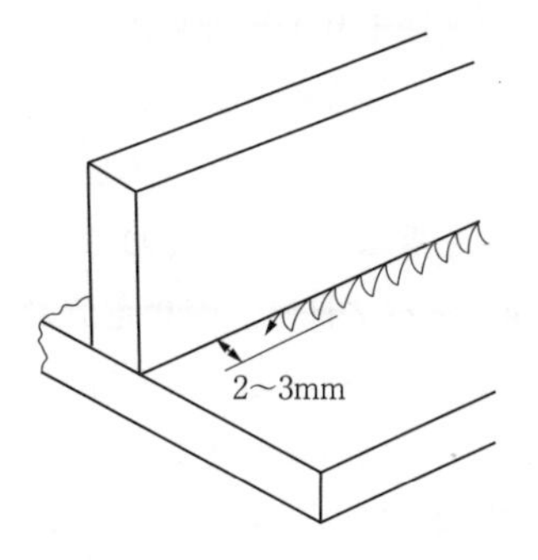

図4.13　厚板水平すみ肉溶接における
ウィービング操作

〔2〕多層溶接

水平すみ肉溶接では，大電流を用いても 1 層溶接で置けるビードには限度があり，一般に 8mm 以上の大きな脚長を必要とする溶接物では，図 4.14 に示されるような多層溶接が行われる。

図4.14　厚板水平すみ肉溶接の積層法

（1）準備

テストピース（12t × 65 × 200

(mm)) 2枚をL字形に仮付し（溶接線と反対側に2箇所），水平位置になるように作業台に固定する。

(2) 実習条件

ワイヤ 1.2mm ϕ, 炭酸ガス流量 15～20/min, ノズル－母材間距離 約20mm。

条件1－溶接電流300～320A, アーク電圧32～34V, 前進法または後退法。

条件2－溶接電流250～260A，アーク電圧28～30V，前進法。

(3) 操作法

(ⅰ) 1パス目は条件1に設定し，トーチは図**4.15**①の角度を保ち，ストレートまたは水平板側で，小刻みなウィービング操作を行いながら，前進法または後退法により不等脚長のビードを置く。多少垂れ気味の凸形ビードにしておき，2パス目のビードを重ねやすくしておく。

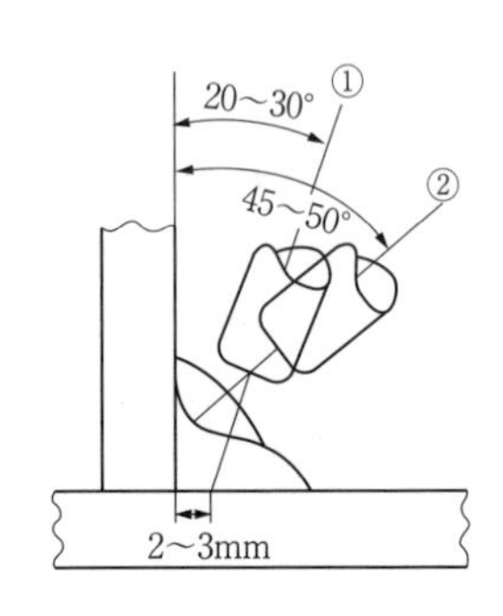

図4.15　2パス仕上げの水平すみ肉溶接におけるワイヤねらい位置およびトーチ角度

(ⅱ) 2パス目は，溶接電流およびアーク電圧を少し下げて（条件2），1パス目のビードのへこみ部をねらう。トーチは，図4.15②に示されるように，水平板側へ寝かせて前進法によりストレートまたは小刻みなウィービング操作を行い，少し早めの速度でビードを重ねる。2パス仕上げのビードは，一般に脚長8～12mmを必要とする溶接に用いられる。

(ⅲ)次に図**4.16**に示すような2パス以上で仕上げる多層溶接の練習に入る。

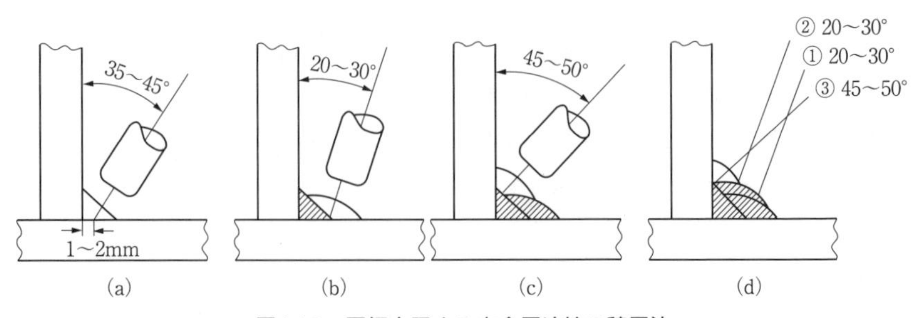

図4.16　厚板水平すみ肉多層溶接の積層法

初層溶接は,(1)－(c)の要領で脚長6～7mmのビードを置く(図4.16(a))。

(iv) 2層目の1パスビードは，図4.16(b)に示されるように，初層ビードの下端部をねらい，ストレートまたは小刻みなウィービング操作を行いながら，必要脚長に応じて水平板側のビード端を揃えておく。

脚長寸法が10～12mm程度の比較的小さいビードでは，図4.16(c)に示すように,3パスで仕上げるが,脚長寸法が12～14mmになると,図4.16(d)の4パス仕上げとする。

(v) 必要脚長に応じて，3層以上の溶接も図4.16と同様の要領でビードを積重ねていくが，しだいに入熱が大きくなり，垂れ気味のビードとなりやすいので，上層部へ進むに従って溶接電流およびアーク電圧はわずかに下げていき，溶接速度は逆に徐々に上げていく。

〈注意〉多層溶接を行った場合の仕上がり断面は，図4.14に示すように，両脚長が等しく，アンダカットやオーバラップなどの溶接欠陥がなく，溶込みは均一で，ビードの重ね部分は滑らかでなければならない。

4.3　立向溶接

この節では,立向溶接の下進･上進法による基本的なストレートおよびウィービングビードの置き方から練習を始め，すみ肉溶接や角溶接の実習過程の中から，立向姿勢におけるトーチ操作を習得する。

垂直方向に行う立向溶接では，溶融金属が垂れ下がりやすく，アンダカットやオーバラップ，溶込み深さやビード幅の不均一，ビード表面の凹凸，ビード波目の不揃いなどの溶接不良が発生しやすい。これらの不良要因に対応するためのトーチ操作は，下向姿勢の溶接と比較してかなり難しくなる。

4.3.1　下進法

〔1〕平板ビード練習

(1) 準備

テストピース(3.2t × 150 × 200 (mm))の長手方向に約10mm間隔の白線を引き，これを作業台の上に垂直に固定する。

(2) 実習条件

ワイヤ 1.2mm ϕ，溶接電流 130 ～ 140A，アーク電圧 19 ～ 20V，炭酸ガス流量 約 15 ℓ /min，ノズル－母材間距離 10 ～ 15mm に設定する。

(3) 操作法

(ⅰ) **図 4.17** に示すトーチの保持角度で白線にそって上から下へ下進して行く。

(ⅱ) トーチの移動は，ストレートあるいは小刻みなウィービング操作で行うが，**図 4.18**(a)に示すように，アークは溶融金属の前方で出すように操作し，図 4.18(b)のように，溶融金属を先行させないように注意する。

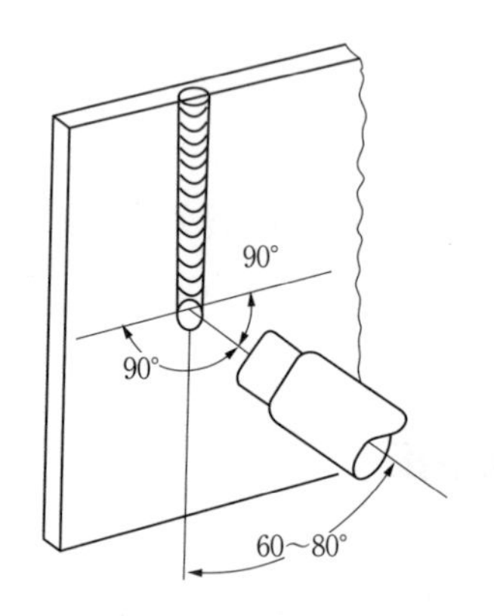

図4.17　立向下進溶接のトーチ保持角度

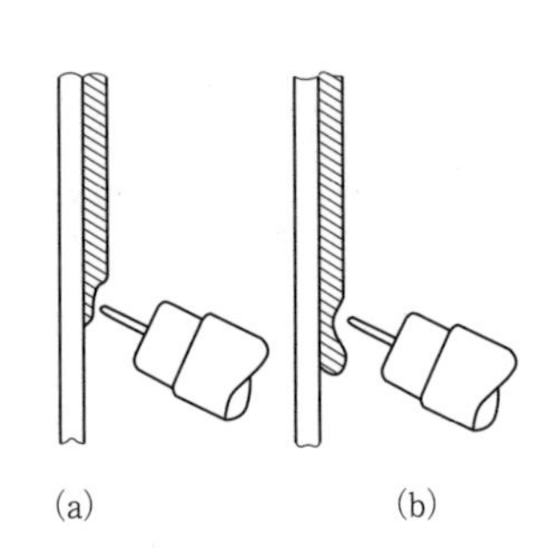

図4.18　立向下進溶接のトーチ操作

〈注意〉下進溶接における溶融金属の先行は，オーバラップを生じ，溶込みが極端に小さくなるので，溶融金属が先行しそうな場合は，下進の速度を早めるか，トーチを進行方向に倒してアーク力で溶融金属を押し上げながらビードを置く。

(ⅲ) 白線にそって溶融金属の落下や溶融池の先行がなくなり，均一なビード幅が得られるようになるまで繰り返し練習する。

〔2〕すみ肉溶接・角継手溶接

(1) 準備

テストピース（3.2t × 50 × 200（mm)）2 枚の長手方向の角を合わせて直角に仮付けし，作業台上に垂直に固定する（**図 4.19** 参照）。

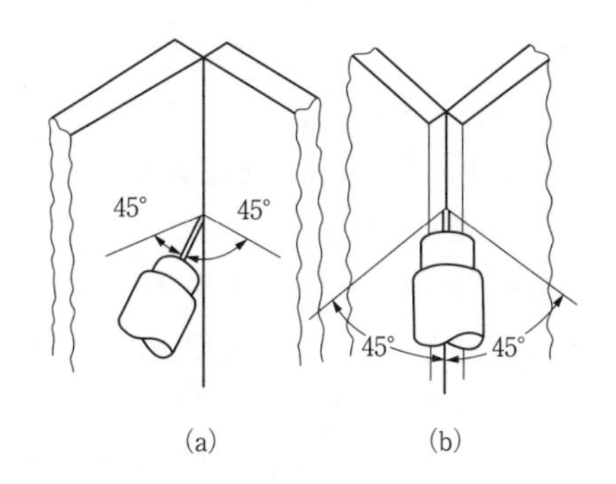

図 4.19 すみ肉･角継手溶接のトーチ保持角度

(2) 実習条件

平板ビード練習の条件をそのまま使用する。

(3) 操作法

（ i ）図 4.19(a)のすみ肉溶接を先に行うと，角継手側に裏波ビードが出て，初心者には角溶接がやりにくくなるので，実習順序は図 4.19(b)の角継手側から溶接を始める。

（ ii ）角溶接は，開先の中心部をねらい図 4.19(b)の保持角度で，**図 4.20**(a)に示すように，ストレートまたは小刻みなウィービング操作を行うが，開先両端の角部が溶けて流れ落ちやすいので，トーチは進行方向に対して70～60°くらいの角度をつけ，溶融金属を先行させないように少し早めの速度で下進する。

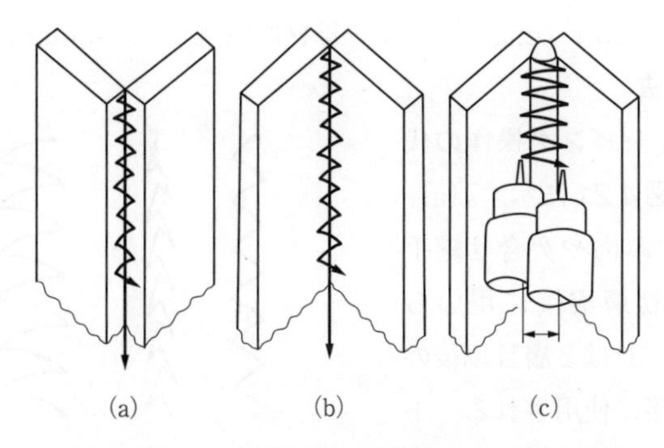

図4.20 すみ肉･かど継手溶接のトーチ操作法

(iii) テストピースを反転してすみ肉溶接の練習を行うが，トーチは図4.19(a)に示すように，コーナーの中心をねらい，左右のふり分け角度を保持しながら，図4.20(b)に示すストレートか小刻みなウィービング操作で，溶融池の先行に注意して下進して行く。

(iv) 2層目は，図4.20(c)に示すように，初層ビードの両端まで確実にウィービング操作しながら下進して行くが，速度が遅すぎると溶融金属が垂れ落ち，オーバラップや溶込不良を起こしやすいので，ウィービングのピッチや下降速度が不均一にならないように練習を重ねる。

下進溶接は一般に溶込みが浅く，ビードは平らに仕上がり，外観も美しいことから，一般に3.2mmt以下の薄板溶接に採用されることが多い。また，後述の上進溶接では困難な，例えば継手精度が悪い中・厚板の裏波溶接や，角溶接などが比較的容易に行えることから，その活用範囲も拡大されているので，この項でしっかり習熟しておく。

4.3.2　上進法

〔1〕平板ビード練習

(1) 準備

テストピース（9t × 150 × 200（mm））の長手方向に約15mm間隔の白線を引き，作業台に垂直に固定する。

(2) 実習条件

ワイヤ1.2mm ϕ，溶接電流 110 ～ 130A，アーク電圧 18 ～ 20V，炭酸ガス流量 約15 ℓ /min，ノズル－母材間距離 10 ～ 15mmに設定する。

(3) 操作法

(i) ウィービング操作の代表例を図4.21に示す。(a)，(b)はすみ肉や突合せ継手などの初層溶接に用いられ，(c)，(d)は2層目以後の多層溶接に使用される。平板では立体的なウィービング操作ができにくいので，

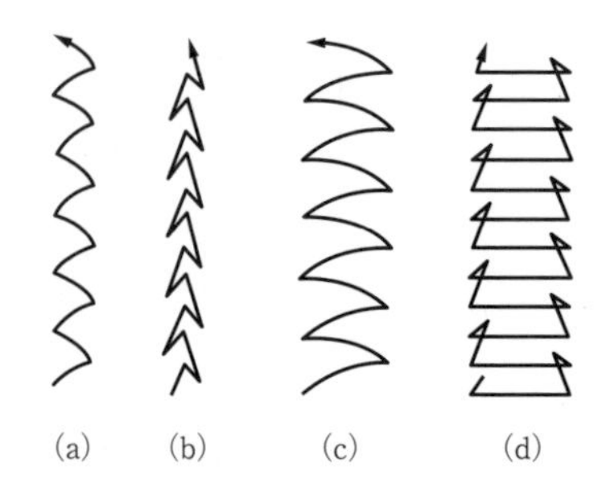

図4.21　上進溶接におけるウィービング操作の代表例

ここでは(a)と(c)を練習する。

〈注意〉ストレート操作は，ビードが極端な凸形状になりやすく，ビード外観不良，アンダカット，層間での溶込不良などの溶接欠陥が発生しやすいので，一般的に用いられることは少ない。

(ⅱ) トーチは，溶接線上に立てた垂線に対して左右およそ90°，道行方向に対しては**図4.22**に示すように，およそ±10°（①〜②間）の角度を保ち上進する。

〈注意〉溶接中テストピースの上部方向へ進行するに従って，図4.22②に示すトーチ角度が大きくなりやすいので注意する。トーチの仰角が大きすぎると溶融池を先行させ，アークは溶着金属側にとび，母材の溶込みを減少させるので，トーチの保持角度には特に注意を払わなければならない。

(ⅲ) 上進溶接は，溶融金属が垂れ下がり気味で凸形ビードになりやすく，アンダカットも発生しやすいので，部分的な母材の過熱を避けるために，規則正しく**図4.23**（a）および（b）のウィービング操作を行う。

(ⅳ) 小刻みなウィービング操作（a）は，アーク熱が集中しやすく，ビードも凸形になりやすいので，均一な幅とピッチで少し早めに上進するが，(b)に示す振幅の大きいウィービング操作は，ビードの中央部は速く移動してビードの垂れ下がりを防止し，ビードの両端では少し止めてアンダカットの発生を防止する。

〈注意〉手溶接では，図4.23（c）に示す逆湾曲のウィービング操作を行うことがあるが，半自動溶接の場合はビードの垂れ下がりを助長し，アンダカットもできやすいので，この操作は極力避ける。

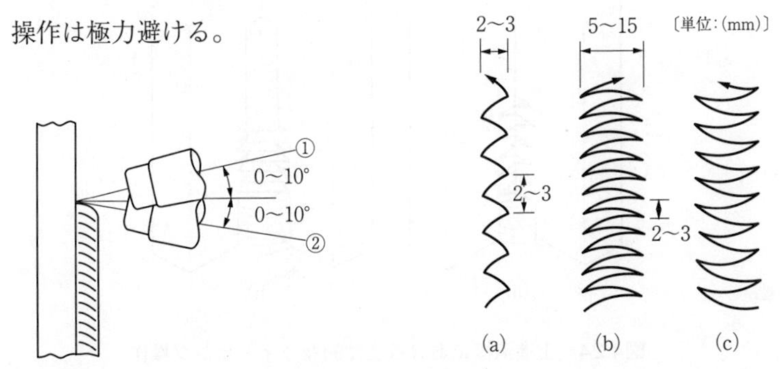

図4.22　上進溶接のトーチ保持角度

図4.23　上進溶接のウィービング幅とピッチ

〔2〕すみ肉溶接・角継手溶接

(1) 準備

テストピース（9t × 50 × 200（mm））2枚の長手方向の角を合わせて直角になるように仮付けし，作業台に垂直に固定する。

(2) 実習条件

平板ビード練習の条件（4.3.2 項〔1〕-(2)）をそのまま使用する。

(3) 操作法

（i）実習順序は，角溶接を先に行い，次にテストピースを反転してすみ肉溶接の実習に入る。

（ii）角継手溶接の初層は，図 4.23(a)の小刻みなウィービング操作でコーナーの融合不良に注意し，極端な凸形ビードを置かないように上進する。2層目は仕上げビードとなるので，テストピースの角端を溶かしすぎないように，図 4.23(b)のウィービング操作で開先両端の少し手前で止めて折り返し，両角の溶落ちに注意する。この場合のトーチ保持角度は，開先面に対して左右ふり分け角のおよそ中心線をねらい，上進方向に対しては ± 10°（図 4.22）の範囲を保つ。

（iii）すみ肉溶接実習は，初層，2層，3層の順に，角溶接の場合と同じ方法でビードを重ねて行くが，ここでは**図 4.24**(a)と(b)の立体的なウィービング操作も練習しておく。

〈注意〉3層以上の多層溶接で，一度にウィービング幅を広げすぎると，ビー

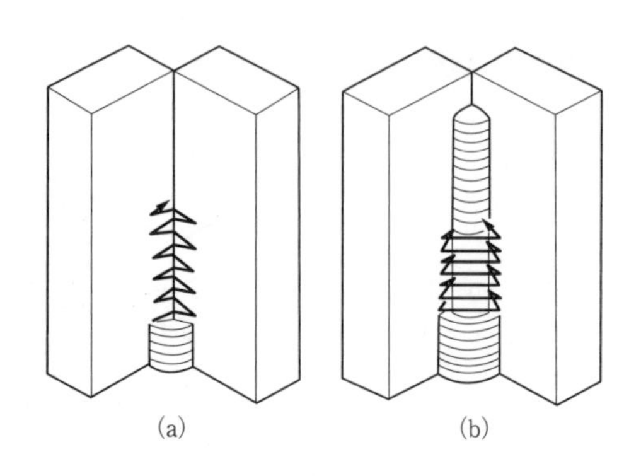

図4.24　上進溶接における立体的なウィービング操作

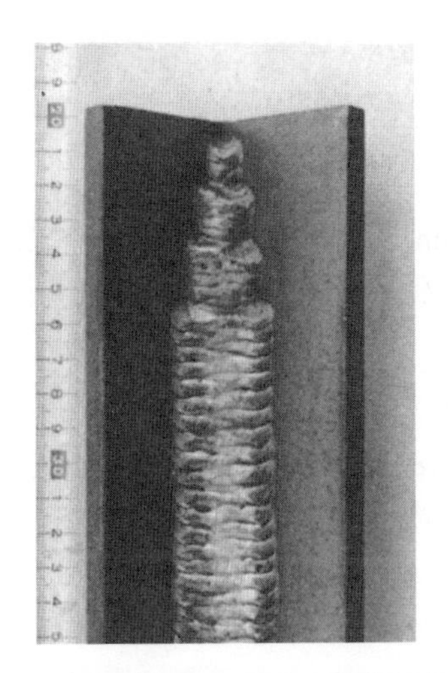

図4.25　立向溶接におけるビード両端の凝固波

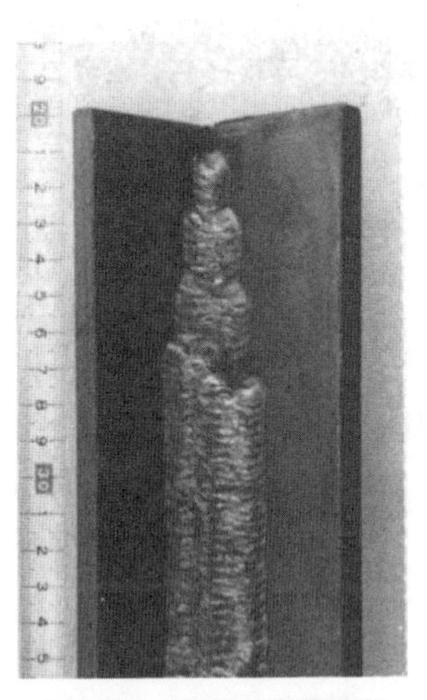

図4.26　多層溶接の積層法

ドの両端に魚のうろこのような凝固波(図4.25)が表われ，ビードの波目が不均一になるばかりでなく，溶込不良の発生原因ともなるので，1回のウィービング幅が15mm以上となるような多層溶接では，図4.26に示すように，ビードを2パスか3パスにふり分けて置く。ふり分けビードを置く場合は，ビード幅の不揃い，ビード重なり部分の凹凸，不等脚長などに気をくばり，トーチの保持角度に注意して，両端にアンダカットをつくらないように十分練習を重ねておく。

4.4　横向溶接

この節では，横向溶接の平板によるストレートおよびウィービングビードの置き方から練習を始め，多層溶接における基本的なビードの重ね方を練習する。

水平方向に行う横向溶接は，重力によって溶融金属が垂れ下がりやすく，ビードの上端にアンダカット，下端にはオーバラップを生じやすいので，1パスで置ける溶着金属量も制限をうけることになり，開先断面が大きく，幅の広いビードを必要とする場合は，一般的に多層溶接が行われる。

4.4.1　平板ビード練習

〔1〕ストレートビード練習

(1) 準備

テストピース（9t × 150 × 200（mm））の両端より約10mmに長手方向へ白線を引き，支待台を使って母材が目の高さで垂直になるように固定する。

(2) 実習条件

ワイヤ 1.2mm ϕ，溶接電流 150〜180A，アーク電圧 20〜23V，炭酸ガス流量 約15 ℓ /min，ノズル－母材間距離 約15mmに設定する。

(3) 操作法

（i）1パス目のトーチ角度は，**図4.27**の①に示されるように仰角をつけ，前進角10〜20°で白線にそってビードの垂れ下がりに注意しながら，溶接速度30〜40cm/minでストレートビードを置く。

（ii）2パス目以後は，下のビード端をねらい，俯角0〜10°で脱線しないようにビードを積み重ねる。

（iii）後退法によるストレートビードは，溶接線がノズルの影にかくれて見えにくい欠点もあるが，ビードが凸形になりやすく，横向溶接ではビードを積重ねるのにかえって好都合でもあるので，後退法も合わせて練習しておく。

〈注意〉ビードの積重ねは，下のビードに均一にラップさせて表面を滑らかに仕上げ，**図4.28**に示すような，ビードの谷間（凹凸）をつくらない

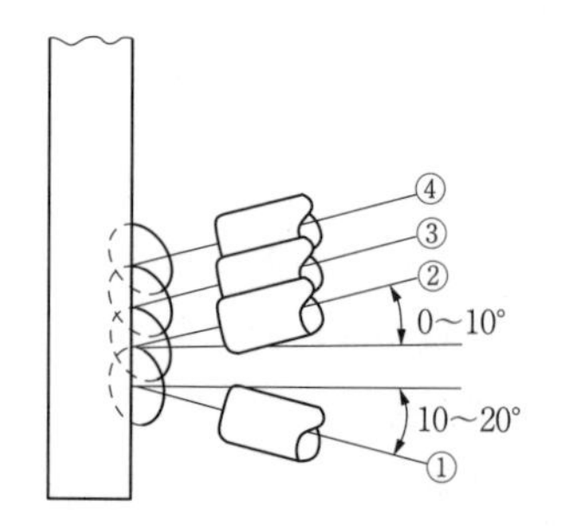

図4.27　横向溶接のトーチ保持角度

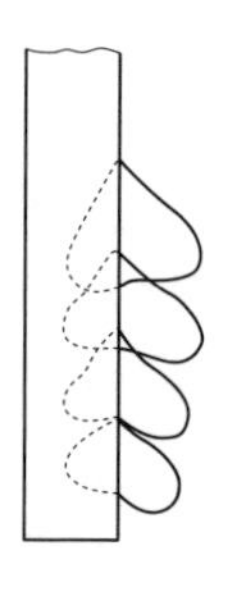
図4.28　横向溶接におけるビード表面の凹凸

ように注意する。

〔2〕ウィービングビード練習

(1) 準備，(2) 実習条件は，〔1〕をそのまま流用する。

(3) 操作法

（i）トーチの保持角度および積層法は，ストレートビード練習に準ずる。

（ii）横向溶接では，溶融金属が垂れ下がりやすく，ビード上端にアンダカット，下端部にはオーバラップが生じやすいので，それを助長するような上下の大幅なウィービング操作はさける（図4.29(a)(b)参照）。

（iii）ウィービング操作は，**図4.29**(c)(d)(e)(f)に示される小刻み（上下には5mm以下）な操作を行い，溶接線にそって溶融池を引張るような要領で，少し早めの速度で移動する。

小刻みなウィービング操作は，アンダカットができにくく，ビードも扁平となるので最終仕上げ層の溶接には効果的である。

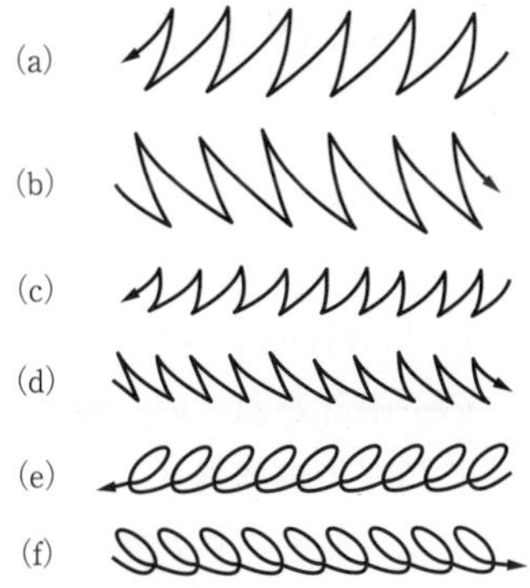

図4.29　横向溶接のウィービングパターン

4.4.2　多層溶接練習

(1) 準備

テストピース（9t × 50·100 × 200(mm)）2枚をT字形に仮付し，**図4.30**に示すように，作業台に固定する。この場合，溶接線が目の高さになるように椅子を外して身体を下げるか，支持台を使ってテストピースを浮かすなどの方法をとる。

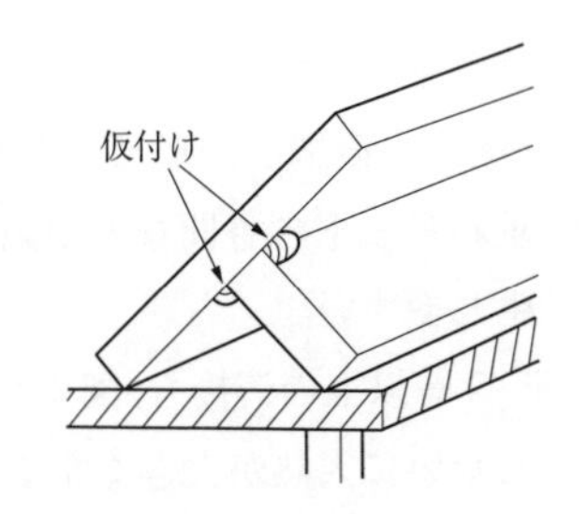

図4.30　多層溶接練習用テストピース

(2) 実習条件

ワイヤ 1.2mm ϕ，溶接電流 150 ～ 180A，アーク電圧 20 ～ 23V，炭酸ガス流量 約15ℓ /min，ノズル－母材間距離 約15mmに設定する。

(3) 操作法

(ⅰ) 初層溶接は，**図 4.31**(a)に示す，トーチ角度でコーナーをねらい，前進法によるストレートまたは小刻みなウィービング操作で，ビードの垂れ下がりに気を配り，等脚長のビードを置く。

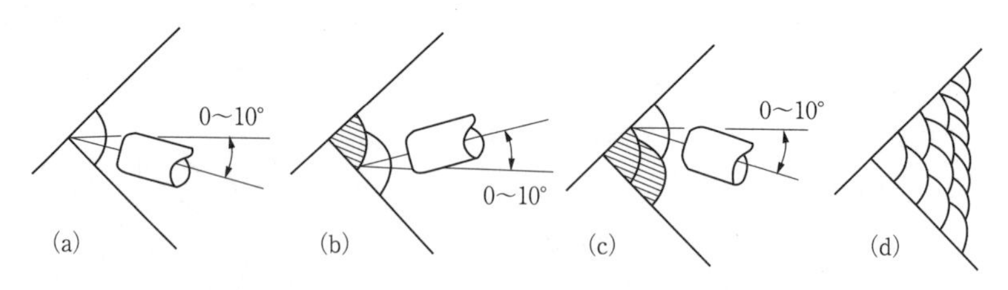

図4.31　横向多層溶接のトーチ保持角度および積層法

(ⅱ) 2層目の1パスビードは，初層ビードの下端部をねらい，図 4.31(b)に示すトーチ角度で溶接線のズレに注意しながらストレートビードを置く。

2パス目は，図 4.31(c)に示すトーチ角度で初層ビードの上端部をねらい，小刻みなウィービング操作を行いながら，ビード上端部にアンダカットが生じないように気をつけて，できるだけ扁平なビードに仕上げる。

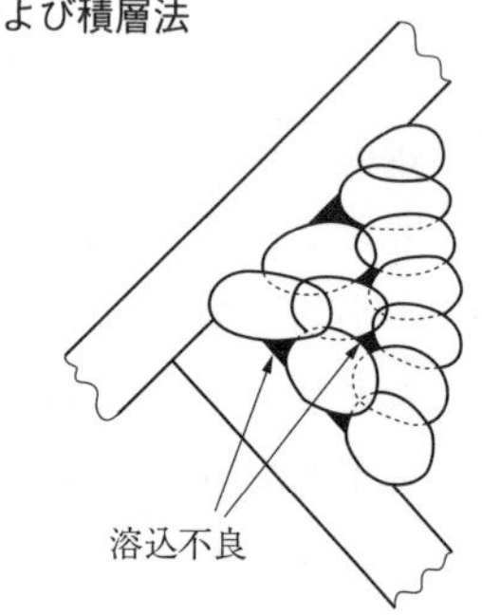

図4.32　横向多層溶接における溶込不良

〈注意〉極端な凸形ビードとなり，ビードと母材がつくる谷間，あるいは重ねビードの谷間などが鋭角すぎると，**図 4.32** に示すような溶込不良が生じやすい。

(ⅲ) 3層以上の溶接も，図 4.31(b)(c)と同じ要領でビードを積重ねて行くが，しだいに入熱が大きくなるとビードも垂れ気味で脚長も不揃いになりやすく，層を重ねる度にその傾向は大きくなるので，各層ごとにパス数を増すなどしてビードを補正しておく。

(ⅳ) 多層溶接を行った場合の仕上り断面は，図 4.31(d)に示すように両脚長が等しく，アンダカットやオーバラップなどの溶接欠陥がなく，溶込みは均一でビードの重ね部分は滑らかでなければならない。

〈注意〉図 4.31(d)に示す積層法は，基本的なビードの積重ね方を図示したもので，各層のパス数にこだわる必要はない。

4.5　上向溶接

上向溶接といっても，特別なトーチ操作が必要とされるわけではなく，下向，立向，横向溶接などの基本操作と何ら変わりはない。これまで練習を重ねてきたトーチ操作の総復習といったところである。ただし，頭上に向って溶接を行う不自然な姿勢であるために，身体は不安定で，腕，腰，脚などの疲労が早く，安定したトーチの操作が困難である。練習にあたっては，コンジットケーブルのゆとり，腕の動きに十分余裕をもたせておく。

4.5.1　平板ビード練習

(1) 準備

テストピース（9t × 150 × 200（mm））の長手方向に約 15mm 間隔の白線を引き，頭上で白線にそって自由に無理のないトーチの移動ができる高さで，水平位置に固定する。

(2) 実習条件

ワイヤ 1.2mm ϕ，溶接電流 120 ～ 130A，アーク電圧 19 ～ 20V，炭酸ガス流量 約 15 ℓ /min，ノズル－母材間距離 10 ～ 15mm に設定する。

(3) 操作法

(i) 白線にそって，**図 4.33** に示されるトーチ角度を保ちながら，ノズル－母材間距離の変動に注意して，ストレートおよび小刻みなウィービング，振幅の大きいウィービングの順に練習を重ねる。なお，トーチの保持角度はそのままで，後退法による操作も練習しておく。

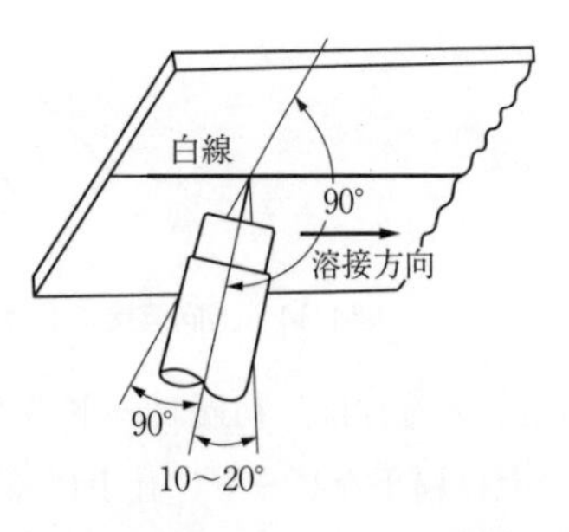

図4.33　上向溶接のトーチ保持角度

（ii）ウィービング操作は，下向，立向溶接の場合と同様，ビードの中央部では速く，両端では少し止めて，アンダカットの発生や溶込不良，ビードの垂れ下がりなどを防止する。

（iii）溶接速度が遅すぎると，溶融金属は垂れ下がり，ビード表面の凹凸がひどくなって，甚だしい場合は落下することもあるので，溶融金属の挙動に気をくばりながら，一定の速度で前進する。

4.5.2　多層溶接練習

(1) 準備

テストピース（9t × 50･100 × 200（mm））板をT字形に仮付し，支持台を使って，上向姿勢でトーチの移動が楽に行える位置に水平に固定する。

(2) 実習条件

〔4.5.1項(2)〕をそのまま用いる。

(3) 操作法

（i）初層溶接は，前進法または後退法により，ストレートあるいは小刻みなウィービング操作を行い，ビードの垂れ下がりに気を配りながら均一な速度でビードを置く。

〈注意〉溶接速度が遅すぎると，**図4.34**に示すように，ビード中央部が垂れ下がり，ビードの両端にはアンダカットが生じて，2層目のビードが置きにくくなるばかりでなく，開先の両面には溶込不良が発生しやすい。

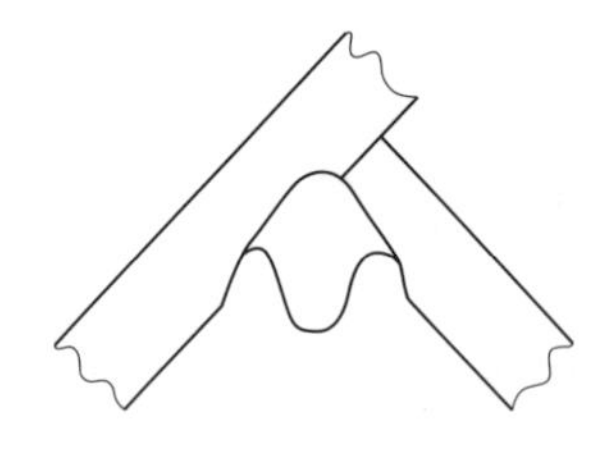

図4.34　上向溶接におけるビードの垂れ下がりとアンダカット

（ii）2層目は，初層ビードの両端まで確実にウィービング操作し，できるだけ扁平なビードに仕上げる。

（iii）3層目も同様の方法でウィービング操作を行うが，振幅が大きくなり，熱の集中が避けられるので，ビードの垂れ下がりは比較的鈍感となる。トー

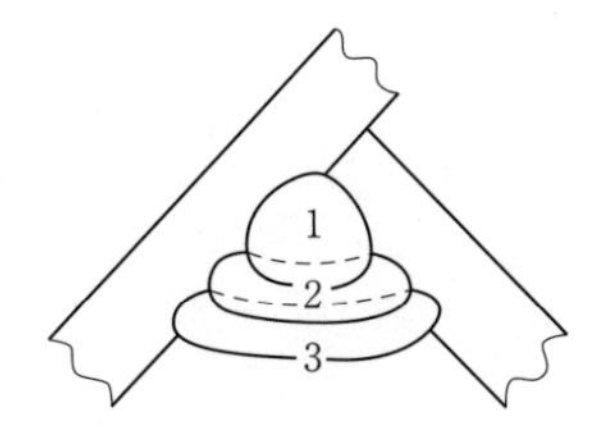

図4.35　上向多層溶接の積層法

チの操作は，ウィービングのピッチおよび振幅を均一に行い，アンダカットの発生に注意して図 4.35 に示すような，ビード表面が扁平で等脚長のビードを置く。

（iv）テストピースを反転して，ビードの余盛り高さや幅，ビードの波目にムラがなくなるまで繰り返し練習する。

第5章　溶接施工上の注意

炭酸ガス半自動アーク溶接法は，“自動溶接”とはいっても，溶接トーチを直接手に持って自分自身の目でアークや溶接部の状態を確かめながら行う溶接法である。このため，被覆棒による手溶接と同様，溶接のできばえに作業者の経験がかなり影響することは否定できない。

しかし，勘や経験だけに頼っていては上達も遅く，また，大きな誤りを起こすことが多い。実作業で得られた経験を系統的な知識で裏付けできれば，より実践的な力になるはずである。

こうした観点から，本章では，これまでの章のように作業の手順を中心とした書き方を変えて，溶接作業に最低限必要な知識と，実作業で直面する溶接施工上の注意をまとめて記述することにする。応用力と問題解決の力をつけるためにもぜひこの章を勉強していただきたい。

図 5.1 は，炭酸ガス半自動アーク溶接において，溶接結果に及ぼす施工上の要因をまとめた特性要因図である。図に示す通り，溶接施工の基本となる要因は（1）ワイヤ，ガスなどの溶接材料，(2) 母材準備，(3) 溶接条件の設定やトーチ操作方法，（4）溶接電源，ワイヤ送給装置，トーチなどの機器取扱いの4項目に分類できる。

以下，上記の順序に従ってその詳細を述べる。

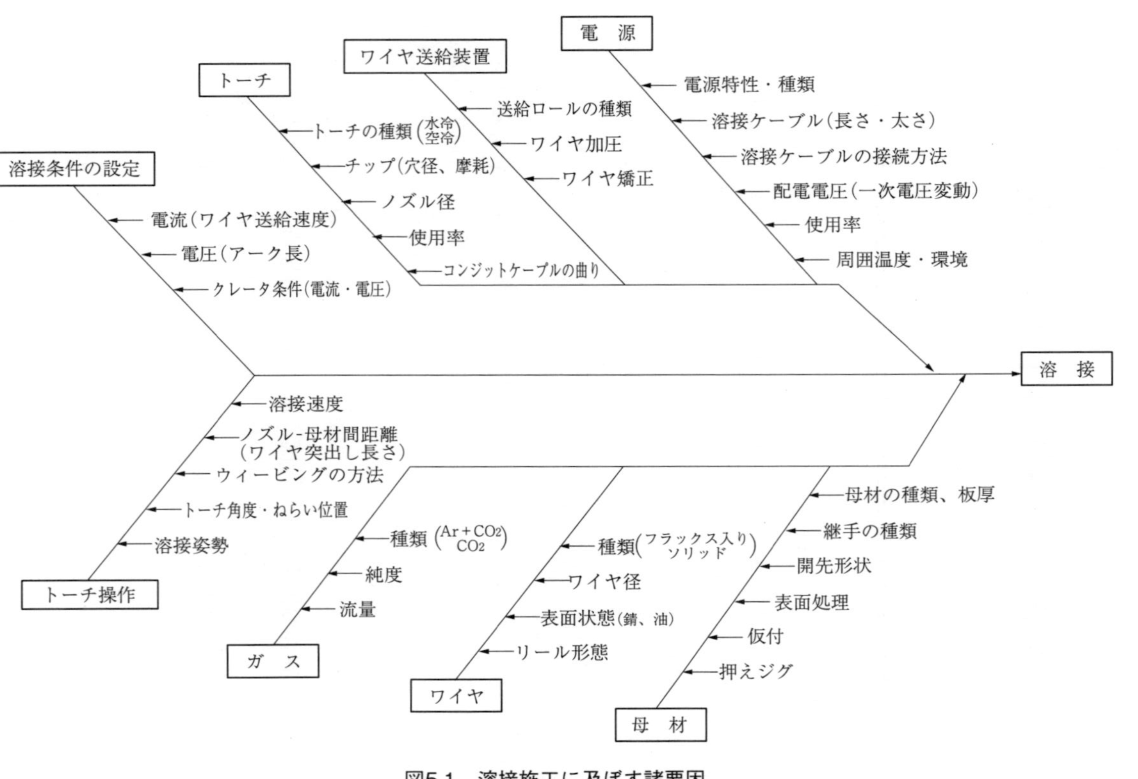

図5.1　溶接施工に及ぼす諸要因

5.1　溶接材料の選び方・使い方

5.1.1　ワイヤの種類とその選択

軟鋼の半自動アーク溶接用ワイヤには，ソリッドワイヤとフラックス入りワイヤの2種類がある。シールドガスの種類との組合せより分類すると**表5.1**のようになるが，ここでは炭酸ガス溶接用ワイヤに限って説明する。

表5.1 半自動アーク溶接用ワイヤの分類

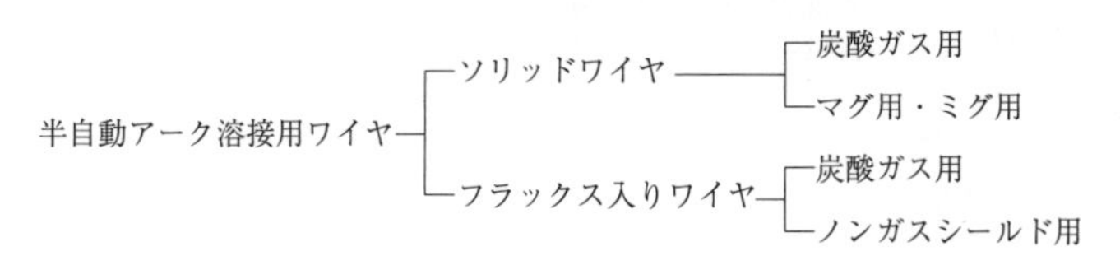

(1) ソリッドワイヤ

ソリッドワイヤは，脱酸剤など必要な合金元素をあらかじめ電極材料に添加し，これを線引きして製造したもので，断面形状は真円で中実であり，表面は通常さびを防ぐためと給電をよくするため銅メッキされている。ワイヤは通常プラスチック製のリール（スプール）に10kgまたは20kgの単位で巻かれているが，自動溶接などで大量に使用する場合は200kg，250kgなどのパック入りが使われることもある。

炭酸ガスアーク溶接用ソリッドワイヤには**表5.2**に示すように，JISで規定された4種類のワイヤがある。おのおののワイヤの外観はまったく同じで見分けがつきにくいので，使用前には必ずリールに記載された銘柄とJIS規格の表

表5.2　炭酸ガスアーク溶接用ワイヤの種類（JIS Z3312·2009より抜粋）

ワイヤの種類		シールドガス
日本特有記号	ISO規定記号	
YGW-11	G49A0UC11	炭酸ガス（CO_2）
YGW-12	G49A0C12	
YGW-13	G49A0C13	
YGW-14	G43A0C14	

表5.3　半自動アーク溶接ワイヤの特徴

ワ　イ　ヤ	ソリッドワイヤ	フラックス入りワイヤ	
形　　状	めっき		
サイズ（mm φ）	0.6, 0.8, 0.9, 1.0, 1.2, 1.4, 1.6	1.2, 1.4, 1.6, 2.0	2.4, 3.2
シールドガス	CO_2, CO_2+Ar	CO_2	（CO_2）ノンガス
スパッタ	やや多い 短絡移行アークでは少ない （CO_2+Ar では少なくなる）	少ない	やや少ない
溶 込 み	大電流アークでは深い 短絡移行アークでは浅い	中	やや浅い
ス ラ グ	少	多	多
溶着速度（g/min）	110（1.6 φ, 400A）	120（1.6 φ, 400A）	105（2.4 φ, 400A）
溶着効率（%）	90 ～ 95	75 ～ 80	75 ～ 80
ビード外観	普通	美しい	普通

示を確認して使用すべきである。特に，最近はマグ溶接用のワイヤが多く使用されているので，間違いのないようにする。ワイヤ径は**表 5.3** に示すとおり多くのサイズがあるが，通常 0.8 φ～ 1.6mm φまでのものが用いられる。

炭酸ガス用ソリッドワイヤの中で一般の鋼材に使用されるのは，YGW-11, 12, 13 である。YGW-11 は，軟鋼および 490MPa 高張力鋼の溶接で，主に 200A 以上の大電流溶接に適している。YGW-12 は，軟鋼および 490MPa 高張力鋼の溶接で，主に 250A 以下の短絡移行溶接による薄板の溶接や全姿勢溶接に向いている。

YGW-13 は，適用鋼種としては YGW-11 と同じであるが，耐ブローホール性および水平のすみ肉溶接の作業性が優れている。**表 5.4** は水平すみ肉溶接に YGW-12 と YGW-13 の 2 種類のワイヤを用いた場合のビード形状を比較した一例で，高い電流での大脚長すみ肉溶接では，YGW-12 の方はビードが少し凸形になりやすく，YGW-13 の方が適している。

なお，シールドガスとしてアルゴンと炭酸ガス，あるいはアルゴンと酸素の混合ガスを用いる場合は，おのおののガスに適したマグ用，ミグ用ワイヤを用いる必要がある（5.1.2 項参照）。

表5.4　水平すみ肉溶接ビード断面形状におよぼすワイヤの種類の影響

ワイヤの種類 ＼ 電流・電圧	短絡移行溶接用ワイヤ (YGW-12)	水平すみ肉溶接用ワイヤ (YGW-13)
250A 28V	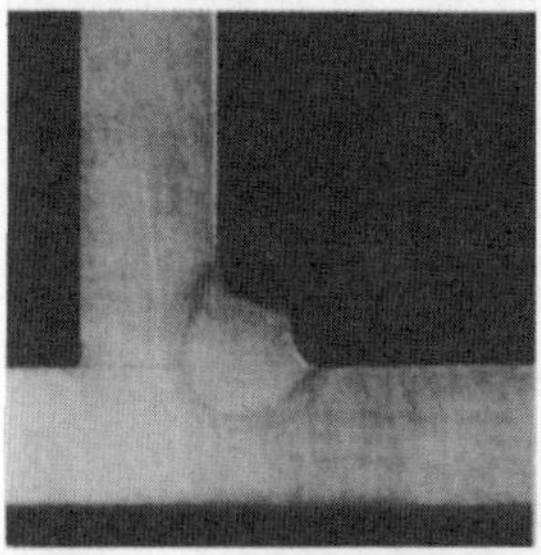	
300A 30V	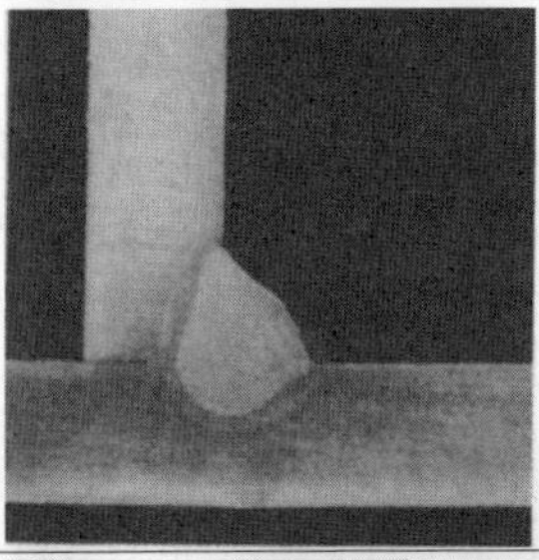	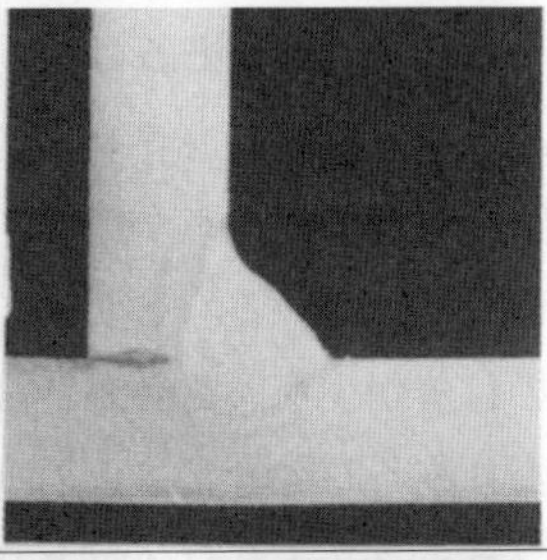
350A 35V	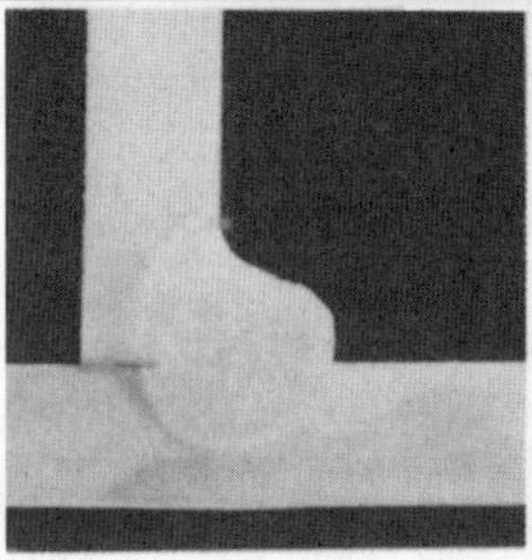	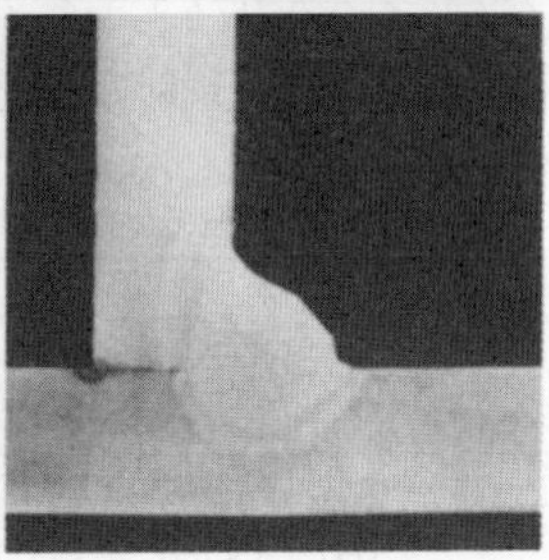

(2) フラックス入りワイヤ

フラックス入りワイヤは脱酸剤やアーク安定剤などを含むフラックスをフープ材に巻き込んで封入し，成形して線引きしたもので，表5.3に示すように炭酸ガス用と，シールドガスを用いないノンガスシールド用の2種類がある。ワイヤ径は1.2mm ϕ 以上で，その断面形状は表5.3に示すものがあるが，銘柄によって若干異なっている。炭酸ガス用の細径のフラックス入りワイヤは，ソリッドワイヤ用の溶接機でそのまま使用できるが，使用にあたっては以下の点に注意すべきである。

（イ）同一ワイヤ径で，かつ同一電流であってもフラックス入りワイヤの場合は，ワイヤ送給速度が10～20%速いため，適正な溶接電流，アーク電圧の設定が変わる。

（ロ）ワイヤの剛性は一般にフラックス入りワイヤの方が低く，また断面形状が異なるので，ワイヤ送給系でのワイヤ加圧調整を強くしすぎると，ワイヤが変形したり，削られたりしてコンジット内でのつまりやチップの消耗を早める。

(3) ソリッドワイヤとフラックス入りワイヤの比較

表5.3はソリッドワイヤとフラックス入りワイヤのおのおのの特徴を比較している。また，**表5.5**は，同一ワイヤ径，同一電流での溶接ビード形状と外観を比較している。フラックス入りワイヤはソリッドワイヤに比べてアークがやわらかいため溶込みが浅く，ビード表面に多くのスラグが残り，溶着効率が幾分低くなっている。しかし,スラグはく離後のビード外観は美しく,またスパッタの付着が少ないことが特徴である。さらに，立向などの姿勢溶接では電流をかなり高くしてもビードの垂れ落ちが比較的少なく，作業性がよくなる。

フラックス入りワイヤとソリッドワイヤの使い分けについては，上述のような特徴のほか，溶接部の機械的性質の違い，保管上の違いなどにも留意しなければならない。

表5.5　ソリッドワイヤとフラックス入りワイヤの比較

ワイヤ	電流(A)	電圧(V)	アーク状態	ビード外観	付着スパッタ	断面形状（mm）
ソリッドワイヤ 1.6mm φ	400	36	アークが埋れている(埋れアーク) アーク長：約2mm	スラグ少し 表面少し凹凸	多い	3.5 7.5 18.5
フラックス入りワイヤ 1.6m φ	400	36	アークが広がっている アーク長：約2mm	スラグ厚い 表面なめらか	少ない	3.2 3.8 20.5

5.1.2 シールドガスの種類と取扱いの注意

鉄鋼の半自動アーク溶接に主として使用されるシールドガスは炭酸ガスであるが，このほかにマグ溶接用として炭酸ガスとアルゴンの2種混合ガス（通称マグガスとよぶ）を用いる場合や，アルゴンと酸素の混合ガス，アルゴン，酸素，炭酸ガスの3種混合ガスなどがある。

表5.6は溶接法別に分類した，シールドガス，適応鋼材，適応ワイヤの組合せをまとめたものである。おのおのの用途に応じて最適のガス種類，混合比率を選ぶことが必要であるが，ここでは，一般鋼に用いる炭酸ガスとマグガスに絞ってガスの性質や使用上の注意をまとめている。なお，炭酸ガスアーク溶接とマグ溶接の特徴や施工上の違いについては5.3.6項を参照のこと。

表5.6 鋼の半自動アーク溶接におけるシールドガスの種類と溶接材の組合せ

溶接法名称	シールドガス	主な適用鋼材	ワイヤ
炭酸ガスアーク溶接	CO_2	軟鋼490MPa級高張力鋼	炭酸ガス用ワイヤ
マグ溶接	Ar+15～50% CO_2 Ar+3～4%O_2+10～20%CO_2	軟鋼，低合金鋼490MPa級高張力鋼	マグ用ワイヤ

(1) 炭酸ガス

溶接に用いられる炭酸ガスとしては，特に水分の含有量が少ないことが必要である。したがって，ガス組成や純度は**表5.7**に示すJIS K 1106に規定されている市販炭酸ガスのうち，少なくとも第2種以上，または溶接用炭酸ガスと表示されたものを使用しなければならない。

表5.7 炭酸ガスの純度（JIS K 1106）

種　別	CO_2(容量%)	水分(重量%)	臭　気
第1種	99.0以上	――	なし
第2種	99.5以上	0.05以下	なし
第3種	99.5以上	0.005以下	なし

炭酸ガスは通常液化炭酸としてボンベに詰められて市販されており，1本のボンベの充てん量は標準的なもので約30kgである。この30kgの液化炭酸はボンベ内で一部気化しており，ボンベに取り付けられたガス流量調整器を通じて溶接トーチに放出されると，全量で約15,000ℓの炭酸ガスが得られる。したがって，毎分20ℓの割合でガスを流したとすると約12時間連続して使用できることになる。なお，ボンベから気化した炭酸ガスにより流量調整器が急冷されるので，凍結によるガス通路の詰りを防止するため，必ず炭酸ガス専用の流量調整器（加温ヒータ付のものが多い）を使用しなければならない。

表5.8　ガスの種類とボンベの色別

	ガスの種類	ボンベの色
鈍ガス	酸素	黒色
	炭酸ガス	緑色
	アルゴン	ねずみ色
	アセチレン	茶色
	窒素	ねずみ色
	水素	赤色
混合ガス	アルゴン＋酸素	灰色または 灰色に黒のライン
	アルゴン＋炭酸ガス	灰色に緑のライン 灰色に橙のラインなど （統一されていない）

ボンベ内の圧力は0～20℃の周囲温度で40～60気圧程度であるが，周囲温度が30℃以上になると内圧が急上昇するので，保管場所や日よけを設けるなどに留意しなければならない。ボンベの色別は**表5.8**に示すように緑色に決められている。

(2) アルゴンガスと炭酸ガスの混合ガス

マグ溶接に用いるシールドガスとしては表5.6に示すように，一般にアルゴンと炭酸ガスの2種混合ガスが用いられる。市販されている溶接用マグガスとは，アルゴンと炭酸ガスをあらかじめ特定の混合比で混合（プリミックス）してボンベ詰めされたものである。標準的な混合比は80％アルゴン＋20％炭酸ガスであるが，指定により各種の混合比のガスが供給されていることがあるので，使用時にはボンベの表示をよく確認する必要がある。

マグガスの場合は，ボンベに約150kg/cm^{2}の高圧気体として詰められており，その全量は標準的な大きさのボンベ1本で約7,000 ℓ である。毎分20 ℓ の割合でガスを流すと約6時間連続して使用できる。

ボンベの色別は，表5.8に示すアルゴンボンベに準じてねずみ色であるが，ガス銘柄によって表示が異なるので注意を要する。

市販のマグガスボンベを用いず，アルゴンガスと炭酸ガスを現場で混合して使用する場合は，混合器を用いる。この場合，混合比はアルゴンガスと炭酸ガスのおのおの専用の流量計（フローメータ）で必要な流量を定め，正確に混合比を調整管理しないと安定した溶接結果が得られないことがある。なお，アルゴンガスとしては，**表5.9**に示すJIS K 1105に規定された純度のものを使用

表5.9 溶接用アルゴンガスの品質(JIS K 1105)

純度(体積%)	＞ 99.9
酸素(体積%)	＜ 0.002
水素(体積%)	＜ 0.01
水分(mg/ℓ)	＜ 0.02
窒素(体積%)	＜ 0.1

注 水分はアルゴンガスの温度35℃における圧力100kg/cm^2 以上の状態のものから採取した試料についての値を示す。

しなければならない。

5.2 母材の準備と仮付上の注意

5.2.1 開先準備

炭酸ガスアーク溶接法は，被覆アーク溶接(手溶接)に比べて溶込みが大きいので，手溶接の継手形状をそのまま適用できない。**表5.10**は，炭酸ガス溶

表5.10 突合せ継手の標準的開先形状(JIS Z 3605 より抜粋)

開先形状	板厚(mm)	溶接姿勢	裏当ての有無	開先角度α(度)	ルート間隔G(mm)	ルート面R(mm)
I形	1.2～4.5	F	なし	−	0～2	−
	9以下	F	あり	−	0～3	−
	12以下	F	なし	−	0～2	−
レ形	60以下	F	なし	45～60	0～2	0～5
			あり	25～50	4～7	0～3
		V	なし	45～60	0～2	0～5
			あり	35～50	4～7	0～2
		H	なし	40～50	0～2	0～5
			あり	30～50	4～7	0～3
V形	60以下	F	なし	45～60	0～2	0～5
			あり	35～60	0～6	0～3
	50以下	V	なし	45～60	0～2	0～5
			あり	35～60	3～7	0～2
K形	100以下	F	なし	45～60	0～2	0～5
		V	なし	45～60	0～2	0～5
		H	なし	45～60	0～3	0～5
X形	100以下	F	なし	45～60	0～2	0～5
		V	なし	45～60	0～2	0～5

注1 溶接姿勢 F:下向 V:立向 H:横向，注2 裏当てなしの場合は原則として裏はつりを行う。

接による突合せ溶接の標準的な開先形状を示したものである。特に単層溶接では，開先のギャップ（間隙）が大きすぎるとビードの抜け落ちが生じやすく，一方ギャップが少ないと溶込不良や裏波不足などの原因になる。開先精度をよくすることは，炭酸ガス溶接の高能率性を十分に利用するために重要である。

5.2.2　母材の清掃

溶接前の母材の表面，特に図5.2のa部に示す開先のあたり面の油，ペイント，水分，赤さびなどは十分清掃しておく必要がある。炭酸ガスアーク溶接は手溶接に比べて，こうした汚れに対してブローホールなどの発生が幾分多い傾向があるので，手溶接の場合より注意をはらわなければならない。一般的な清掃法としては，(イ）ショットブラスト，(ロ）グラインダ，(ハ）ワイヤブラシ，(ニ）有機溶剤による脱脂，(ホ）ガス炎による加熱，などがある。

図5.3は，ペイント塗布鋼材をそのまま溶接した場合におけるブローホールの形態を示すもので，ピットはビード表面には観察されなくても，図のようにビード破断面の内部にブローホールが多発していることが多いので，十分な注意が必要である。

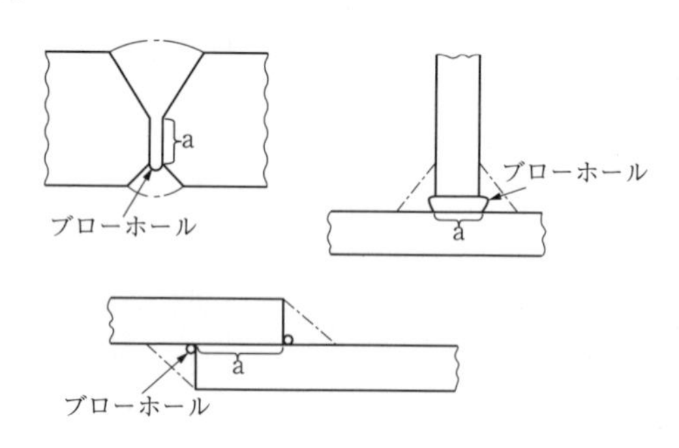

図5.2　開先面の清掃箇所

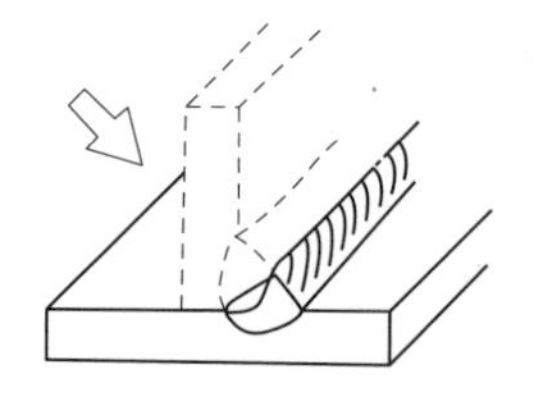
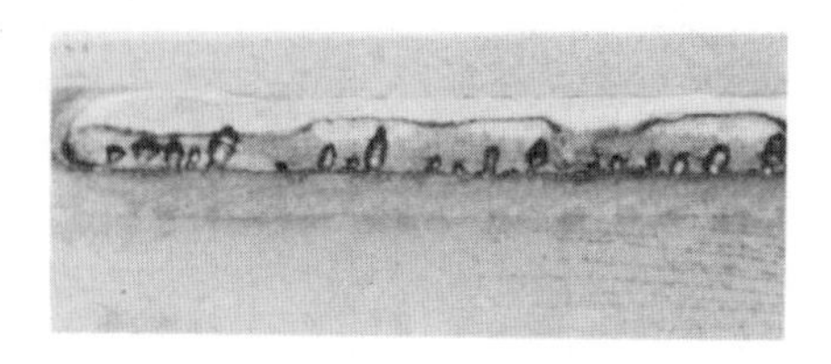

図5.3　ペイント塗布材の水平すみ肉溶接のビード破断面

5.2.3　仮付溶接

仮付溶接は，本溶接を行う前に継手部の相互位置を正しく固定し，溶接中の熱ひずみによる開先部の変化を防ぐために行うものである。仮付溶接は，**図5.4**に例を示すように，母材の大きさ，板厚などによって異なるが，3mm 以下の目安として，薄板では長さ 3 ～ 10mm，ピッチ 30 ～ 150mm 程度，中厚板では，長さ 15 ～ 50mm，ピッチ 100 ～ 500mm 程度にするのが一般的である。

仮付溶接は溶接長が短かく，いわばアークの開始部と終了部の集まりのようなものである。

したがって，溶込みが不十分でブローホールなどが出やすい溶接であるため，(1) 可能な場合は裏面を仮付する，(2) 本溶接の進行にともなって仮付部分をハツリ取る，(3) 溶接始端および終端部の仮付はできるだけ避ける，(4) 本溶接で仮付ビードを十分に溶かす，(5) 溶接ジグや拘束ジグを利用して仮付を少なくする，(6) エンドタブで開先を固定する，などの対策が必要である。**図5.5**は，母材の継手拘束方法の例を示している。

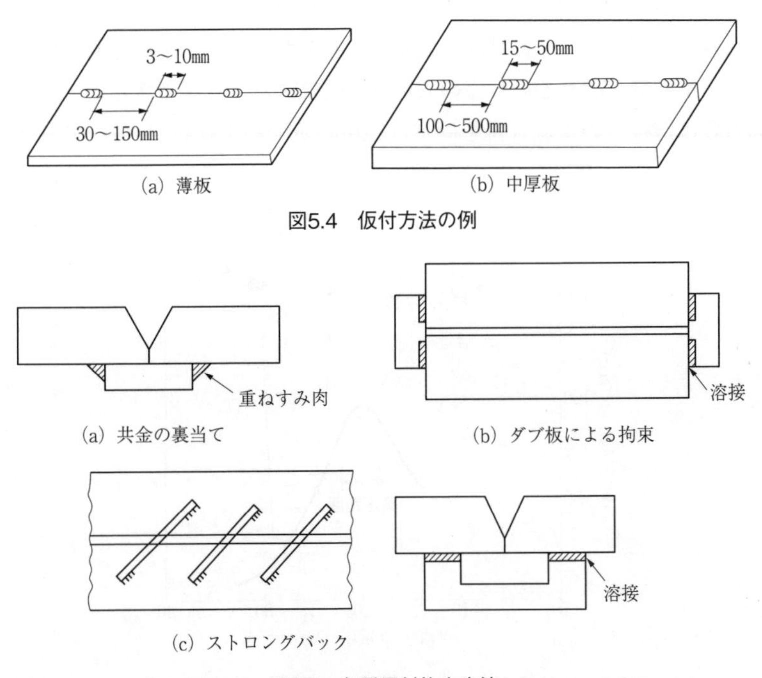

図5.4　仮付方法の例

図5.5　各種母材拘束方法

5.3　溶接条件の選び方

5.3.1　電流・電圧・速度

半自動アーク溶接で良好なビードを得るためには，溶接条件の適正な設定が不可欠である。多くの条件因子の中で特に重要なものは，アーク電圧，溶接電流，溶接速度の3要素である。ここでは，シールドガスとして100%炭酸ガスを用い，軟鋼板にビードオンプレート溶接を行った場合を例にとってこれらの影響を明らかにするとともに，条件設定上の注意点をまとめている。

(1) アーク電圧

炭酸ガスアーク溶接でのアーク状態は，作業中のアークの音（短絡音），アークの見かけの長さ，スパッタの出具合いなどで感覚的に判断ができるが，これらの状態を数値的に表わしているパラメータが「アーク電圧」である。「アーク電圧」とはアーク発生中のワイヤ先端と母材の間にかかっている電圧のことで，正確には，チップ－母材間で測定する必要があるが，溶接電源パネルの電圧計の指示や電圧調整器の目盛の表示を目安にすることもできる。

図5.6は溶接時の電流目盛を固定（1.2mm ϕ で約150A）して，アーク電圧

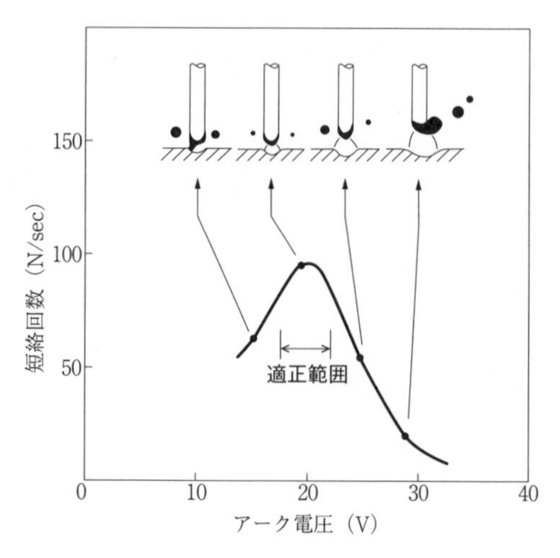

図5.6　短絡移行溶接におけるアーク電圧と短絡回数の関係

目盛を変化させたときの短絡回数，アークの状態，スパッタの出具合いの一例を示したものである。アーク電圧が高い（アーク電圧設定目盛大）とアークの長さは長く，「シュルシュル」という音でワイヤの先端に大きな粒ができる。この時はほとんど短絡が起こらず，見かけのアーク長は5mm以上と長く，アークの集中も悪い，またワイヤ先端から大粒のスパッタがアークの周辺に飛び散り，ビード周辺に付着する。これよりアーク電圧設定目盛を下げていくと，「パチパチ」という不規則な短絡音が聞かれるようになり見かけのアーク長も短かくなる。

さらに，アーク電圧目盛を下げると短絡音が規則的で数多くなり，ほぼ連続した「ジー」という感じの音になる。このようなときアークの状態は最も安定しており，スパッタの発生も少なくなる。これよりさらにアーク電圧目盛を下げると，急に「パンパン」という破裂音が混ざり出してアークが不安定になってしまう。

上記のような傾向は，炭酸ガスアーク溶接の中で主として短絡移行（ショートアーク）となる比較的小電流（200A以下）の場合に見られる。この範囲で実用されるアーク電圧条件は「ジー」という連続的な短絡音が聞こえる電圧であり，ここでアークが最も安定している。

一方，200A以上の高い電流範囲では，小電流域のように低い電圧に設定すると規則正しい短絡移行は困難となり，かえってアークは不安定になる。このため，アーク電圧の設定は少し高めにする必要がある。電流が高いと，アーク電圧が高めでもアークは溶融池に埋れる，いわゆる埋れアークになるので，スパッタの発生も比較的少なく安定したアークが得られる。

このように適正なアーク電圧は，溶接電流によって異なっており，その設定には十分注意する必要がある。厳密にはワイヤ径によっても適正値を調整する必要があり，ごく一般的な適正アーク電圧と溶接電流の関係は図5.7に示すようなもので，この適正値を目安にするとよい。

以上のように，アーク電圧とアークの状態とは密接な関係があるが，さらに大切なことはアーク電圧とビードの形状の関係をよく把握しておくことである。図5.8にはアーク電圧とビードの断面形状の関係を図示している。小電流域（短絡移行域）の場合と大電流域（グロビュール移行域）とでは少し傾向が異なるが，一般的にアーク電圧が高いと溶込みが浅く，幅の広い偏平なビード

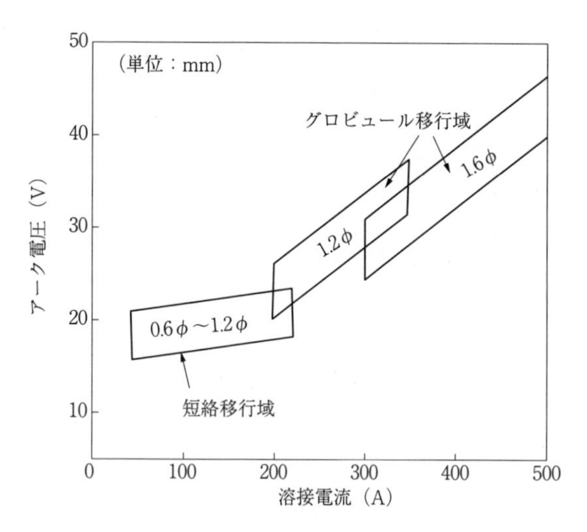

図5.7　適正溶接電流・電圧範囲

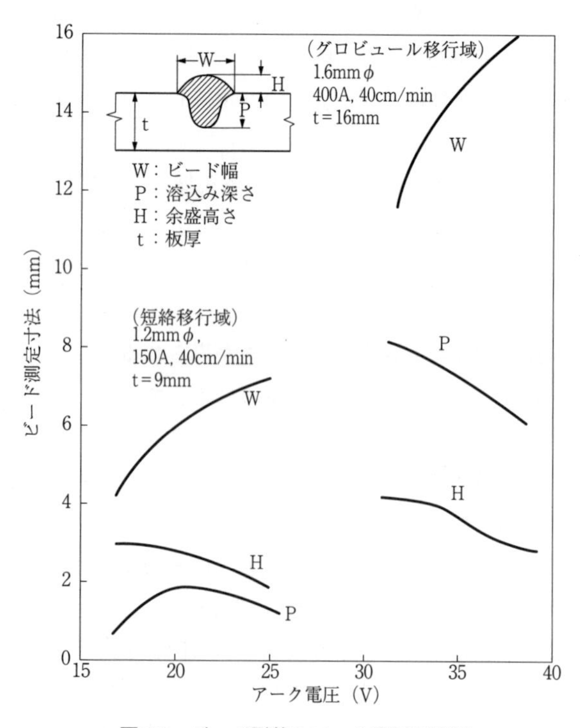

図5.8　ビード形状とアーク電圧の関係

となり，逆にアーク電圧が低いと溶込みが深く幅の狭いビードが得られる。

(2) 溶接電流

ワイヤおよびアークを流れる溶接電流は，主としてワイヤの溶融量と母材への溶込みに関係する。**図 5.9**(a)は各種ワイヤ径における溶接電流とワイヤの溶融速度の関係を，(b)は溶接電流と単位時間当たりの溶融重量との関係を示す。図から明らかなように，ワイヤ溶融量はほぼ電流に比例して増大するため，同一速度の溶接で比較すれば，溶接電流が増すほど溶着量が増加してビード幅が広がり余盛高さが高くなる。同時に，母材への入熱も増して溶込みが増加する。

表 5.11 は炭酸ガス溶接でビードオンプレート溶接の場合にアーク電圧，溶接電流が変化したときのビード断面形状を比較したものである（溶接速度 40cm/min で一定）。一般的に，溶接電流の増加とともに適正アーク電圧範囲が上昇し，ビード幅が広がり，余盛高さも高くなる。さらに溶込み深さが増えているのがよくわかる。

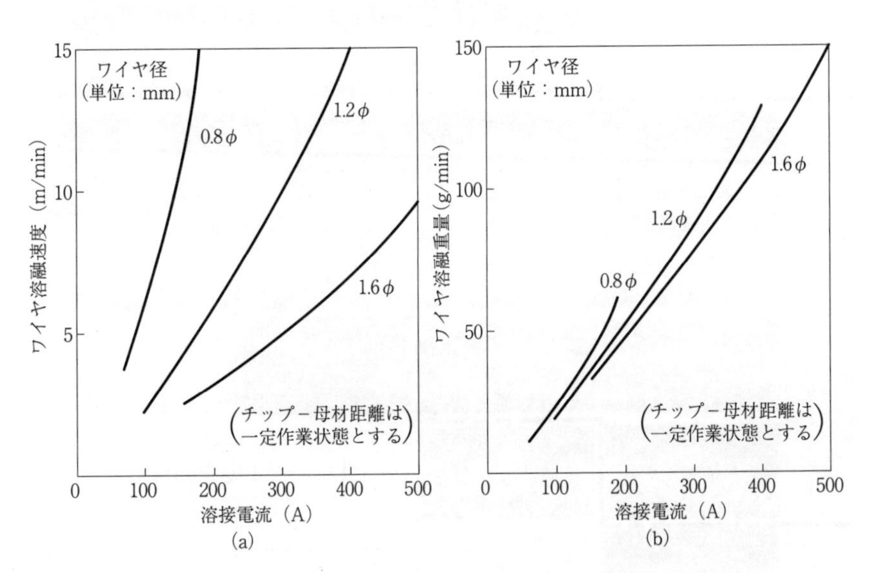

図5.9　溶接電流とワイヤ溶融速度の関係

表5.11　アーク電圧・溶接電流のビード形状に及ぼす影響
（シールドガス:CO_2 100%, 板厚9mm 軟鋼板）

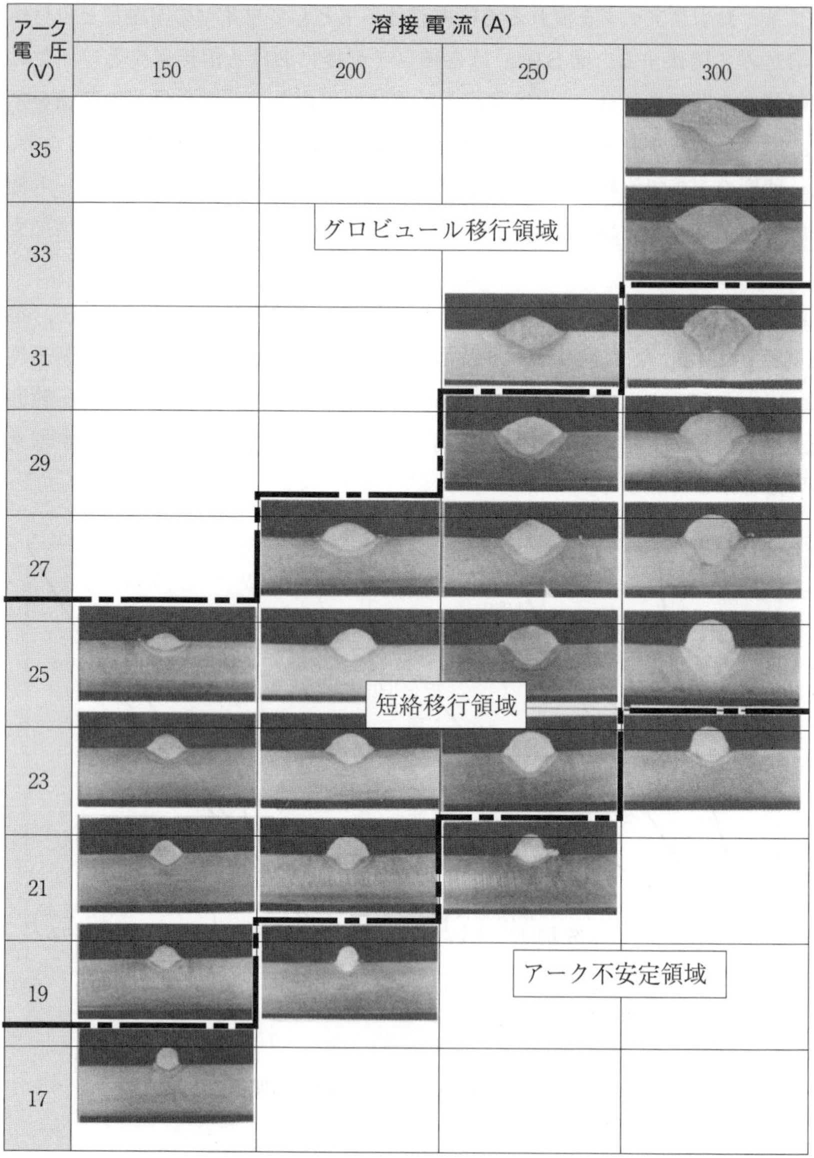

アーク電圧(V)	溶接電流(A)			
	150	200	250	300
35				
33				
31				
29				
27				
25				
23				
21				
19				
17				

グロビュール移行領域

短絡移行領域

アーク不安定領域

(3) 溶接速度

溶接電流とアーク電圧が定まった場合，溶接速度が速くなるとビードの溶込み深さ，余盛高さ，ビード幅はいずれも減少し，凸形ビードになる。速度が増してくるとビード止端部にアンダカットが発生し，さらに高速になると，**図 5.10** のようなカエルを飲み込んだヘビのような形をしたハンピングビードとなる。逆に，溶接速度が遅くなると，ビード幅が広くなりすぎてビード止端部が溶融せずにオーバラップとなる。また，低速溶接では，溶融金属が先行して融合不良の原因となる。

表 5.12 は，同一電流で溶接速度を変化させた場合のビード断面形状を比較

表5.12　溶接速度のビード断面形状に及ぼす影響
（溶接電流200A, アーク電圧 21V, 板厚9mm軟鋼板）

溶接速度 (cm/min)	断面形状
25	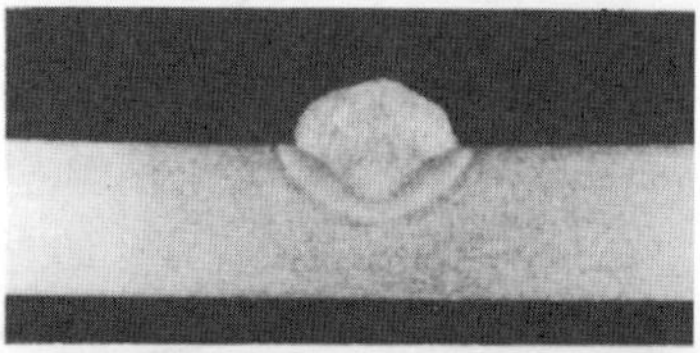
50	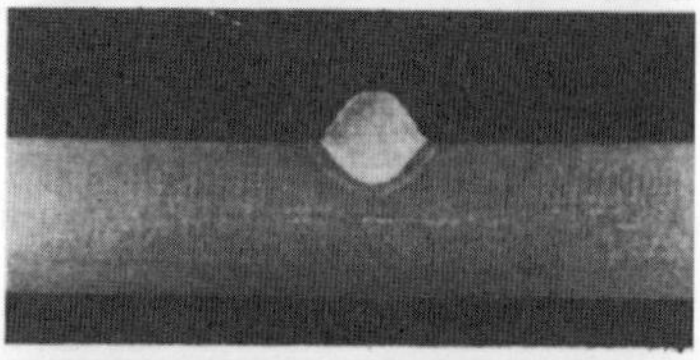
75	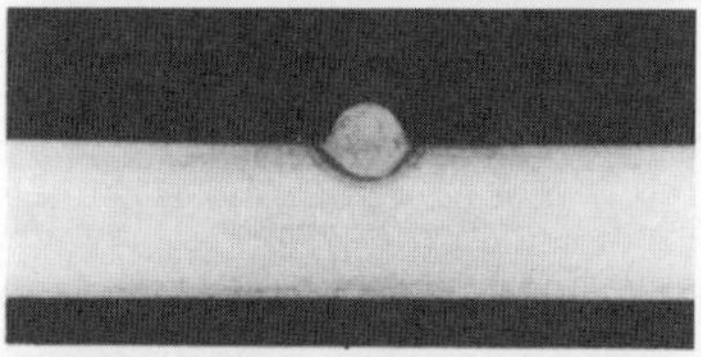
100	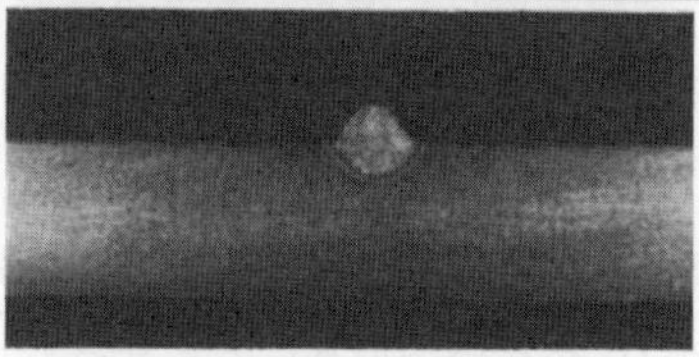

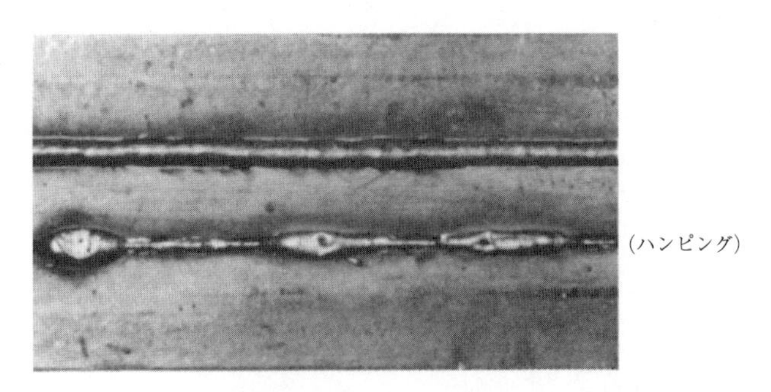

図5.10　高速溶接に生ずるハンピングビードの一例

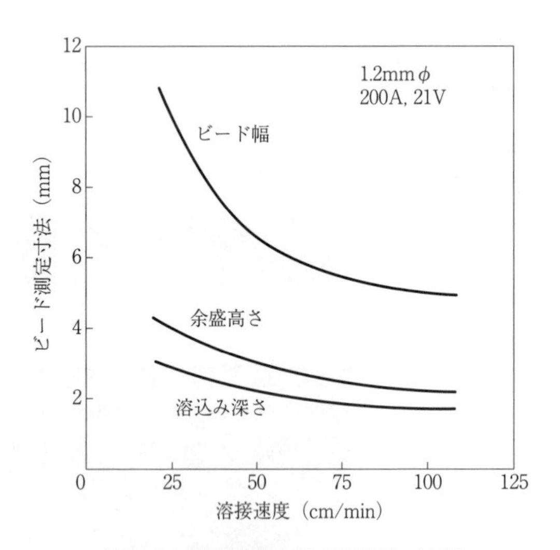

図5.11　溶接速度とビード形状の関係

している。図5.10は，溶接速度100cm/min以上における高速溶接でのアンダカットとハンピングビードの外観を示し，**図5.11**は，溶接速度とビード断面形状（ビード幅，余盛高さ，溶込み深さ）の関係を示している。一般的に半自動溶接での溶接速度は，溶接作業者の熟練度にも左右されるが30～60cm/minの範囲が多く使用されている。

5.3.2　ワイヤ突出し長さ（ノズル－母材間距離）

手溶接の場合は，溶接棒の消耗にともなってホルダを母材に接近させていかないとアーク長が長くなってしまうが，半自動アーク溶接では，ワイヤは自動的に連続送給されているので，溶接トーチのノズルと母材間の距離を一定にしておくことでアーク長は一定に保たれる。したがって，溶接中にノズルの高さを大幅に変えるとアークの安定性，溶込み，ビード外観などに影響を及ぼすので注意を要する。

図5.12 は，トーチと母材との相対寸法を説明した図であるが，図のように，ノズル－母材間距離が変わると，ワイヤ突出し長さ（チップ先端とワイヤ先端の長さ）も同時に変化する。

このワイヤ突出し長さは，ワイヤの溶融量と密接に関係し，**図5.13** に示すように，同一電流で比較するとワイヤ突出し長さが長いほどワイヤの溶融量が多くなる性質がある。（ワイヤの送給速度が一定の場合にワイヤ突出し長さが長くなると，送給されるワイヤを溶かすのに必要な溶接電流は少なくてすむ。）**表5.13** は，このような性質を理解するための実験結果で，溶接中，溶接電源

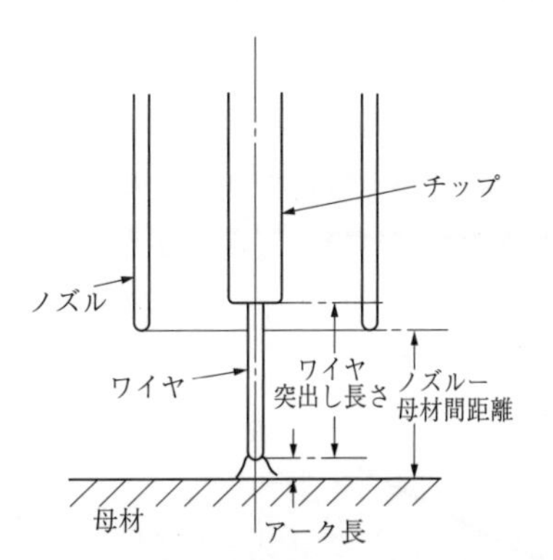

図5.12　ワイヤ突出し長さ説明図

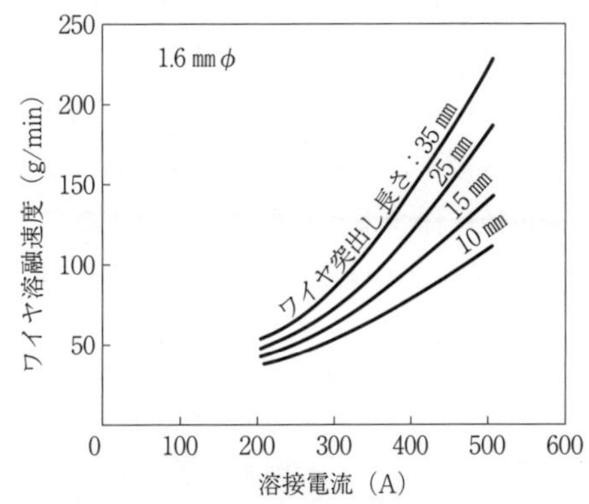

図5.13 ワイヤ溶融速度に及ぼすワイヤ突出し長さの影響

表5.13　ワイヤ突出し長さが変化したときのアーク状態の変化

観察事項＼突出し長さ	12	35
溶接電流（A）	130	105
アーク電圧（V）	19	20
作業性	良	不　良
アーク安定性	良	不　良
ビード外観	良	不　良
スパッタ発生	少	大粒で発生

(a)　短絡移行溶接の場合

観察事項＼突出し長さ	10	20	40
溶接電流（A）	380	300	230
アーク電圧（V）	32	33	34.5
作業性	やや不良	良	不良
アーク安定性	良	良	不良
ビード外観	やや不良	良	不良
スパッタ発生	少	少	多

(b)　大電流溶接の場合

の電流，電圧調整を変えずにノズル－母材間の距離，つまりワイヤ突出し長さのみを変更したときにアークの状態がどのように変化するかを例示している。表5.13(a)は，比較的小電流の短絡移行アークの場合，表5.13(b)は，大電流アークの場合を示す。

ワイヤ突出し長さを長くすると，ワイヤ送給速度は一定のため溶接電流は減少し，アーク長は少し長めになる。ワイヤ突出し長さがあまり長くなると，アークの安定性が悪くなり，作業しづらい。また，スパッタの発生が増加しビード外観が悪くなり，溶込みが減少する。さらにこの場合，ガスのシールド効果も悪くなり，ブローホールなどの欠陥が生じることもある。

逆に，ワイヤ突出し長さが短くなると，溶接電流は増加し，アーク長は少し短めになる。極端に突出し長さを短くすると，ワイヤが溶融池の中に突込むようになってアークが不安定となる。

なお，溶接電源の定格値に近い電流値で溶接を行っている場合，溶接中にワイヤ突出し長さを短くすると，溶接電流が増加して定格電流を越える場合があり，溶接電源を焼損することも起こりうるので，十分注意しなければならない。このように，溶接中のワイヤ突出し長さ（またはノズル－母材間距離）は，長すぎても短すぎても安定なアークおよび良い溶接ビードは得られないので，常に適正値に保つよう心掛ける。適正なワイヤ突出し長さは，一般にワイヤ径の約10倍程度といわれているが，**図5.14**に示すように，使用する溶接電流が

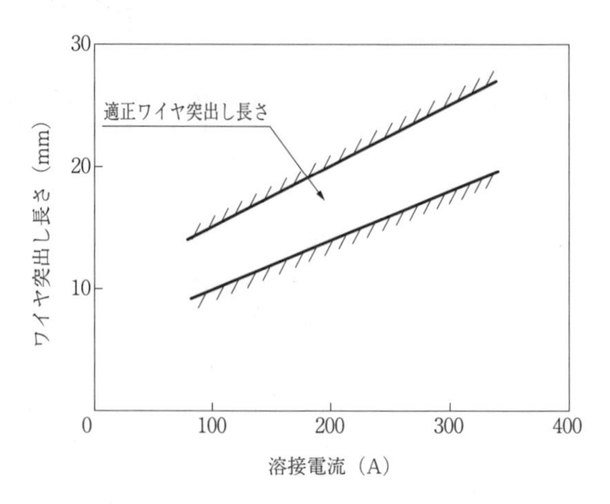

図5.14　溶接電流に対する適正ワイヤ突出し長さ

高いときは，多少長めにする方がよい。

5.3.3　水平すみ肉におけるトーチ角度，ねらい位置

水平すみ肉溶接で良好なビードを得るには，溶接電流，アーク電圧，溶接速度の適正な選定とともにトーチ角度およびねらい位置の設定に十分注意を払わなければならない。トーチ角度は溶接進行方向に対して同方向にトーチを傾ける後退法と，逆方向に傾ける前進法があり，溶込み深さなどビード形状に影響を与える。また，ねらい位置はすみ肉溶接において，特に大切であり，適切でないとアンダカットやビードの垂れ下がりを生じ，不等脚ビードとなる。この項では，水平すみ肉溶接を例にとって，トーチ角度およびねらい位置が溶接ビードに与える影響について述べる（平板での前進法，後退法は5.3.4 項参照のこと）。

（1）トーチ角度

軟鋼板9mmの水平すみ肉溶接を**図5.15**に示すようなトーチ位置でトーチ角度のみを変えて行い，得られたビード断面形状を整理したのが**表5.14**である。この表に示すように，前進角をある程度とると良好なビードが得られるが，大きくしすぎるとビード形状は凹形傾向になる。また，大きな前進角ではスパッタの発生量も多くなり好ましくない。逆に，後退角では前進角に比べて多少溶込みが深くなるが，ビード形状は凸形となり水平板側に垂れが多くなる。

以上の点から，トーチの角度は前進角10°～15°にとるのが適正である。

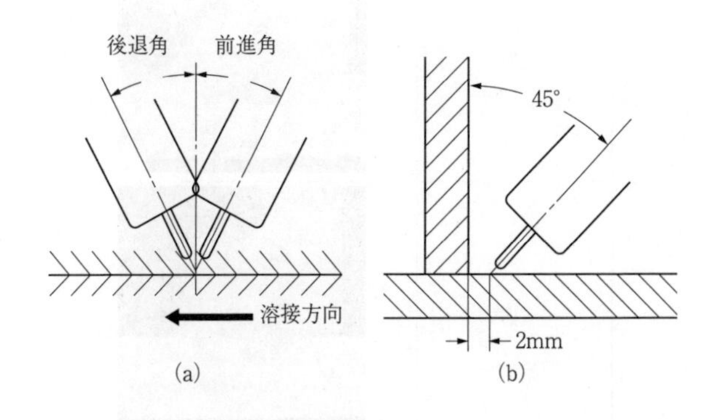

図5.15　水平すみ肉溶接におけるトーチ角度の設定方法

表5.14　トーチ角度とビード断面形状
（アーク電圧34V, 溶接電流300 A, 溶接速度40cm/min, ワイヤ径1.2 ϕ）

トーチ角度 θ	断面形状
前進角 +35°	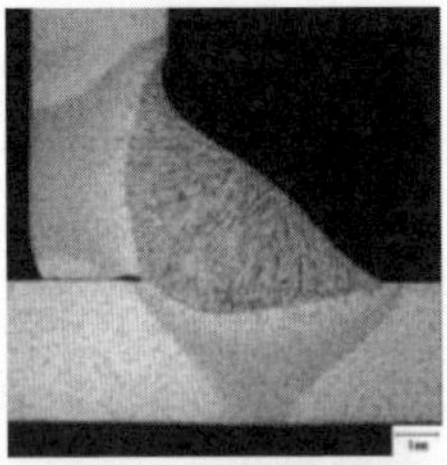
+20°	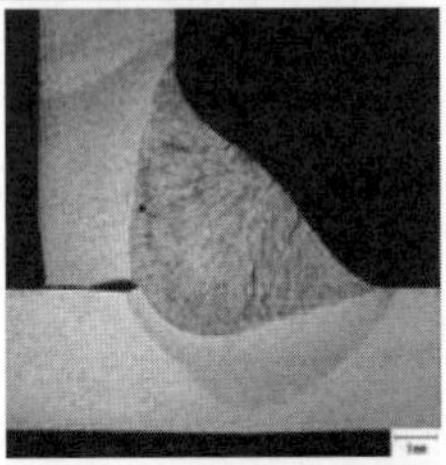
0°	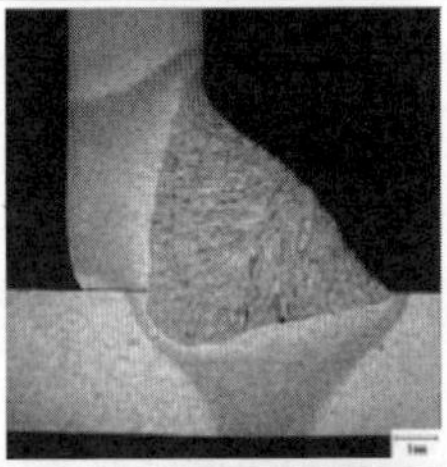
後退角 －20°	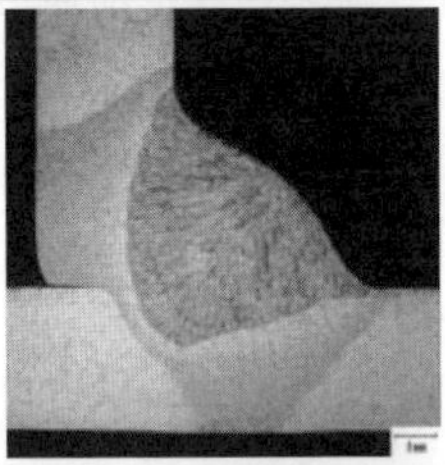
－35°	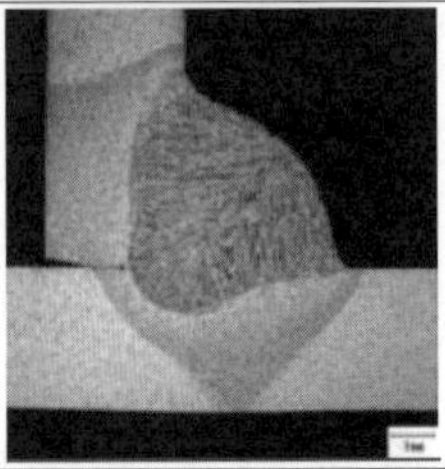

(2) ねらい位置

垂直板に対するトーチ角度を約45°にとり，ねらい位置を変化させた場合のビード断面形状の変化を**表5.15**に示している。この例は溶接電流300Aの場合であり，水平板側2mm程度をねらったときが最も良好なビード形状が得られる。垂直板側をねらうとアンダカットや垂れ下がりを生じやすく，逆にあまり水平板側をねらいすぎると不等脚の垂れビードとなる。

トーチのねらい位置は，溶接法や溶接電流によって定まる適正な値がある。一般的に200A以下の小電流域ではすみ肉の交点をねらい，300A以上では交点より2～3mm水平板側をねらうことが推奨されている。

表5.15　トーチねらい位置と水平すみ肉溶接ビード断面形状
(300A, 34V, 40cm/min, 1.2mm ϕ)

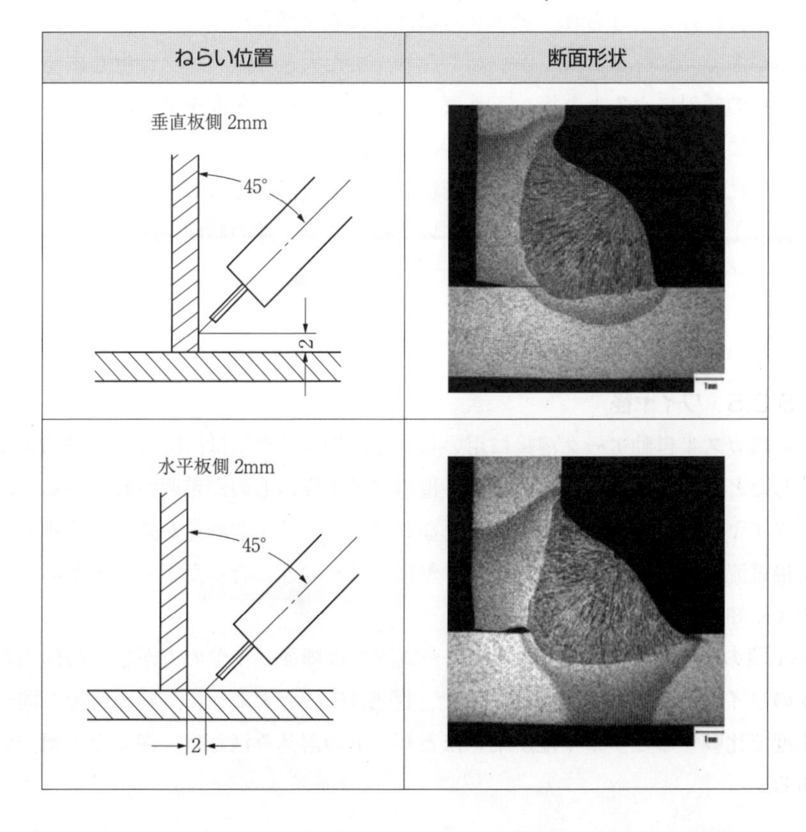

ねらい位置	断面形状
垂直板側 2mm	
水平板側 2mm	

5.3.4　前進法と後退法，上り坂と下り坂

一般的に，溶接はなるべく一定のトーチ角度で母板を水平にして行うことが望ましいのであるが，半自動アーク溶接では溶接物の形状などによって種々のトーチ角度をとったり，母材の傾斜によって上り坂，下り坂などの溶接を行わなければならない場合がある。これらはビード形状に影響をおよぼすので，どのような溶接結果になるかを理解しておく必要がある。

表 5.16 は，トーチ操作における前進法と後退法を平板上で比較したものである。溶接進行方向に対し逆向きにトーチを傾ける前進法は，アーク発生点よりも前方に溶融金属が押し出される。このためアークは母材に直接届きにくく，溶込みはやや浅くなり，ビードは低くかつ広くなる。また，スパッタは比較的大きいものがトーチ前方に飛ぶ。

トーチを進行方向と同じ向きに傾ける後退法では，溶融金属はアーク発生点より後方に押し上げられ，アーク力は母材に直接働きやすくなるので，溶込みはやや深く，ビードは狭くかつ高くなり，また大きいスパッタは生じにくい。

母材の傾斜による上り坂，下り坂の溶接は，トーチ角度を垂直に保っていても重力により溶融池が影響を受けるので，前述の後退法と前進法に対応するような形になる。すなわち，ビード形状は，上り坂溶接では溶込みが深く幅の狭い盛り上がったビードになり，下り坂溶接ではその逆の傾向を示す。

トーチ角度と母板の傾斜の違いによるビード断面形状の例を表 5.16 に示しておく。

5.3.5　ワイヤ径

炭酸ガス半自動アーク溶接に用いられる溶接ワイヤには，5.1.1 項の表 5.3 に示したとおり，細径から太径まで各種のワイヤ径のものが市販されている。同じワイヤ送給速度でもワイヤ径が異なれば当然ワイヤ溶融量が違ってくるので溶接電流も異なり，それぞれのワイヤ径にはその径に合った電流範囲があるのでよく知っておく必要がある。

5.3.1 項の図 5.9 に示したとおり，同一電流では細径ワイヤの方が単位時間当たりのワイヤ溶融量が幾分多い。また，**図 5.16** に示すように，同一電流，同一速度で比較するとワイヤ径が細いほどビードの溶込み深さは，深くなる傾向がある。

表5.16　前進法と後退法，下り坂と上り坂の比較

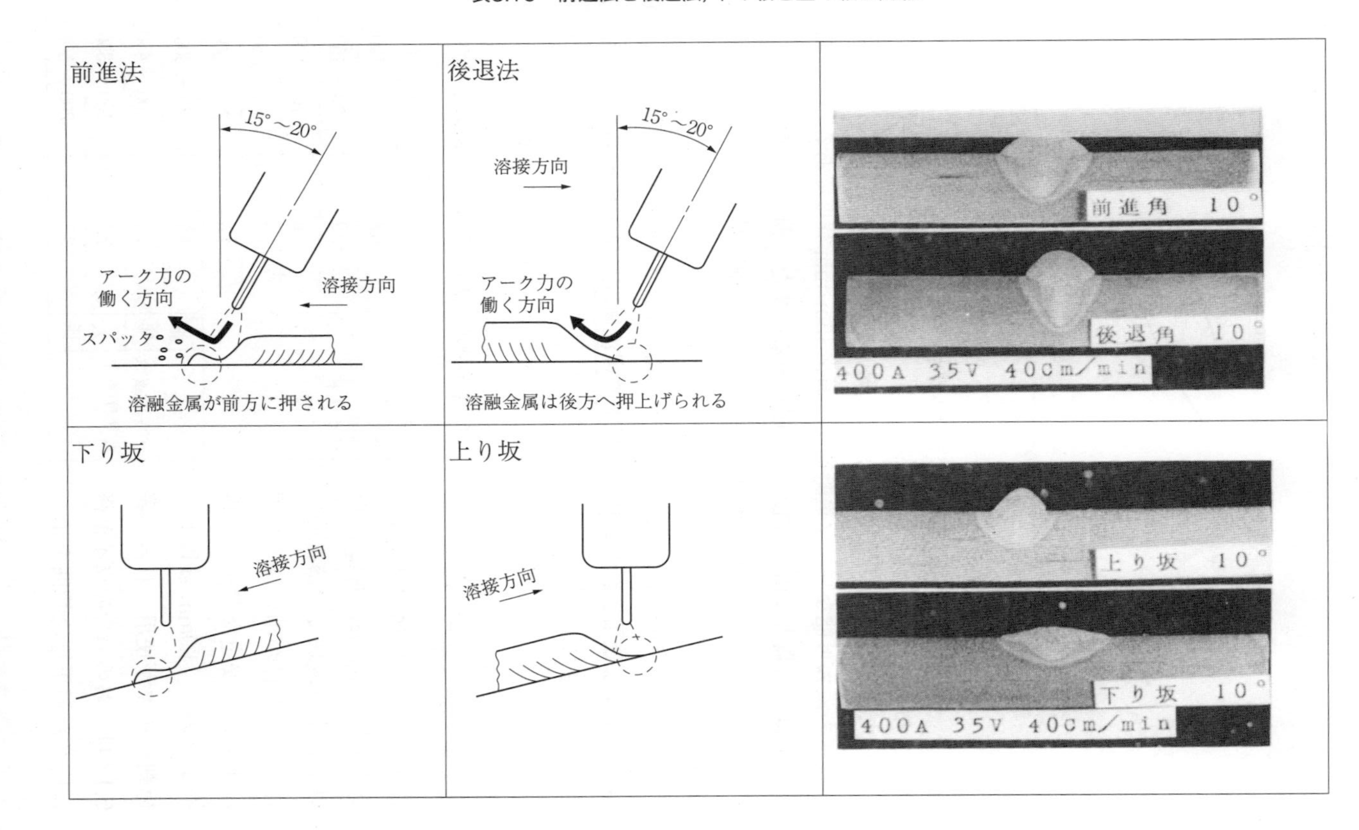

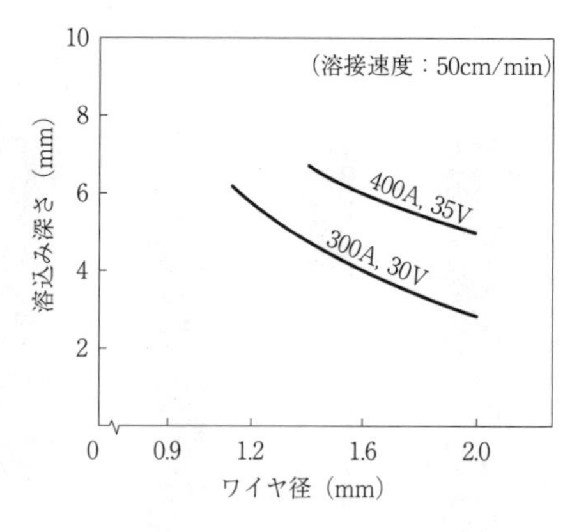

図5.16　溶込み深さとワイヤ径

このため，溶接の能率面から見ると，細径ワイヤの方が有利である。しかし，溶接機の最大可能なワイヤ送給速度は通常15m/min程度であるので，細径ワイヤではその最大使用可能電流に上限がある。また，細径ワイヤに無理に大電流を流して溶接すると，溶融池が荒れてビード外観が悪くなったり，溶込みが極端に深くなって，ビードの抜け落ちや溶接割れの発生原因となる。

このような点を考慮して，通常300～350A以上の大電流域の溶接には1.6mm ϕ のワイヤが使用され，これより以下の電流範囲には1.2mm ϕ のワイヤが最も多く使用されている。

一方，薄板の溶接や姿勢溶接には短絡移行溶接の安定の善し悪しが作業性に著しく影響するため，細径のワイヤが好んで用いられる。特に100A以下の小電流域での溶接の場合，ワイヤ径が細いほど小電流までより安定なアークが得やすいので，1.0mm ϕ 以下の極細ワイヤが使用される。**表5.17**は，おのおののワイヤ径に応じた適正電流範囲を示し

表5.17　ワイヤ径と溶接電流範囲

ワイヤの種類		ワイヤ径（mm）	適正電流範囲（A）
ソリッドワイヤ		0.6	40～90
		0.8	50～120
		0.9	60～150
		1.0	70～180
		1.2	80～350
		1.6	300～500
フラックス入りワイヤ	細径	1.2	80～300
		1.6	200～450
	太径	2.4	150～350
		3.2	200～500

たものである。

表に示すとおり，1.0mm ϕ 以下のワイヤの適正電流範囲は比較的狭いが，1.2mm ϕ，1.6mm ϕ のワイヤは広範囲の電流に適合するため，薄板から厚板まで幅広く使用できる。

5.3.6　シールドガスの種類

半自動アーク溶接では，通常炭酸ガスをシールドガスとして用いるが，最近では,炭酸ガスとアルゴンガスの混合ガス（マグガス）も多く用いられている。マグガスは炭酸ガスに比べて，一般に高価であるが，スパッタの発生量，アークの安定性，ビードの外観など多くの面で改善されることが多いので，その特徴を十分理解しておく必要がある。この項では，標準的なマグガスである，20％炭酸ガス＋80％アルゴンを用いるマグ溶接を例にとって，炭酸ガス溶接との違いを比較する。

表 5.18 は，前記 2 種類のシールドガスによるアーク形態の違いを示している。

小電流域での適正なアーク形態は，炭酸ガス，マグガスともに短絡移行であ

表5.18　シールドガスによるアーク形態の相違（ワイヤ径1.2mm の場合）

シールドガス	電流域	
	小電流域	大電流域
炭酸ガス	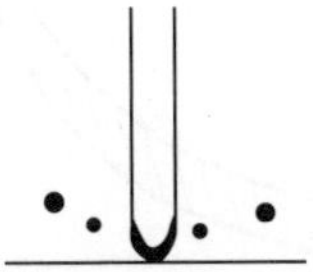 （短絡移行）	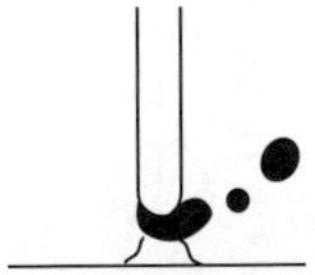 （グロビュール移行）
マグガス（20% CO_2+Ar）	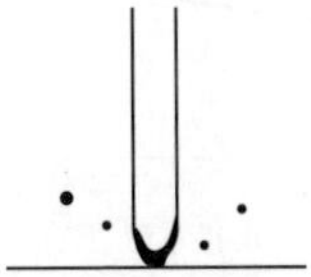 （短絡移行）	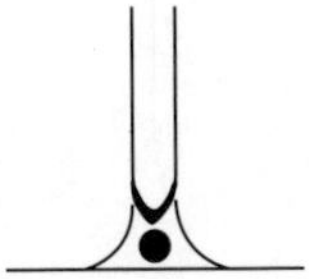 （スプレー移行）

るが，おのおの最も安定したアークの得られる適正電圧範囲は，**図5.17**に示すようにマグ溶接の場合が低くなるので，電圧設定に注意しなければならない。一方，大電流域で炭酸ガスアーク溶接の場合は，溶滴は大粒で移行するグロビュール移行となるが，マグガスの場合は，ワイヤ先端が鉛筆状に尖って細粒の溶滴が安定して移行するスプレー移行となるので，スパッタの発生がきわめて少ない。**図5.18**は，スパッタ率を比較したもので，マグ溶接は炭酸ガスアーク溶接に比べて約1/3以下に減少する。なお，図のスパッタ率（%）はスパッ

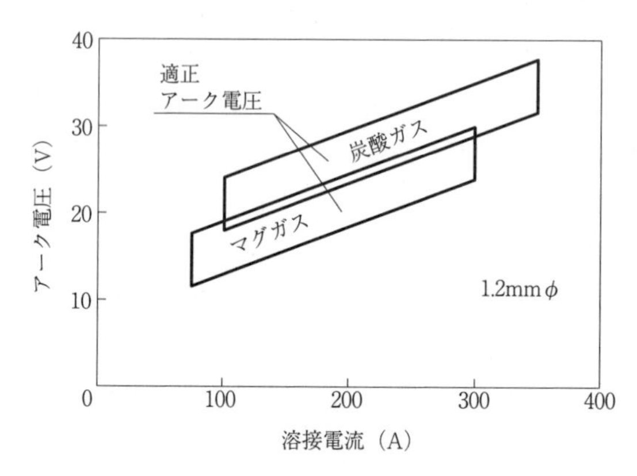

図5.17　シールドガスの違いによる適正アーク電圧

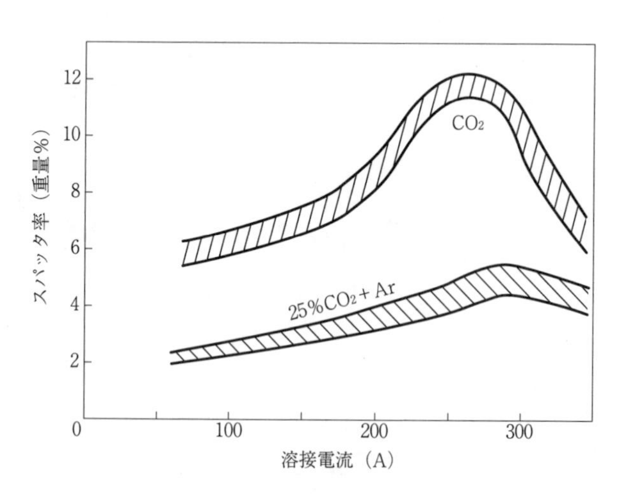

図5.18　スパッタ率の比較
（A.Lesnewich : Wdding Design and Fabrication 1978. Oct., 63）

タ率（%）＝（スパッタ飛散のため損失する量／ワイヤ溶融量）× 100 で示されている。

表 5.19 は，ワイヤ径 1.2mm を用い，溶接電流を 150A，300A としておのおの適正なアーク状態で溶接した場合のビード外観と断面形状の例を示す。マグ溶接では，ビード近傍でのスパッタの付着がなく美しいビードが得られている。ビードの断面形状を比較すると，短絡移行域ではマグ溶接の方が幾分溶込みが浅く，ビード幅が狭く，余盛高さは高くなる傾向がある。大電流域では，マグ溶接の場合ビードの底がとがっており，いわゆるフィンガ形状となるのが特徴的で，短絡移行域とは逆にビード幅は広く，余盛高さが低く平たんなビードとなる。

以上のように，マグ溶接は炭酸ガス溶接に比べて溶込みが少ないので，厚板での能率は劣るが薄板の溶接には溶落ちが少なく，ビードが美しく，アークの

表5.19　ビード外観および断面形状（ワイヤ1.2mmφ）

シールドガス	溶接電流	ビード外観	断面形状
CO_2	150A	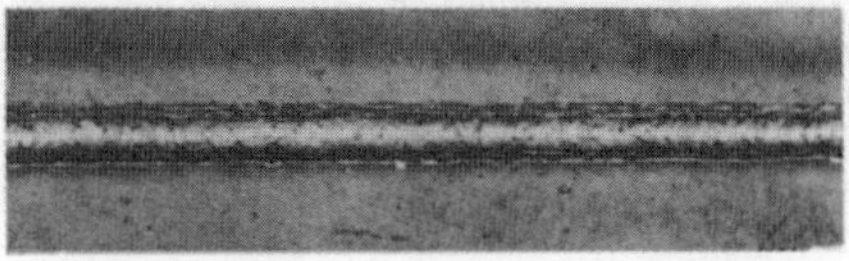	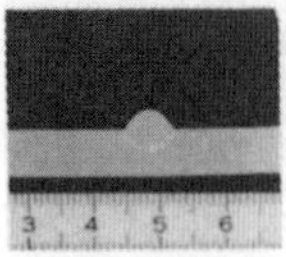
	300A		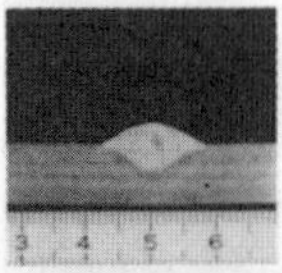
Ar + 20%CO_2	150A	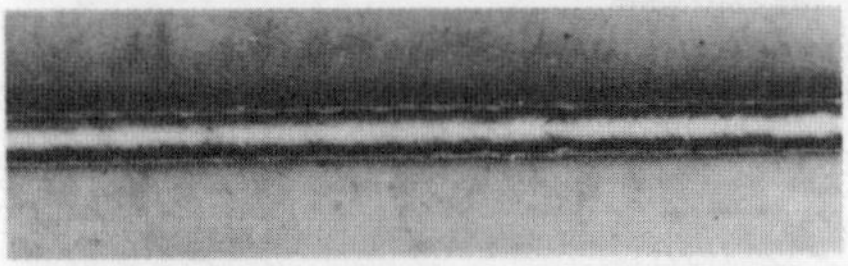	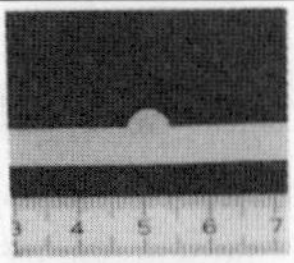
	300A	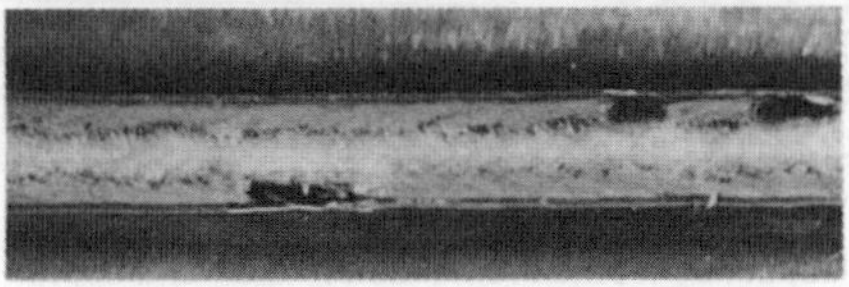	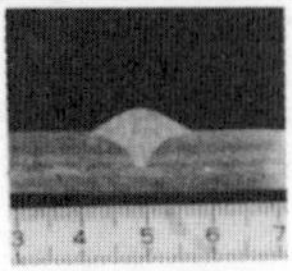

安定性がよいので有利である。なお，マグ溶接で大電流スプレーアークを用いる場合は，アークの輻射熱が大きいためトーチノズルの温度上昇が高くなるので，必要な場合は水冷トーチを用いる。

5.3.7　シールドガス流量

シールドガスアーク溶接では，溶接部のガスシールド効果が悪いとブローホールやピットが発生し，健全な溶接ビードが得られない。通常の溶接でのシールドガス流量は，200A以下の薄板の溶接では10～15 ℓ /min，200A以上の厚板の溶接では15～25 ℓ /minが適当である。

良好なガスシールドを阻害する要因としては，風，ガスの流量不足，ノズル－母材間距離の過大，ノズルへのスパッタ付着などがある。

特に風の影響は著しく，**図5.19**に示すように溶接部に風が当たると，アークや溶融池に空気が巻き込まれるので屋外での溶接には注意を要する。通常許される溶接部への風の強さは，被溶接物の形状，ノズル口径とガス流量，ノズル－母材間距離，風向きなどによっても異なるが，およそ1.5m/sec程度以下である。

図5.20にビードオンプレートで溶接を行った場合のX線透過試験結果例を示す。風速が2m/sec以上になると急にX線結果が悪くなり，ブローホールが多発しているのがわかる。また，シールドガスの流量を増すことにより，ブローホールが少なくなっている。

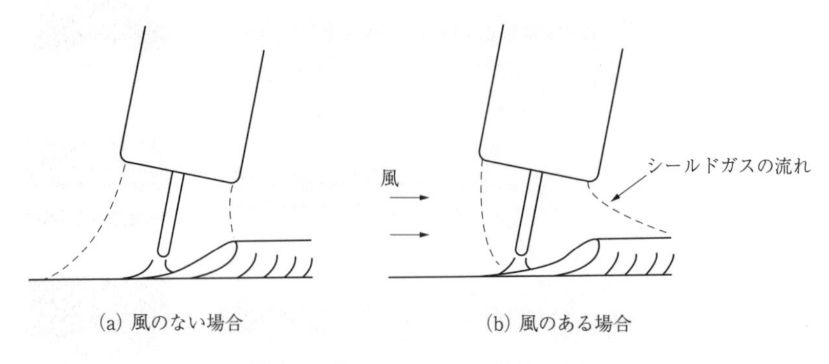

図5.19　風によるシールド状態の変化

図 5.21 はブローホールの発生に及ぼす風速と炭酸ガス流量の関係を示したもので，風速の増大に従って多量のガスが必要となることがわかる。風によるシールド不良を防ぐには，流量の確保とともについ立てや，防風枠を設けるなどの防風処置が必要である。

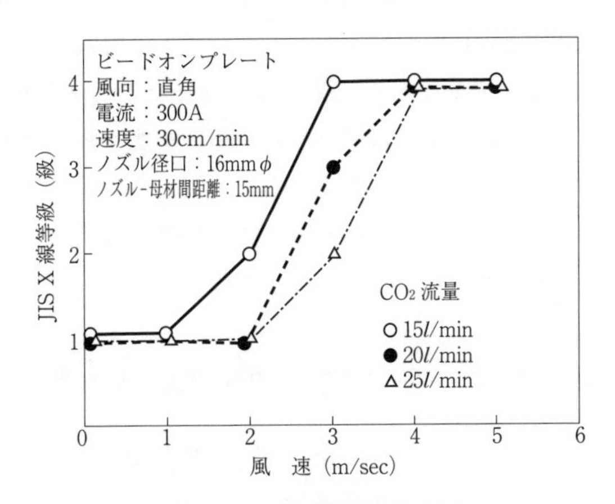

図5.20　X線透過試験結果例

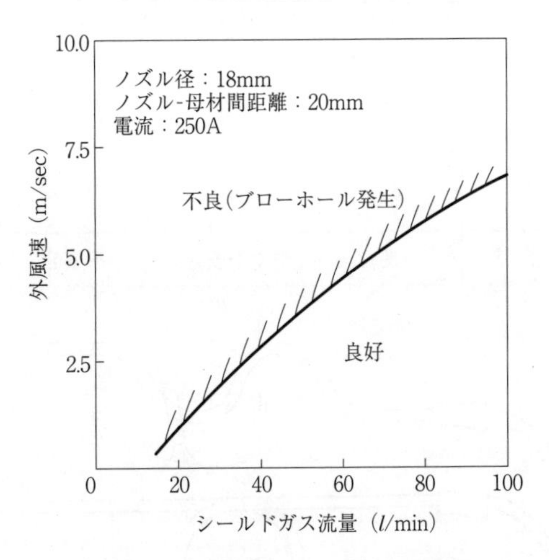

図5.21　外風速とシールドガス流量

5.4　アークの安定性にかかわる機器取扱い上の注意

5.4.1　コンジットケーブルの曲りと送給性

一般に，炭酸ガス半自動アーク溶接でのワイヤの送給はワイヤ送給装置から溶接トーチ本体を結ぶ3m程度のコンジットケーブルに内蔵されたライナーを通して行われる。ワイヤの安定した送給により良好なアークが維持されるが，コンジットケーブルの極端な曲りはワイヤの送給性を悪くし，溶接中アークの安定を欠き，極端な場合溶接ができなくなることがある。

表5.20は，コンジットケーブルの状態とワイヤの送給性について実験した結果を示したものである。コンジットケーブルの曲りはワイヤの送給性に大き

表5.20　コンジットケーブルのアークの安定性に及ぼす影響

	コンジットケーブルの状態				
	ストレート	150mmRS字	300mmφ×1T	300mmφ×2T	150mmφ×2T
ワイヤ送給量 (m/min)	12	11.5	10.5	7.5	送給不安定
溶接電流 (A)	300	290	270	210	
アーク電圧 (V)	33	33	34	不安定	
アークの状態	良	良	やや不安定	不安定	不安定変動大

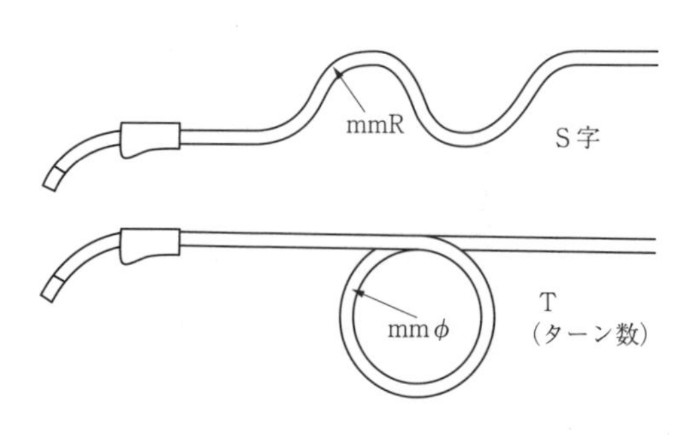

な影響を与え，この例では直径 300mm，2 ターン以上で，安定した溶接は困難となっている。

一般にコンジットケーブルの曲げに対する許容限界は，直径 500mm，1 ターン程度である。なお，コンジットケーブルの曲りはトーチホルダに近づくほどワイヤ送給性に対する影響が大きいので，トーチホルダの近くでのケーブルの曲りはできるだけなくすことが望まれる。

5.4.2 溶接ケーブルの長さと太さ，ひき回し

炭酸ガスアーク溶接に用いる溶接電源は，一般に溶接ケーブルが 5 ～ 10m 程度の長さで良好なアーク溶接が行えるように電源の特性値が選定されている。したがって，溶接ケーブルが長い場合やケーブルの径（断面積）が細い場合には，標準条件に設定したままでは良好なアークが得られなくなる。

表 5.21 の実験結果に示すように，溶接ケーブルが長い（2）の場合，ケーブルでの電圧降下が大きくなり，実質的なアーク電圧が低下してしまうので，（1）と同一設定条件では良好な溶接は行えない。この場合，表の（3）のように溶接ケーブルの電圧降下分だけ溶接電源の出力端子電圧を上げる必要がある。また**図 5.22** に示すように溶接ケーブルの断面積を大きくし，電気抵抗を小さくすることで良好な溶接が可能となる。（4）のように溶接ケーブルをぐるぐる巻いたり，特にこれを鉄板上に置いたりすると，ケーブルのインダクタンスが大きくなりアークは不安定になる。したがって，長いケーブルを取付けた

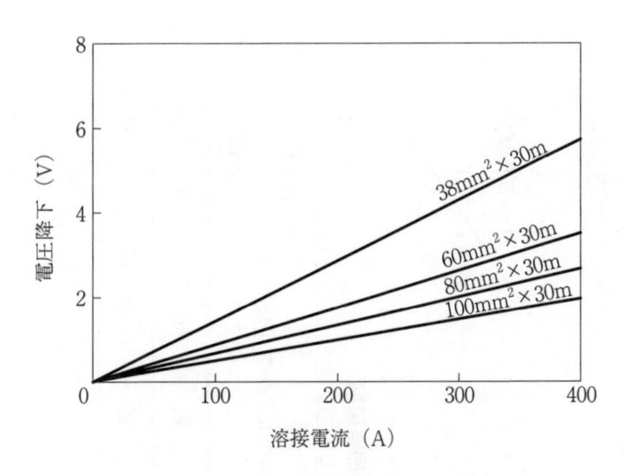

図5.22　ケーブル断面積と電圧降下

表5.21　溶接ケーブルがアークにおよぼす影響

実験項目 / 観察項目		(1) 標準条件	(2) 抵抗電圧降下の影響	(3) 抵抗電圧降下の補償	(4) インダクタンスの影響
ケーブル長さ (m)		5	30	30	30
ケーブル状態		ストレート 5m	ストレート 全長 30m	ストレート 全長 30m	300 φ 25 ターン 全長 30m
ケーブルでの電圧降下	出力端子電圧 V_1(V)	20.5	20.5	23	23
	アーク電圧 V_2 (V)	20.0	安定せず	20.5	20.0
短絡回数（回／sec）		80 ～ 100	安定せず	60 ～ 80	30 ～ 50
ビード外観（目視）		良い	悪い	良い	悪い
アーク	スタート	良い	悪い	良い	悪い
	音	連続性	不連続	連続性	不連続性
	光	安定	不安定	安定	不安定
溶接電流（A）		150	150	150	150

まま近くで溶接作業を行うときは，余分なケーブルをぐるぐる巻いたりせずに，なるべく平行して往復するように置き，インダクタンスを軽減させて溶接を行うように心掛けなければならない。

5.4.3　溶接ケーブルの接続

(1)　アースクランプの方法

炭酸ガスアーク溶接の場合，溶接電源の出力端子は，トーチ側にプラス端子，母材側にマイナス端子を溶接ケーブルで接続する。現場溶接では，ケーブルの接続不良に起因するトラブルの発生は意外に多いので，特に注意する必要がある。

さびたボルトやナットによる締付けや，母材に塗料が着いたままでの締付けなどにより，アークが不安定となり溶接結果を悪くしている例が数多く見られる。

溶接ケーブルの母材への接続には，図 5.23 の例に示すような方法を用い，締付け部をきれいに磨いて確実に締め付けることが大切である。なお，母材側の溶接ケーブルの代りに鋼材などを代用する場合は，少なくとも電線断面積の 10 倍以上の断面積のもので，十分通電容量のあるものを用いなければならない。

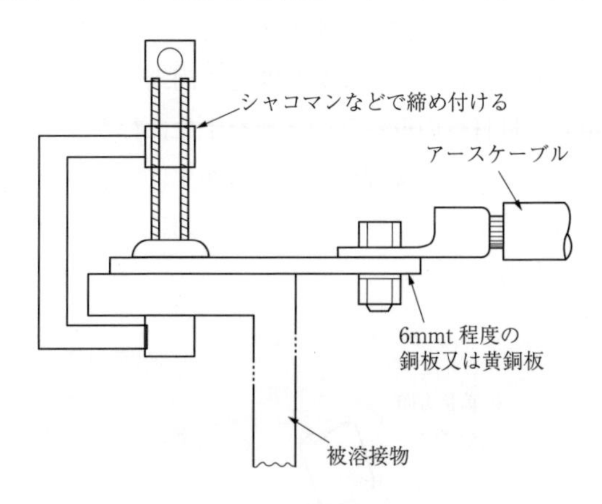

図5.23　アース取りジグの一例

(2)　磁気吹き防止

磁気吹きとは，直流アークに顕著にみられる現象で，パイプなどの細長いものの溶接，厚板の開先内の溶接，付近に大きな鉄板のある場合や母材の端部の溶接などで，アークが不規則に吹かれて動き回る現象をいう。

磁気吹きが生じると，アークの向きが変わってアークの安定性やビード形状に影響を与える。激しい場合は，異常なアーク音が発生し，大粒のスパッタが飛びだしたり，パンパンとはねたり，ときにはアーク切れが起こることもあるので良好な溶接結果が得られなくなる。

このような磁気吹きの起こる原因は，溶接物の形状，材質，押えジグなどの影響が複雑にかかわりあっているので，一概には言えないが，アーク近くの母材形状と母材に流れる溶接電流の向きに関係する場合が多い。このため，溶接ケーブルの母材への接続の位置には特に注意を要する。例えば，**図 5.24** に示すように，細長い板の溶接の場合，溶接ケーブルを母材の一方の端に接続して，この接続位置に近づける方向に溶接するとアークは進行方向と逆に吹かれて，いねば後退角で溶接するような状態になって，ビードは凸形傾向になる。また，アース点の近くの母材端は特に激しく吹かれてアークが不安定になる場合も起こる。このような場合はアースの位置を母材の逆の端にとるか，あるいは溶接方向を逆にしてみるとよい。

磁気吹きの生じた場合の一般的な対策としては，

①アース点から遠ざける方向に溶接を進める。

②特に細長い母材では溶接ケーブルを分割して両端にアースをとる。

③タブ板を使用し，母材への取付部の溶接を十分に行う。

④余分な溶接ケーブルは，溶接線の近くに置かずにできるだけ離す。

⑤円周溶接の場合，溶接ケーブルを溶接物の周囲に何回も巻かない。

などが有効な手段である。

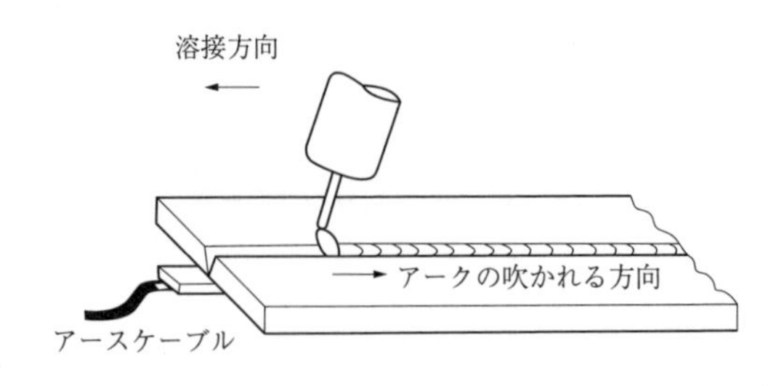

図5.24　磁気吹きの例

5.4.4 チップ・ノズルの不良の影響

(1) チップの穴径と摩耗

半自動アーク溶接では，1分間に数mから十数mの速さでワイヤが送給されており，溶接トーチ先端部のコンタクトチップ（以下チップとよぶ）で接触しながら大電流が通電されている。

したがって，使用するワイヤの直径とチップの穴径との間にかなり精密な適正値が要求される。ワイヤ径に対して穴径に余裕がないと，わずかなメッキカスや，細かいスパッタなどによりつまりが生じて，ワイヤ送給が円滑に行われなくなる。逆に，余裕がありすぎると，ワイヤへの通電が不安定となり，アーク不安定が生じやすくなる。通常，チップには適合するワイヤ径の刻印がなされているので，表示通りの正しいチップを使用することが大切である。

また，チップを長時間使用すると，摩耗して穴が楕円状に大きくなり，アーク不安定の原因になる。**図5.25**は，正規のチップと穴径の大きなチップを使用した場合に，短絡回数の規則性を比較したもので，穴径の大きいものでは，短絡回数が大きく変動している。このようなアーク不安定が生じるとビード外観も**図5.26**に示すように悪くなるので，一定以上摩耗したチップは取り換える必要がある。

なお，ワイヤ送給を悪くする原因として，チップ先端にスパッタが付着して

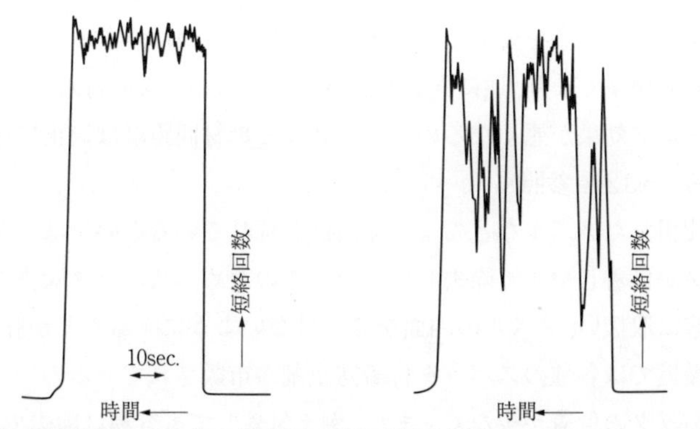

(a) 正規のコンタクトチップを使用　(b) 穴径の大きいコンタクトチップを使用

図5.25 コンタクトチップの穴径の違いによる短絡回数の規則性の差異

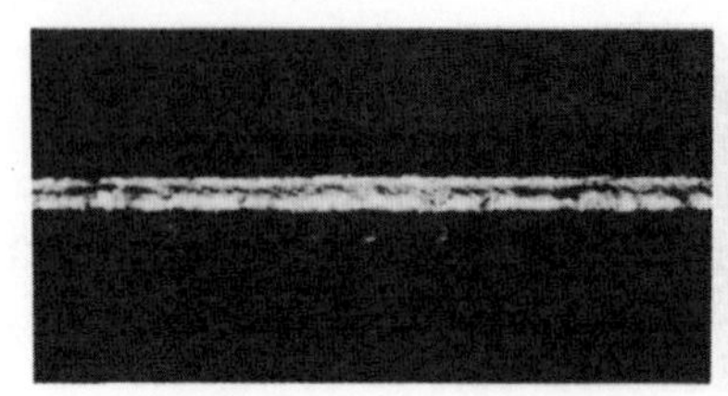

(a) 正規のコンタクトチップを使用

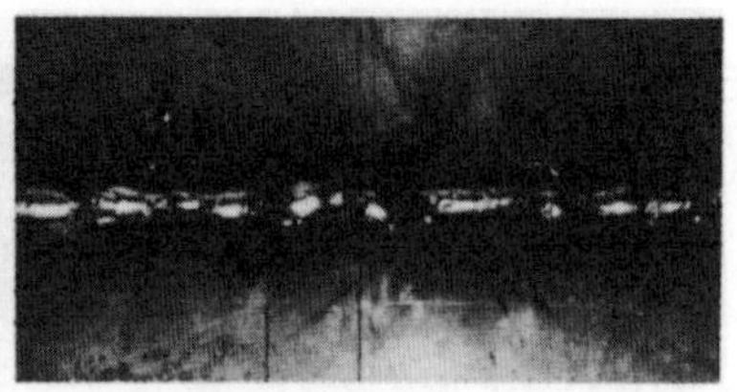

(b) 穴径の大きいコンタクトチップを使用

図5.26　コンタクトチップの穴径の違いによるビード外観の差異

いる場合もあるのでよく注意をはらう。また，チップの締付けが不完全であると，ねじ部での発熱のため焼付けが生じ，取りはずすときねじ部を折損することがあるので，十分締付けるよう心掛ける。

(2) ノズルのつまり

トーチのノズルにスパッタが著しく付着すると，シールドガスの流れが妨げられるため，溶接中のシールド効果が悪くなり，気孔（ブローホールやピット）の発生の原因となる。また，スパッタによりノズルとチップなどの通電部がつながると，ノズルが母材に触れたとき，ここでスパークを起こし，トーチを焼損するおそれがある。したがって，スパッタのノズルへの付着が著しくなれば，除去するか新しいものと交換する必要がある。

ノズルへのスパッタ付着量を少なくするためには，溶接条件の適正な設定が必要であるが，特にノズル－母材間距離はノズルに付着するスパッタの量に大きく影響するので注意を要する。ノズルを母材に近づけすぎるとノズルへのスパッタ付着量が多くなり，逆にあまり遠ざけるとスパッタの付着量は少ないが，ガスのシールド効果が悪くなるので，ノズル－母材間距離は適正に保つことが大切である（5.3.2 項参照）。

長時間使用したノズルなどのように内面が荒れているものでは，新品に比べてスパッタが付着しやすく除去しにくい。このため，スパッタ除去の際は，なるべく丁寧に取扱い，ノズルの内面を傷つけないようにすることが肝心である。

また，最近では各種のスパッタ付着防止剤が市販されているので，これを用いるとスパッタの付着が少なく，また，例え付着しても容易に除去できるので，ノズル内面を痛めることが少なく，長時間にわたってノズルを使用することができる。

5.5　溶接欠陥とその対策

これまでに，溶接材料の選び方に始まって，母材準備，溶接条件の正しい選び方。安定なアーク状態を得るための機器の取扱いなど，溶接施工上の諸注意について個々に説明してきた。

このような諸注意を十分守って溶接を行えば，信頼性の高い，健全な溶接部が得られるはずであるが，実際には，初めのうちなかなかうまくいかないことが多い。この原因の１つは，溶接作業の不慣れによるもので，これについては円滑な操作ができるように十分な練習を繰り返し，技量の向上をはかっていただきたい。他の原因は，前述のような注意点を守っているつもりでも，どうしてもチェックもれがあって，正しい施工を行っていないことによるもので，実際現場ではこのケースがきわめて多い。

そこで本節では，溶接作業中あるいは溶接終了後に，溶接部を目視観察することによって容易に発見できるような比較的わかりやすい溶接不良や欠陥について，その形態を大別し，原因とその対策をチェックリスト式にとりまとめた。

欠陥が見つかったときは，このチェックリストに従って調査し，個々の対策については末尾に書かれている関係項目に詳細が書かれているので，参照のうえ対処されることをお勧めする。なお，溶接部の検査法としては，目視検査のほかに，X 線検査や超音波検査など特別な検査機器を用いて行う非破壊検査や，テストピースによる溶接部の性能検査などがあるが，これらは別に専門の知識を要するのでここでは触れないことにする。

5.5.1　アークの不安定

アークが不安定で作業性が悪くなる原因は種々考えられるが，ここでは溶接材料面での選択は正しく，しかも溶接機器の接続と動作は正常であるにもかかわらずアークの不安定となる場合に絞って，その原因と対策をまとめている。

なお，溶接機器そのものの動作不良については，第 6 章の機器の点検項目および溶接機の取扱説明書をよく参照のうえ点検することをお勧めする。**表 5.22** に主なアーク不安定の原因と対策を示す。

表5.22　アーク不安定の原因と対策

起こっている現象		点検箇所と対策	参考項目
1	ワイヤ送りが不安定	(1) コンタクトチップの穴径と摩耗 (2) コンジットケーブルの曲りが強すぎないか (3) ワイヤがリールでもつれている (4) 送給ローラのサイズは合っているか (5) 加圧ローラの締付けが適正か (6) ライナーがつまっていないか	5.4 5.4 (3)～(6) 6.1
2	アーク電圧（アーク長）が安定しない	(1) 電源の一次入力が極端に変動していないか (2) 溶接ケーブルの接続は確実か (3) ワイヤ突出し長さが長すぎないか (4) ワイヤ送りは安定か (5) ワイヤ径と使用電流が適正か	1.2 5.4 5.3 5.4，6.1 5.3
3	スパッタが多い	(1) 電流・電圧の設定は適正か (2) ワイヤ径が太すぎないか (3) トーチ角度が大きすぎないか (4) 磁気吹きが起きていないか	(1)～(3) 5.3 5.4
4	磁気吹きが起きている	(1) アースの位置の確認と変更 (2) タブ板を使用する (3) 溶接部のすきまを少なくする	5.4

5.5.2　ビード形状の不良

溶接ビードの外観不良による溶接欠陥は，主に溶接条件の設定とトーチ操作不良に起因することが多い。**図5.27**は溶接ビード形状不良の例を示す。これらの発生原因と対策については，すでに第3，4章および5.3節に詳しく述べているので，ここでは**表5.23**に主な原因と対策を一覧表にして示す。

5.5.3　ブローホールおよびピット

ブローホール(気孔)は，溶融金属中に含まれるガスが，金属の凝固のさいに表面まで浮上することができずにビード内部に封じ込まれて，空孔として残ったものである。この空孔がたまたまビード表面に出て，くぼんだ形になっているもの(開口したブローホール)はピットとよばれている。**図5.28**はブローホールとピットの例を示す。**表5.24**は発生する原因と対策を整理したものである。

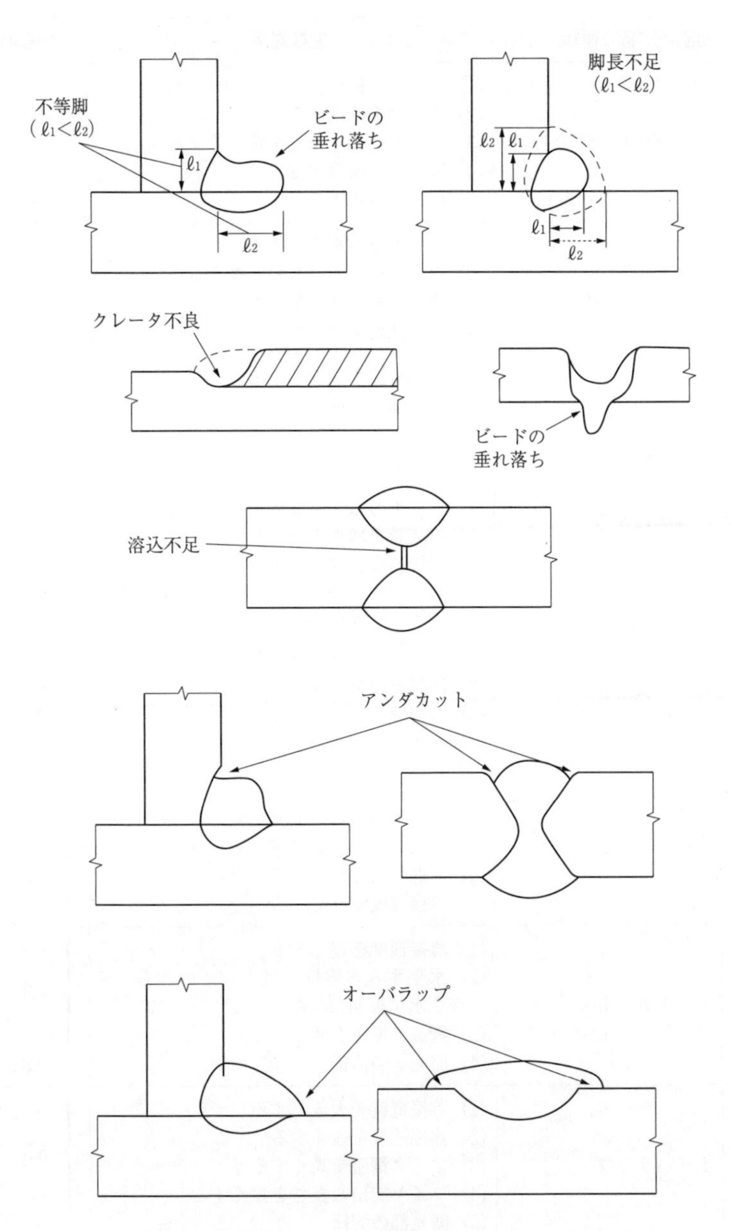

図5.27　ビード形状不良

表5.23　ビード形状にみられる諸欠陥と主な対策

	溶接欠陥の種類	主な対策	参考項目
1	ビード形状の不ぞろい	(1) コンジットケーブルの曲りを少なくする (2) チップを交換する (3) ワイヤ突出し長さを短かくする (4) 開先面を清掃する (5) 磁気吹き対策をとる	5.4 5.4 5.3 5.2 5.4
2	凸形ビード (ビード幅が狭い)	(1) アーク電圧を高くする (2) ワイヤ径を太いものに換える (3) ウィービング幅を広くする (4) 溶接速度を遅くする	5.3 5.3 3.3, 4.2 4.2, 5.3
3	脚長の不足	(1) 溶接電流を大きくする (2) 溶接速度を遅くする (3) ウィービング幅を広くする (4) パス数を増やす	4.2, 5.3 4.2, 5.3 3.3, 4.2 4.2
4	不等脚になる (ビードの垂れ落ち)	(1) トーチのねらい位置と角度を合わす (2) パス数を増やす (3) 溶接速度を速くする	4.2, 5.3 4.2 4.2, 5.3
5	クレータ不良	(1) クレータ条件の調整	3.3
6	ビードの溶落ち	(1) 継手のギャップを少なくする (2) 溶接電流を下げる (3) 溶接速度を速くする (4) ウィービング幅を広くする	3.2, 4.1 4.1 4.1 3.3, 4.1
7	溶込み不足	(1) 溶接電流を大きくする (2) ワイヤのねらい位置を変える (3) 下進溶接を上進溶接に変える (4) 前進角をとりすぎていないか (5) 溶接速度を遅くする	4.1 4.3 5.3
8	アンダカット	(1) 溶接速度を遅くする (2) 水平すみ肉溶接ではトーチのねらい角度を水平板側にする (3) 電流・電圧を低くする (4) 開先面の清掃	5.3 ((1)～(3)) 5.2 ((4))
9	オーバラップ	(1) 溶接電流を大きくする (2) 溶接速度を速くする (3) アーク電圧を高くする (4) ワイヤ突出し長さを短くする (5) 開先部の清掃	5.3 ((1)～(4)) 5.2 ((5))

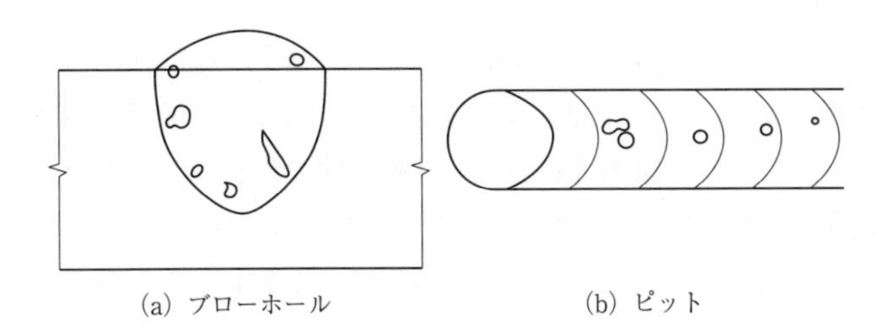

図5.28　ブローホールとピット

表5.24　ブローホール, ピットの発生する原因と対策

	原因	対策	参考項目
1	母材の汚れ (油, ペンキ・塗料・さび・水分などが付着)	(1) 開先部の汚れを完全に取除いてから溶接を始める	5.2
2	ワイヤにさび・水分が付着	(1) ワイヤの外周の一層のみさびている場合が多いので, この時は一層を除いて使用する	5.1
3	風の影響による	(1) つい立てなどで防風処置をとる (2) 風が強いときはガス流量を増す	5.3
4	ノズルがスパッタで詰まっている	(1) ノズルに付着したスパッタは, ノズル内面を傷つけないように取除く (2) ノズル内面にスパッタ付着防止剤を塗布する	5.4 6.1
5	ノズル－母材間距離が大きすぎる	(1) ノズル－母材間距離を 25mm 以内に保ち, トーチ操作をする	5.3
6	炭酸ガスの流量が少ない	(1) ボンベの一次圧が $10kg/cm^2$ 以下であればボンベを交換する (2) 外風に応じてガスの流量を増やす (3) ガス流量調整器の加温ヒータを確認する (4) ガスホースや接続部のもれを点検, 修理する	5.1 5.3 6.1 6.1
7	ガスの品質が悪い	(1) 溶接用炭酸ガス (3 種) を使用する	5.1
8	溶接条件が適切でない	(1) 溶接電流を大きくする (2) 溶接速度を遅くする	5.3

5.5.4　溶接割れ

溶接部に発生する割れは最も危険な溶接欠陥で，わずかな割れがあっても溶接構造物の使用状態によっては重大な欠陥に発展することがある。図5.29に割れの種類を示すが，割れは内部に発生し外観試験でわからない場合もあるので，特に軟鋼の厚板や，中，高炭素鋼や高張力鋼などの特殊な材料については，施工前に溶接技術者と十分相談のうえ材料の特徴や作業上の注意点を確認しておく必要がある。

溶接割れは溶接中に凝固温度近辺の高温で起こる高温割れと，約200℃以下で起こる低温割れに大別される。高温割れは，凝固割れともよばれ，凝固直後に，延性の乏しい部分に引張応力が作用して割れるもので，すみ肉溶接やクレータに現われやすい。また，母材に含まれる“硫黄”が原因となって生ずるサルファクラックもその一例である。一般的には，過大な入熱でかつ溶接速度が速

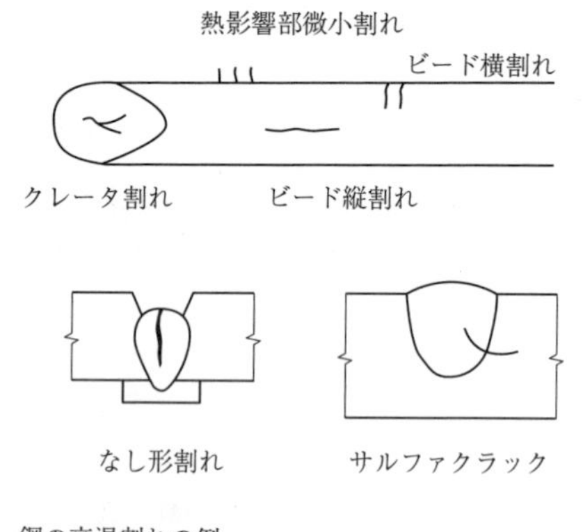

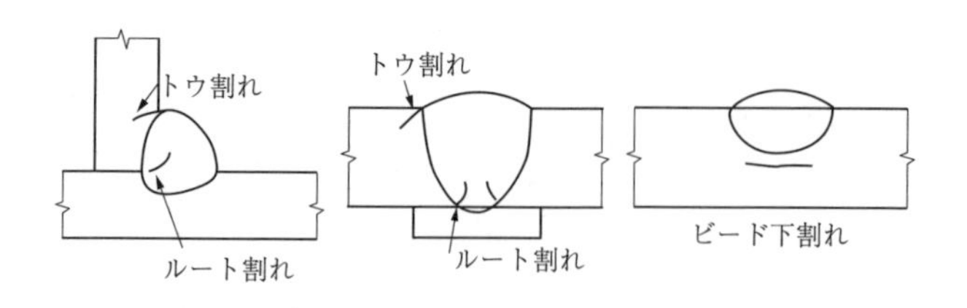

鋼の低温割れの例

図5.29 溶接部に見られる各種の割れ

すぎる場合に起こりやすく，特に狭い開先内溶接では注意を要する。

一方，低温割れは，溶接金属が200℃以下に冷却したときに発生し，その主な原因は継手に働く応力，溶接部に含まれる水素量，材料の硬さなどがあげられる。初層溶接のルート割れ，熱影響部に発生する止端割れ，ビード下割れは低温割れの代表例である。低温割れ防止のための一般的な対策としては，母材，ワイヤ，ガス中の水素分の低減，シールド不良による空気中の水分の混入防止，あるいは，溶接部の予熱，後熱などが有効である。**表5.25**に一連の溶接施工上の対策を示しておくが，割れの原因については複雑な要因が多いので十分に注意しなければならない。

表5.25 溶接ビード割れの種類および原因と施工上の対策

割れの種類	原因および対策
ビードの縦割れ 横割れ	(1) 過大な電流 (2) 過大な溶接速度 (3) 過大なルートギャップ (4) 溶接順序に注意する
なし形割れ	(1) 開先角度が狭すぎる (2) 溶接電流が大きすぎる (3) 溶接速度が速すぎる
サルファクラック	(1) 過大な溶接入熱
クレータ割れ	(1) クレータ処理を完全にする (2) 溶接金属を盛り上げる
ビード下割れ トウ割れ ルート割れ (低温割れ)	(1) 予熱および後熱をする。 (2) 溶接入熱が低すぎる。 (3) 継手を清浄にする。これは塗料，赤さびの中に含有されている水素量を減少させるためである。 (4) さびたり，ぬれたりしたワイヤを使用しない。 (5) ガスシールドを十分にして空気の巻き込みを防止する。 (6) ピーニングを施す。 (7) ルート割れについては裏当て金の密着が悪く，切欠形成による応力集中のため発生する場合があるので，裏当て金の密着を良くする。

第6章　整備点検

溶接機器の整備点検作業は，溶接作業中の安全確保，溶接作業の円滑化，製品の品質向上，さらには機器の耐久性の向上，保全コストの低減などのために欠く事のできない重要な仕事である。とりわけ毎日の溶接作業を始める前，あるいは作業終了後に行う日常整備点検は，ともすれば忘れがちであるが，溶接時に発生する各種トラブルの防止の面から極めて有効な手段である。しかも以下に述べるような正しい要領で行えば，その作業は比較的容易であり，必ず作業者の手で溶接作業の一環として実施すべきである。

なお溶接機器の万一の異常や故障が発生した時の故障修理，あるいは，1ヵ月ごと，1年ごとなどに行う定期点検，整備については，専門知識を要するので機器の管理責任者や保全担当者の指示に従い，自己流で行うことは避けるべきである。

6.1　始業点検の項目とその整備要領

本節では，まず溶接作業を始める前の段階，つまり，溶接機に電源を投入する前，およびガスボンベや冷却水のバルブを開く前に実施すべき始業点検について述べる。

以下の点検を行う前に，安全の確保のために必ず配電盤のスイッチが，「切」の状態にあることを確認しておくことが必要である。なお，溶接機器の構成は**図6.1**に示すように①溶接トーチ，②ワイヤ送給装置，③溶接電源，④ガス回路，⑤冷却水回路に大別されるのでこの順に従って整備点検を進めるように表にま

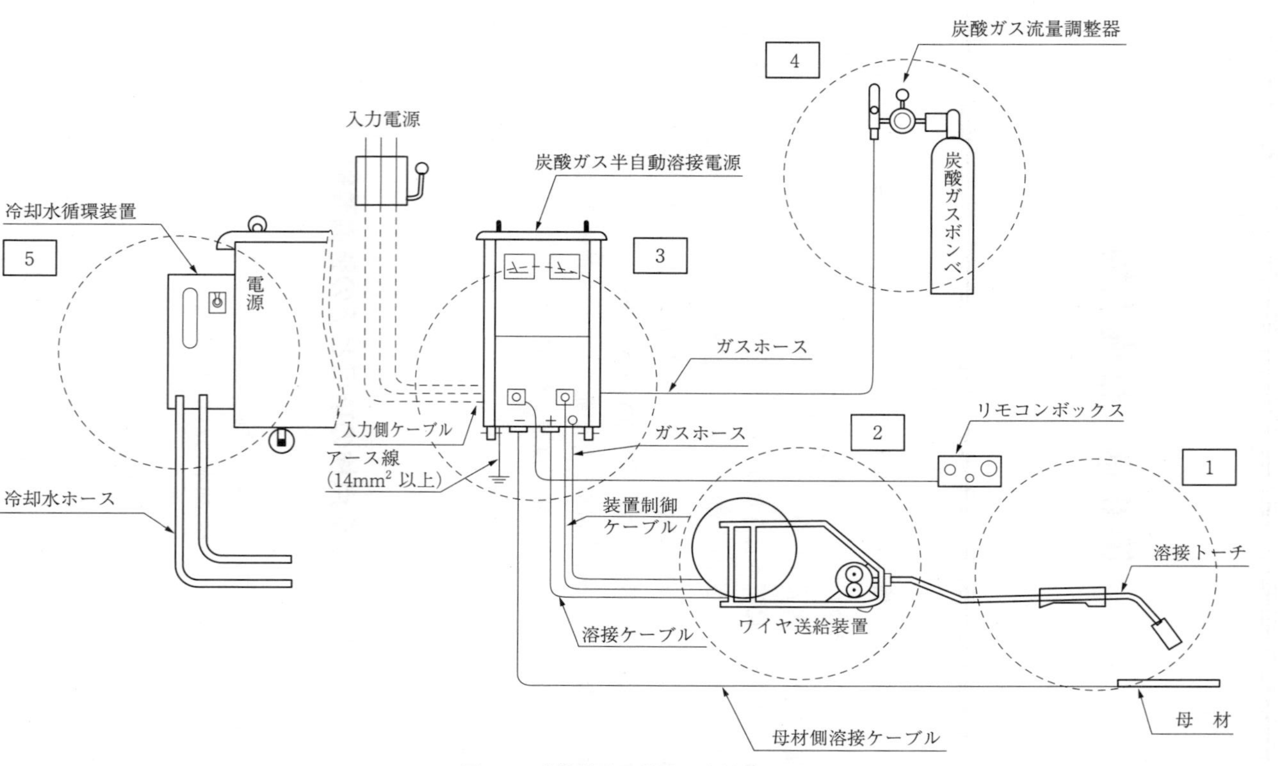

図6.1　溶接機器の構成と点検箇所

とめているが，必要なときはおのおのの項目を単独に行ってもよい。

エンジン駆動式溶接機の場合は，さらにエンジンの点検も必要になる。

6.1.1　溶接トーチ

表6.1　溶接トーチの点検と整備要領

項目	点検の項目とその整備要領
ノズル	**(1) スパッタの付着** ノズルにスパッタが多量に付着するとシールド不良が起こる。付着したスパッタは定期的に除去するようにする。ペンチやニッパなどで除去すると，ノズル内面に傷が付き，スパッタが付着しやすくなる。また，ハンマーでたたいたり作業台に打ちつけて取り除くと，ノズルが変形したり，ねじ部が損傷するので注意のこと。  ノズルに多量のスパッタが付着している例 **(2) ノズルの変形** ノズルが変形するとガスの流れが偏ってシールドが不十分になる。 ノズルが著しく変形して楕円状になったものは新しいものと交換する。また，ノズルをトーチに取り付けるとき，スムーズにねじ込めるかを点検する。絶縁継手部分にノズルねじ部が密着しないと，空気を巻き込む恐れがあるので，新しいものと交換する。
バッフル	**(1) オリフィスの有無と破損** オリフィスを必要とする溶接トーチで，オリフィスを取り付けないで溶接すると，ノズルの奥にスパッタが溜まり，色縁不良を起こしスパークでトーチを破損する恐れがある。また，ガスが均一にトーチ先端部から放流されなくなる。 ノズルやチップ交換の際，入れ忘れのないよう注意すること。また，破損している場合は新しいものと交換する。ガス穴が詰まっているときは，傷をつけないように取り除く。 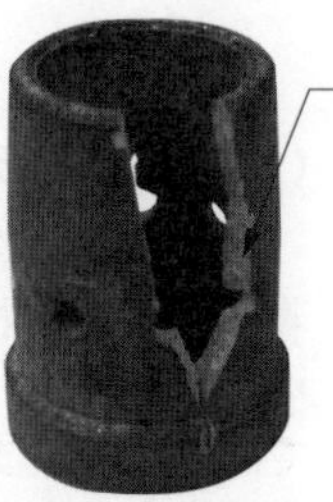 破損

<table>
<tr><th>項目</th><th>点検の項目とその整備要領</th></tr>
<tr><td>チップ</td><td>

(1) チップ穴径と摩耗

チップ穴径がワイヤ径と合っていないものや穴が摩耗して楕円形になったチップは，アーク不安定の原因となる。また，ワイヤのねらい位置が変わりビードが蛇行する原因ともなるのでよく確認し，不適当なものは新しい物と交換する。

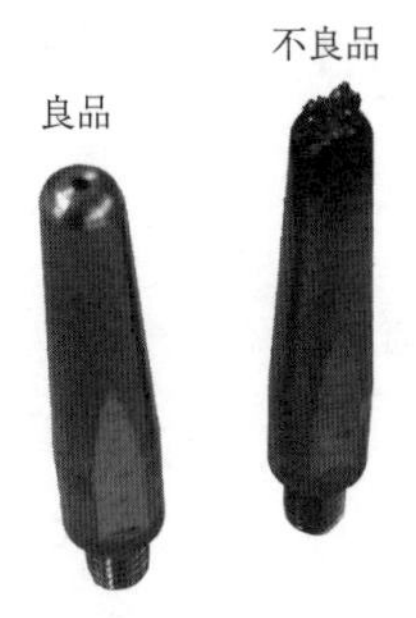

バーンバックを起こしてチップ先端にワイヤが溶着したものは，削り落してもよいが，チップ内部でスパークしていることがあるのでワイヤの通り具合を良く確認して使用する。

(2) チップの締付け

チップの締付けが不完全であると，ワイヤへの通電が不確実となり，アークが不安定になる。また，ねじ部が焼付いてしまう原因にもなる。

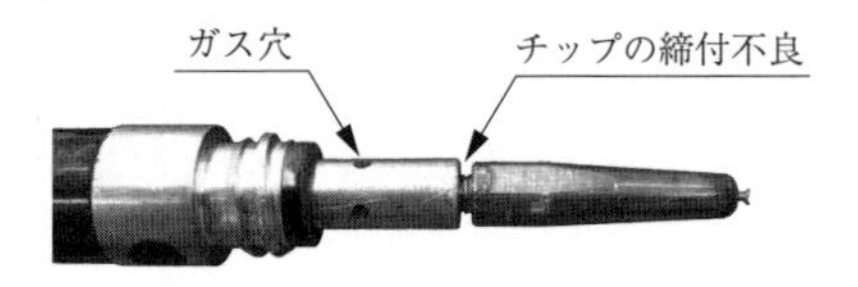

締付けはスパナなどで確実に行うこと。ニッパなどを使用すると締付け力が不足し，また傷をつけるのでこのようなことを行ってはならない。

なお，チップのゆるみは外観だけでは見分けるのが難しいので，チップにふれてガタの有無を良く確認すること。
</td></tr>
<tr><td>トーチボディ</td><td>

(1) トーチボディのガス穴の詰まり

オリフィスを取りはずし，ゴミや油などと混ざったスパッタが付着しガス穴が詰まっていないか点検する。除去する場合は，トーチボディを傷つけないようにチップをはずし，エアなどで吹きとばして除去する。また，スパッタなどがトーチボディの中に残らないように注意する。
</td></tr>
</table>

項目	点検の項目とその整備要領
ライナー	**(1) ライナーの詰まり** ライナーは長時間使用すると，ワイヤに付着した油脂，鉄粉，ほこり，ワイヤのメッキ屑などが多量に溜まり，ワイヤ送給が不安定になる。作業条件にもよるが，一週間に一度程度を目安にトーチより取りはずし点検および清掃をする。 清掃方法は直径150mm位に巻いて平らな鉄板上で軽くたたき，ライナーの中に溜まっているものを落とす。その後エアで吹きとばす。 また，汚れがひどく手で触れてドロドロしているときは，洗油につけてブラシなどで洗い落した後エアで吹きとばす。 **(2) ライナーの変形** ライナーに段落ちや極端な変形，曲がりがあると，ワイヤ送給が不安定となり，アーク不安定の原因となるから新しいものと交換する。 また，新しいものと交換するときは，使用ワイヤ径に適合したものを使用する。なお，新しいライナーは長目になっているため，使用トーチに合わせて取扱説明書などで指示された方法で切断する。その際に，トーチは直線に伸ばして行うこと。また，切断面にバリが出ないように注意する。長さが短かかったり，切断面にバリがあるとアーク不安定の原因となる。 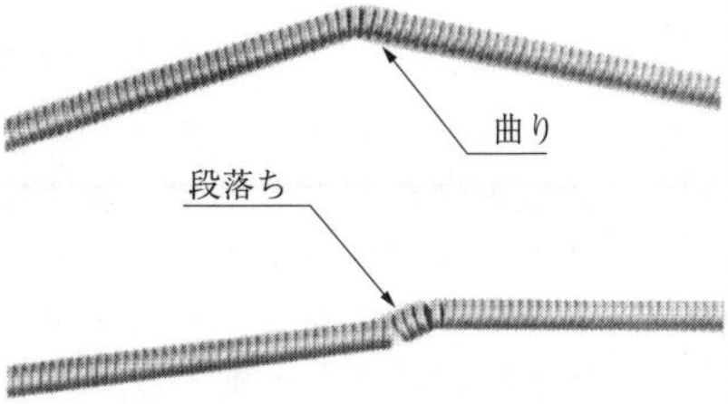

6.1.2 ワイヤ送給装置

表6.2　ワイヤ送給装置の点検と整備要領

項目	点検の項目とその整備要領
ホース・ケーブル類の接続部	**(1) ガスホース接続部の締付け**  スパナを用いてナットが確実に締付けてあるか点検する。 ワイヤ送給装置は移動して作業することが多いので，振動などで接続部のナットがゆるんでいないか確実に点検する。 **(2) コンジットケーブルの接続部の締付け** コンジットケーブルとワイヤ送給装置との接続部の締付けが悪いと通電不良を起こし，アーク不安定の原因となる。また，ワイヤ送給がスムーズでなくなりアーク不安定の原因ともなる。機種によりコンジットケーブルの接続，締付方法が異なるため取扱説明書などを参照して確実に締付けを実施する。
送給ローラ部	**(1) 送給ローラと使用ワイヤ径**  使用ワイヤ径に適合した送給ローラが取り付けられているか確認する。 送給ローラには刻印で使用ワイヤ径が表示されているので，使用ワイヤ径に合った刻印が見えるように送給ローラが取り付けられているかを確認する。 **(2) 送給ローラの溝の摩耗と汚れ** 送給ローラの溝が摩耗していないか，また溝にゴミやホコリ，鉄粉，ワイヤのメッキ屑などが付着していないか点検する。清掃する際にはウエスなどの柔らかいものでふき取り，溝の部分を傷つけないように注意する。

項目	点検の項目とその整備要領
送給ローラ部	**(3) 加圧力の調整** ワイヤ加圧ローラの加圧力の調整が使用ワイヤ径に合わせて適正に調整が使用ワイヤ径に合わせて適正に調整されているか点検する。加圧力が不足するとワイヤがスリップして送給が悪くなる。また，強すぎるとワイヤに傷がついたり，変形したりしてワイヤ送給に悪影響を及ぼす。調整方法は銘板や取扱説明書に記載されているのでその指示どおり確実に行うこと。
矯正装置	**(1) ワイヤ矯正装置の調整** ワイヤはリールに巻かれているため巻きぐせがついている。ワイヤ送給を安定化させ，ワイヤのねらい位置を正確にするために，ワイヤ矯正装置を適正に調整して巻きぐせを取り除かなければならない。ワイヤ矯正装置の調整方法は，機種によって異なるが，メーカーの指示どおりにワイヤ径に合わせて，適正な位置に調整されているか確認する。
ワイヤリール	**(1) ワイヤリールの取付け** ワイヤリールは送給装置の取付軸にセットされるが，セットが不完全であるとリールが回転中にはずれるおそれがあり，落下による怪我やトラブルが発生しかねない。 ロック，あるいは抜け止めが確実にセットされているかをよく点検する。

6.1.3 ケーブル類

表6.3　ケーブル類の点検と整備要領

項目	点検の項目とその整備要領
一次ケーブル	**(1) 一次ケーブルの締付けと絶縁** 点検する際は，まず配電盤のスイッチが切られているか確認し，点検作業中に誤って投入されないように，投入禁止の注意札をかけておくなど，注意をはらう必要がある。 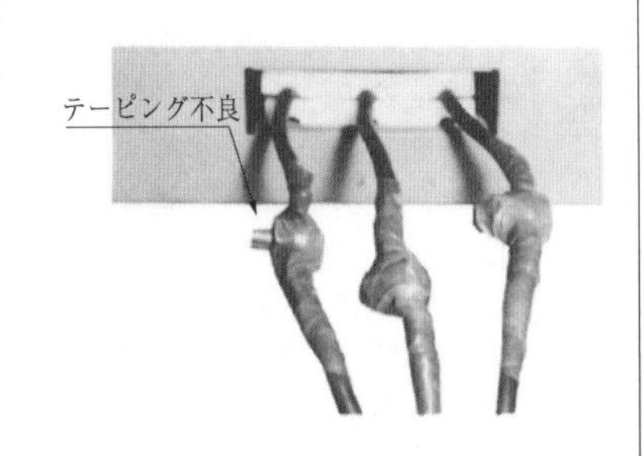 配電盤の端子や，溶接電源の一次側端子との接続ケーブルの締付けがボルトで確実に行われており，特に溶接電源側の端子との接続部はビニールテープなどの絶縁テープを巻いて絶縁されているか点検する。
接地線	**(1) 電源本体の接地線の締付け** 接地用ケーブルは14mm^2 以上の断面積をもつものを使用し，圧着端子を設けてボルトで確実にケースに締付けられているか確認する。 溶接機の万一の絶縁不良，漏電に対する安全対策として，ケース接地を確実にとることは規則で決められている。 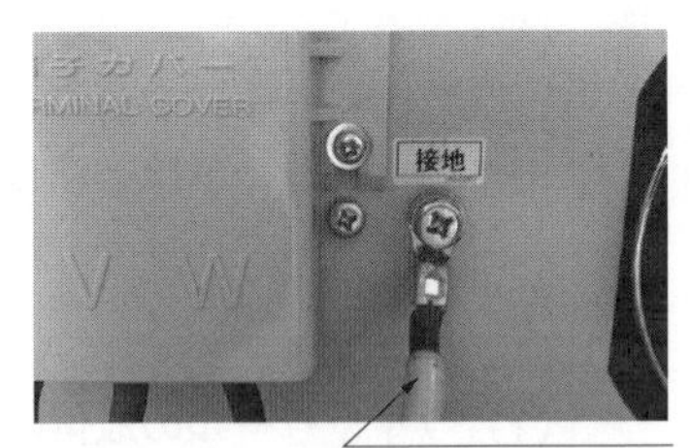
溶接ケーブル	**(1) 電源出力端子と溶接ケーブルの締付けと絶縁** 溶接ケーブルと端子取付部のねじがゆるんでないか点検する。溶接機によって出力端子が内蔵されているものと外側に出ているものがあるので，外に出ている機種ではビニールテープなどで露出部がないように絶縁する。 

項目	点検の項目とその整備要領
溶接ケーブル	**(2) 母材と溶接ケーブルの締め付け** 母材側溶接ケーブルは圧着端子を設けてボルトで確実に締付けられているか確認する。接触部にペンキやさびなどが付着していないこと。また，溶接ケーブルの端子の確実な締付けを怠り，おもりなどを置いただけで母材に接続すると接触不良によるアーク不安定を起こしたり，接続部を過熱して災害に導いたりする。  悪い接続の例 **(3) 溶接ケーブルの破損** 溶接ケーブルの絶縁被覆が破損して電線（導電部）が露出していないか点検する。また，ケーブルの上に重量物や高温の鉄板などが乗っていないかを確認する。
制御ケーブル	**(1) 制御ケーブルのプラグの締付け** プラグ類は確実に差し込まれ，ロックねじがプラグの奥までいっぱいにねじ込まれているか締付けを確認する。

6.1.4　ガス流量調整器とホース類

表6.4　ガス流量調整器とホース類の点検と整備要領

項目	点検の項目とその整備要領
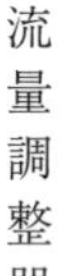 流量調整器	**(1) ボンベとの締付けと取付状態** 流量調整器とボンベとの締付けを確認する。専用スパナで締付けを行ってもガスが漏れている場合はパッキンの破損か，ねじ山がつぶれている恐れある。パッキンを新しいものと交換する際は，古いパッキンのカスをよく取り除くこと。 　また，浮標式の流量計の取付状態が垂直になっているか確認する。傾けて取付けられると流量が正しく表示されないので，専用のスパナをもちいて垂直になるように締め付け直すこと。 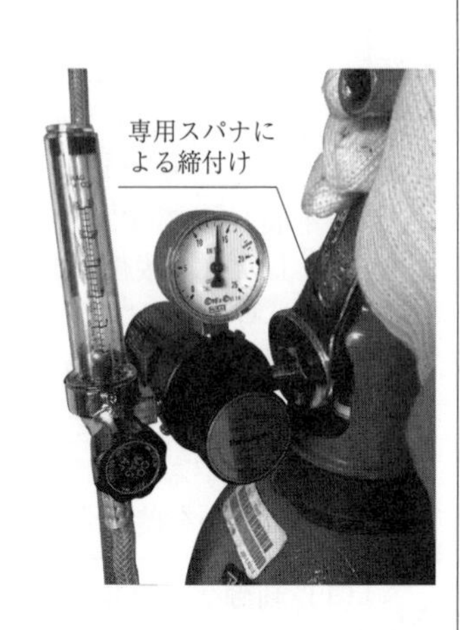 **(2) 加温ヒータ用ケーブルの接続** 流量調整器は炭酸ガスの急膨張で急冷されるので，凍結しないように加温ヒータを設けているものが多い。この加温ヒータ用の電源は普通溶接電源の裏面からとれるようにコンセントが設けてある。 　ヒータ用ケーブルのプラグが奥まで確実に接続されているか確認する。器にさわってみて温かいとヒータが作動している。 

項目	点検の項目とその整備要領
ガスホース	**(1) ホース接続部の締付けとホース破損** ガスホース接続部のナットやホースクランプが確実に締め付けられているか確認する。ホースが古くなってひび割れが生じたり，またホースが溶接電源やその他の重量物に踏みつぶされていたり，傷つけられている場合があるのでよく点検する。ホースを交換する場合はホースの中に水が溜っていないことをよく確認する。 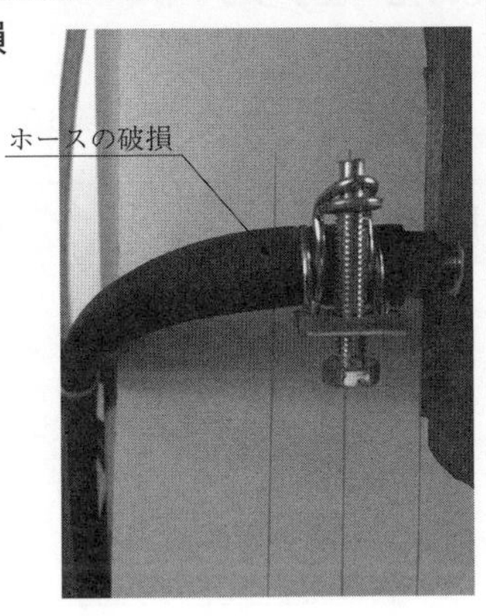

6.1.5　冷却水回路

表6.5　冷却水回路の点検と整備要領

項目	点検の項目とその整備要領
循環装置	**(1) 水量と水質** タンクに所定の位置まで水が入っていることを確認する。水の量が少ないときは補充する。また，水の汚れがひどいときは早めに水を新しいものと交換すること。その際，タンク下部やホース内に水アカが溜まっている場合があるので，よく清掃をすること。水位の確認方法や清掃方法については，銘板や取扱説明書に記載されているのでその指示どおりに行うこと。 水量および水質の確認
ホース	**(1) 接続部の締付けとホース破損** 水冷ホース接続部のナットが確実に締め付けられているかスパナなどで点検する。また，ホース各部に割れなど破損がないか点検する。

6.1.6 エンジン

表6.6　エンジンの点検と整備要領

目 項	点検の項目とその整備要領
エンジンオイル	エンジンのオイルレベルゲージをいっぱいに差し込み，油量がレベルゲージHからLレベルの範囲内にあるか点検する。Lレベル（下限）より少ない時は補充する。また，オイルの汚れがひどい時は交換する。
燃料	燃料が十分に入っているか確認し，少量の場合は補給する。ただし，燃料タンクに燃料を給油口ぎりぎりまで入れると，気温の上昇による熱膨張で燃料があふれ出す恐れがある。
エンジン冷却水	リザーブタンク内のエンジン冷却水がHからLレベルの範囲内にあるか点検する。Lレベル（下限）より少ない時は指定の冷却水を補充する。
バッテリ液量	エンジン始動用のバッテリ液量を点検する。バッテリ液が不足している場合には，バッテリの取扱い説明書に従い，例えばバッテリ補充液を補充するなど対策を実施する。
ファンベルト	ベルトにひび割れや，すり切れている部分がないか，たわみ量が大きくないか点検する。

6.2 溶接機の日常点検と作動異常時の点検要領

本節では，作業者が日常仕事をはじめる前に実施しなければならない始業前点検についてその要領を示した。作業前点検を行うときの順序は，配電盤の電源に近い方から順次点検をしていくのがよい。また，溶接機の作動状態によって異常があった場合に，作業者が最低限確認すべき主な異常原因について表6.8に示した。これらの異常原因を取除いても正常にならない場合は，溶接機本体に異常の原因があると思われるため，保全担当者かメーカーに依頼するなどの対策をとるのがよい。

なお，ここで示す始業前点検および作業異常の原因については，いずれも一般的な標準タイプの機器を対象として説明しているので，詳しくは溶接機器に付属の取扱い説明書を十分参考にすること。

表6.7 溶接機の始動点検の要領

順序	点検のための動作	確認動作	作動異常の場合の参照項目 表6.8
(1)↓	配電盤のスイッチ「入」	(イ) 溶接電源のランプが点灯する	(1)
(2)↓	溶接電源の電源スイッチ「入」	(イ) 冷却ファンが回転するか（回転音により確認する）	(2)
(3)↓	ガスボンベ元コック開放	(イ) ガス圧力計（一次圧）が振れるか (ロ) 二次圧が調整できるか	
(4)↓	ガスチェック（点検）のスイッチ「入」	(イ) ノズルからガスが送給されるか (ハ) ガス流量調整器の流量が調整できるか	(3)
(5)↓	インチングスイッチ「入」	(イ) ワイヤが円滑に送給されるか (ロ) ワイヤが極端に曲がって送給されないか (ハ) ワイヤにキズがついていないか	(5)
(6)↓	トーチスイッチ「入」	(イ) 溶接電源の電圧計が振れるか（指針がゼロに戻るかも同時に確認する） (ロ) ガスが送給されるか（音で確認する） (ハ) ワイヤが送給されるか	(6) (3) (4) (5)
(7)	冷却水ポンプのスイッチ「入」	(イ) ポンプのモータが回転するか (ロ) 冷却水表示灯が点灯するか (ハ) 冷却水が循環しているか	

表6.8　おもな作動異常とその原因

機器の作動異常	異常原因
(1) 電源表示灯が点灯しない	冷却ファンが回らない場合 （イ）一次測ケーブルの断線 （ロ）配電盤開閉器のヒューズの溶断 冷却ファンが回る場合 （イ）表示灯のランプ不良
(2) 冷却ファンが回らない	電源表示灯が点灯している場合 （イ）冷却ファンに布切れやビニール袋などが巻きついている 電源表示灯が点灯していない場合 （イ）溶接電源のヒューズの溶断
(3) ガスが出ない	（イ）溶接電源ヒューズが溶断している （ロ）ガス電磁弁にほこりが詰まっている （ハ）ホースの接続不良および破損 （ニ）トーチスイッチの不良およびケーブルの断線
(4) ワイヤ送給モータが回らない	（イ）モータ回路のヒューズが溶断している （ロ）ワイヤ送給装置の制御ケーブルの断線またはコンセントの接触不良
(5) ワイヤの送給が円滑でない	（イ）ワイヤの加圧が不足している （ロ）コンジットケーブルが極端に曲がっている （ハ）ライナーが詰まったり変形している （ニ）チップの詰まり，または溶着 （ホ）送給ローラの溝径がワイヤと合っていない
(6) トーチスイッチを押してもアークが発生しない	電圧計が振れている場合 （イ）溶接ケーブルの接続不良 電圧計が振れていない場合 （イ）トーチスイッチの不良，またはケーブルの断線 （ロ）電磁接触器の不良
(7) 電流，電圧の調整がきかない	（イ）リモコンボックスのケーブルの断線，またはコンセントの接触不良

エンジン駆動式溶接機の場合は，エンジンの不調が原因で起こる作動異常もある。**表 6.9** に機器の作動異常と異常原因を示す。

表6.9　主な作業異常とその原因(エンジン駆動式溶接機)

機器の作動異常	異常原因
エンジンの始動が困難	(イ) 燃料が流れない。(燃料タンクまたは燃料フィルタ内の不純物、燃料フィードポンプの不良、などが原因) (ロ) 燃料系統への空気や水の混入。 (ハ) エンジンオイルの粘度不適。 (ニ) バッテリ上がり
エンジン出力不足	(イ) 燃料不足 (ロ) エアクリーナの目詰まり
エンジンの突然停止	(イ) 燃料不足 (ロ) エンジンオイル量不足 (ハ) ファンベルト異常 (ニ) エンジン冷却水不足 (ホ) ラジエータの目詰まり (ヘ) オーバーヒート
排気色が悪い	(イ) 燃料の品質不良 (ロ) エアクリーナの目詰まり

6.3　終業点検項目

毎日の溶接作業が終了したときに，作業者が点検しなくてはならない点検項目を示した。　溶接機器の整理整頓は安全の基本でもあり，作業能率や溶接品質にも影響するのでおろそかにしてはいけない。

また，毎月1回程度は必要な消耗部品がストックされているか確認しておく必要がある。

表6.10　終業点検要領

順序	点検のための動作	確認事項
(1) ↓	ボンベの元栓を閉じる	ボンベの元栓を閉じてあるか
(2) ↓	ガスチェック(点検)のスイッチ「入」 (終了時スイッチをもとに戻しておく)	ガス流量調整器の圧力計がゼロを示しているか
(3) ↓	溶接電源の電源スイッチの「切」	電源表示灯が消えているか
(4) ↓	電源配電盤スイッチの「切」	
(5) ↓	ワイヤの保管	(長期間使用しないときは，送給装置よりはずして湿気やホコリの少ないところ保管しておく)
(6)	溶接機器の整理整頓 (イ) 溶接トーチ	(イ) 溶接トーチは床の上に放置しておくと痛みやすいので，まとめて邪魔にならないよう片付けておく。
	(ロ) ワイヤ送給装置 ケーブル類	(ロ) 溶接ケーブル類は，邪魔にならないようにまとめておく。
	(ハ) リモコンボックス	(ハ)所定の位置(ワイヤ送給装置にかけるなど)に片付けておく。

6.4　始業点検のためのチェックシート(例)

作業者が日常実施しなくてはならない始業点検をスムーズに行うためのチェックシートの一例を参考のために示す。溶接作業を始める前に，チェックシートにそって始業前点検を実施するように習慣づけておくと，作業能率の向上や機器の保守・管理費の低減につながり極めて有効である。

表6.11 始業前点検のためのチェックシート(例)

設備番号　　溶接機名　　所属　　課　　係　担当者

レ　確認済
×　異常あり

区分	点検項目	6/4 (月)	6/5 (火)	6/6 (水)	6/7 (木)	6/8 (金)	6/9 (土)	処置事項
溶接トーチ	(1)ノズルにスパッタが付着していないか	×	レ	レ	レ	レ		新しいものと交換
	(2)ノズルは変形していないか	×	レ	レ	レ	レ		
	(3)オリフィスがあるか,破損していないか	レ	レ					
	(4)トーチボディのガス穴は詰まっていないか							
	(5)チップの締付けは十分か							
	(6)チップの穴径が楕円状に摩耗していないか							
	(7)ライナーの詰まりはないか							
	(8)ライナーの変形はないか							
ワイヤ送給装置	(1)ガスホース接続部はゆるんでいないか							
	(2)コンジットケーブルの接続部はゆるんでいないか							
	(3)送給ローラと使用ワイヤ径は適合しているか							
	(4)送給ローラの溝が摩耗したり汚れていないか							
	(5)ワイヤ加圧の調整は適正になっているか							
	(6)ワイヤストレーナーの調整は正しく行っているか							
	(7)ワイヤリールは正しくセットされているか							
溶接電源とケーブル類	(1)一次ケーブルの締付けのゆるみはないか							
	(2)絶縁テープの破損はないか							
	(3)溶接ケーブル取付部のゆるみはないか,絶縁テープの破損はないか							
	(4)母材,溶接ケーブル取付部のねじがゆるんでいないか							
	(5)制御ケーブルのプラグはゆるんでないか							
	(6)溶接ケーブルは破損していないか							
	(7)電源本体の接地線のねじはゆるんでいないか,プラグはゆるんでいないか							
ガス流量調整器	(1)調整器とボンベとの取付部のゆるみはないか							
	(2)調整器とボンベとの取付は垂直になっているか							
	(3)加温ヒータ用ケーブルは正しく接続されているか							
	(4)ホース接続部がゆるんでいないか							
	(5)ホースは破損していないか							
冷却水回路	(1)冷却水ポンプの水量は十分あるか							
	(2)冷却水は汚れていないか							
	(3)ホース接続部のゆるみはないか							
責任者検印								

第7章　安全衛生

溶接作業は，高電流，高温，高熱の熱源をごく身近で取り扱う作業であるため，いろいろな災害を発生する可能性がある。したがって，溶接作業を管理する人はもちろんのこと，溶接作業者自身も安全衛生に関する十分な知識と対策が必要である。このため，溶接作業者は，特別教育を受けた者でなければならない。

半自動アーク溶接法は，被覆アーク溶接法に比較して溶接電流密度が高く，炭酸ガスなどのシールドガスを用いるので，強い光や高温，高熱および作業環境について一層の注意が必要である。

本章では，溶接作業において発生しやすい災害とその防止対策について述べる。

7.1　感電による災害

溶接作業中の感電による災害は，他の災害に比べて死亡事故につながりやすいので，特にに注意し，対策をたてなければならない。

炭酸ガスアーク溶接では，直流定電圧特性の電源が用いられ，無負荷電圧が比較的低く，しかもトーチスイッチ操作によりアークの出ていない無負荷時には電源を閉路するので，感電の危険性は被覆アーク溶接の場合に比べ少ない。

7.1.1　感電防止

溶接機などの操作は，安全を確保するために取扱説明書の内容をよく理解して，安全な取扱ができなければならない。このために注意すべき事項を列記する。

①感電を避けるため，帯電部に触れてはならない。
②溶接ケーブルは，容量不足のものや損傷したり導線がむき出しになったものを使用してはならない。溶接電流の通電路は，溶接の際に流れる電流を安全に通ずることができるものでなければならない。
③溶接電源のケースアースは，必ず 14mm^2 以上の緑導線で確実に接地する。
④溶接機の配線は，床面が油で汚れている場所では天然ゴムを外装したケーブルは損傷しやすいので，クロロプレンキャプタイヤを用いること。
⑤溶接電源端子と溶接ケーブルの電気的接触部のボルトの締付けを確実に行い，露出部は絶縁テープなどで絶縁しなければならない。また，溶接電源とワイヤ送給装置間などのケーブルコネクタは確実に差込み，ロックし，さらに定期的にボルトの増締，絶縁被覆の損傷やコネクタなどの点検を行うこと。
⑥溶接機の母材側（アース側）溶接ケーブルは必ず直接接地を行い，みだりに建屋の鉄骨などに接地してはならない（図 7.1 参照）。
⑦溶接作業場の床面などに水がこぼれないようにする。特にトーチを水冷する方式のものでは，接続部から水漏れがないように注意する。
⑧トーチスイッチを ON にしているとき，電極ワイヤ，ワイヤリールまたはペイルパックを手などの身体の露出部で触れてはならない。
⑨溶接機において，コンタクトチップおよびワイヤを交換するときは溶接機などの電源を確実に切り，溶接出力が出ないようにしなければならない。
⑩作業を一時中止した時や，作業場を離れる時は必ず電源スイッチを切ること。
⑪溶接機などを使用していないときは，溶接機などおよび配電箱の電源を切る。不必要な機器および故障した機器は溶接機などに接続しないこと。
⑫溶接機などのケースやカバーを取り外したまま使用してはならない。
⑬溶接作業の周辺にある故障または修理中の機器および電線の周囲などは，安全柵などで囲い，危険表示を行わなければならない。
⑭狭あい部などの電撃が危険な箇所では１人で溶接作業を行わない。
⑮溶接ケーブルを体に巻き付けて使用してはならない。
⑯アーク溶接機の冷却水は，製造業者の推奨するものを使用する。
⑰溶接機などの内部の配線の変更やスイッチの切替えなどの作業は，溶接機などの取扱説明書に従い，電気に関する有資格者が行わなければならない。
⑱溶接機などは通電中，周囲に磁場を発生し，ペースメーカーの作動に悪影

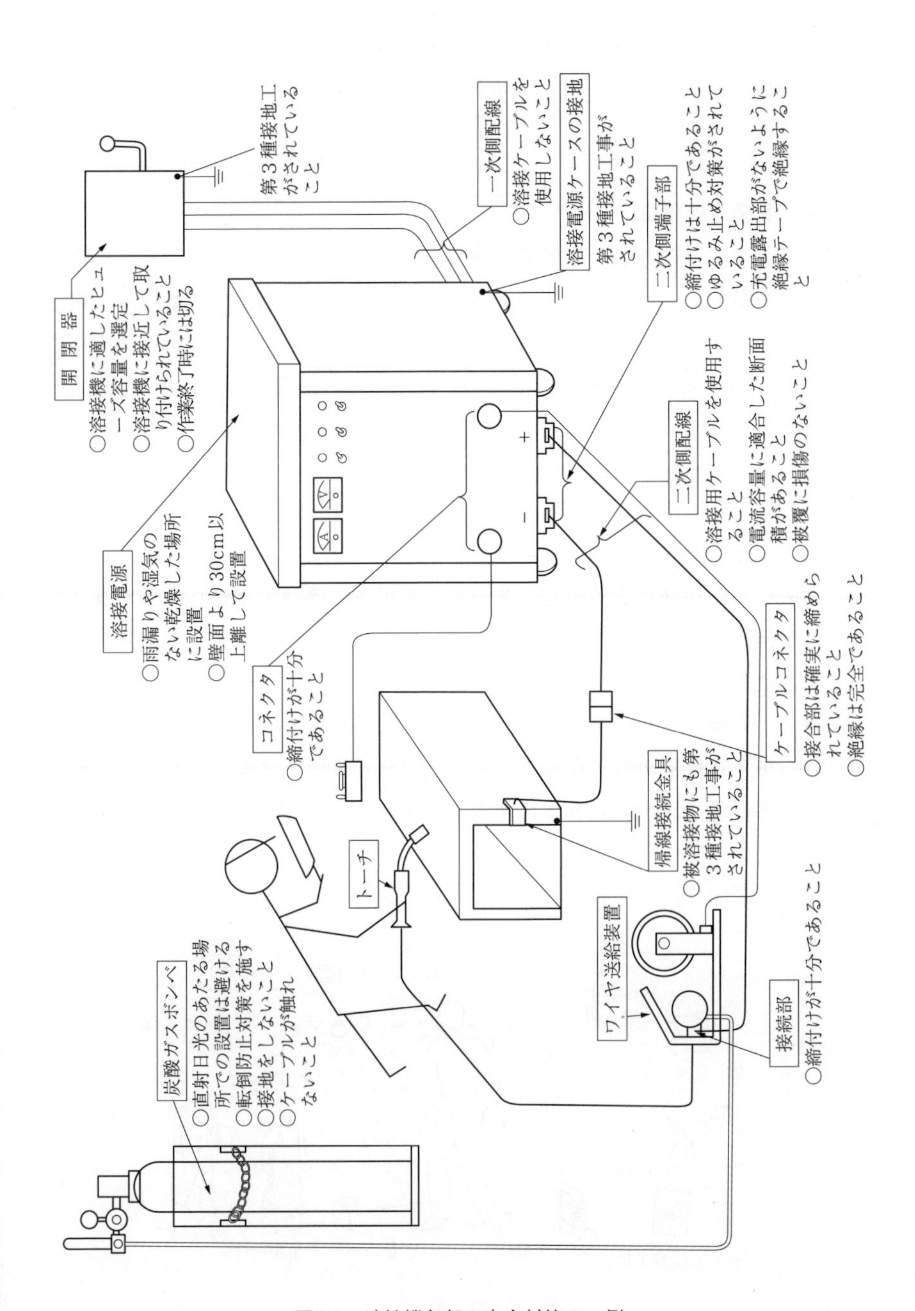

図7.1　溶接機各部の安全対策の一例

響を与えるので，ペースメーカーの装着者は医師の許可があるまで溶接作業に従事しないこと，および通電中の溶接作業場所または周囲に近づかないこと。

7.1.2　服装と保護具

アーク光の紫外線および赤外線が直接皮膚に照射されることによって炎症を起こし，飛散するスパッタ・スラグおよび溶接などで高温になった材料と接触することによって火傷を負うことがある。また，電流を流して溶接作業を行うので，感電の危険性もある。このため，作業中は，頭部，顔面，のど部，手，足などを露出させてはならない。これを行うための保護具装着の一例を，図7.2に示し，必要なこのための事項を列記する。

①感電の防止のため，溶接作業時，社内規定された作業衣，絶縁性の安全靴および乾いた絶縁性の保護手

②手袋などの保護具を着用し，帯電部に不用意に接触する恐れのある身体部分を露出してはならない。すなわち，絶縁良好なかわ手袋，安全靴，腕ぬき，前掛，足カバーおよび作業衣を正しく着用する。

③身体，衣服などが汗で湿っていないように注意する。汗をかいた場合，身体の電気抵抗値が低くなり，したがって同じ電圧で感電しても大きな電流が体内に流れ，感電の危険性が大きくなるので，保護手袋の下に軍手を用い，軍手が湿ったら交換する。

④作業衣が破れたり濡れた場合は，これを交換しなければならない。

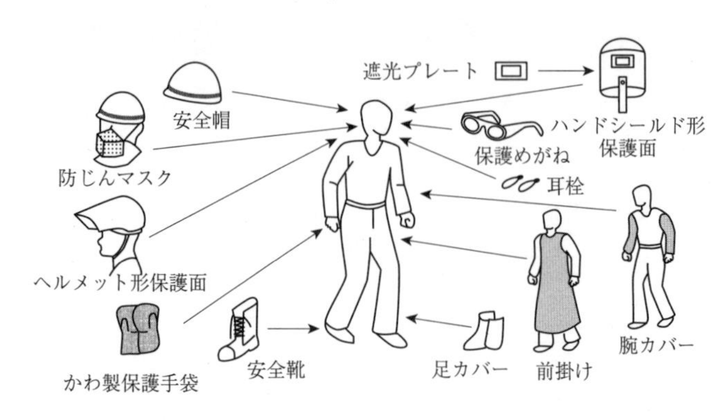

図7.2　保護具装着の例

⑤溶接作業を高所で行う場合には，墜落による災害を防止する安全帯などの保護具を使用しなければならない。
⑥溶接作業者は鍵，アクセサリーなど心臓への導電の危険のあるものを溶接作業から遠ざけて置く。

7.2　輻射線による災害

溶接の熱源となるアークは，高温のため強い可視光線のほかに有害な赤外線や紫外線を発生する。これらの輻射線により，溶接作業者やその周辺者が眼を痛めたり，露出した皮膚に火傷を生じるおそれがある。輻射線の強度は，アークに供給されるエネルギーが大きいほど大きい。炭酸ガスアーク溶接では，電流密度が高く，しかも高い電流で使用することが多いので，被覆アーク溶接よりも強い輻射線を発生する。この強い輻射線により目には電気性眼炎（紫外線），結膜炎や網膜炎（可視光線，赤外線）などの障害を生じる危険性がある。一定量以上の輻射線が眼に照射されると，通常6～12時間の潜伏期間後，眼に異物が入った感じとともに多量の涙が出て痛み，炎症を生じる。眼痛を生じた場合の応急処置として，すみやかに洗浄器などで目を洗い，冷水で湿布するとよい。その上で，できるだけ早く医者の診断を受ける必要がある。

眼障害を防止するためには，適正な遮光ガラスのついたハンド・シールドかヘルメットを使用しなければならない。半自動アーク溶接の中でもマグ溶接やミグ溶接は炭酸ガスアーク溶接に比較して一層輻射線か強いため，遮光度の高い遮光ガラスを使用する必要がある。**表7.1**に溶接作業に用いる遮光ガラスの一例を示す。露出した皮膚に紫外線が照射されると，一種の火やけ現象を生じる。

表7.1　遮光ガラスと電流値（JIS T 8141 附属書1 表1の抜粋）

被覆アーク溶接

遮光度番号	溶接電流（A）
No.9～No.11	75～200
No.12～No.13	200～400
No.14	400以上

炭酸ガスアーク溶接

遮光度番号	溶接電流（A）
No.9～No.10	50～100
No.11～No.12	100～300
No.13～No.14	300以上

目や皮膚の災害防止のために注意すべきことを以下に列記する。

①遮光ガラスは指定の遮光度番号を用い，所定外のものと勝手に取り替えてはならない。

②首筋や手首などに光が入らぬように，またスパッタなどによる火傷を防止するため，皮膚は露出しないようにする。その保護としてかわ手袋，腕ぬき，足カバー，前掛などを着用する。

③周囲の作業者に対して輻射線による災害を防止するため，周囲を衝立や遮光幕で囲み，光が洩れないようにする。

④作業場の周囲に白壁やガラスなどの反射性物質がある場合，アークの反射先により思わぬ障害を生じるので注意する。

⑤安全靴は足の火傷防止のための保護だけでなく，工具や材料などの落下による災害防止の保護具として着用する。

表7.2に眼や皮膚の保護具の一覧表を示す。

表7.2　眼や皮膚の災害防止用保護具

災害を防止する部位	保護具名称	適　用　規　格
眼	保護眼鏡 保護面 遮光幕，衝立	遮光保護具（JIS T 8141） 溶接用保護面（JIS T 8142） 自動遮光形溶接用フィルタ（WES 9010） 保護めがね（JIS　T 8147）
皮　膚	手袋 前かけ，足カバー 安全靴 安全帽	溶接用かわ製保護手袋（JIS T 8113） かわ製安全靴（JIS T 8101） 安全帽（JIS T 8131）

7.3　ガス・ヒュームによる災害

アーク溶接の際には，ガスときわめて細かい粒子であるヒュームが発生し，人体に悪影響を及ぼすこともあるので注意しなければならない。シールドガスとして用いる炭酸ガス（CO_2）は，アークの高温により一部が一酸化炭素（CO）になるが，常温になればほとんど炭酸ガスに戻り，ごく一部が空気中に残る。

空気中の一酸化炭素がある程度以上になると人体にとって有害である。また，溶接条件などによりオゾン（O_3）も発生する場合がある。

図 7.3 は炭酸ガスアーク溶接中の各位置における CO 濃度を示している。また**表 7.3** は一酸化炭素中毒に対する一酸化炭素の許容量を示している。顔の位置に相当する場所の濃度は 800ppm 以下であるので，濃度は 0.0001% 以下になる。これは，表 7.3 の値から，通常の使用状態では一酸化炭素中毒の心配はない。しかし換気に十分注意して新鮮な空気を呼吸できる作業環境に留意しなければならない。炭酸ガス（CO_2）は，3 ～ 5% 空気中に存在すると頭痛などの生理的影響が現れ，8% 以上では呼吸困難，10% 以上では意識喪失，18% で致命的となる。一方，一酸化炭素（CO）は，血中ヘモグロビン（Hb）との結合

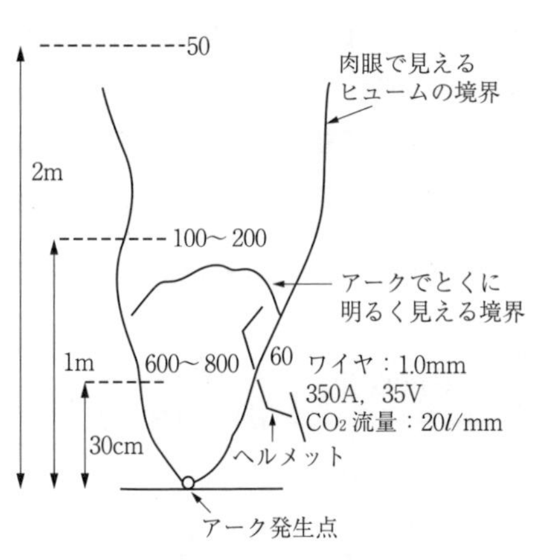

図7.3　CO_2溶接時の各点におけるCO濃度(ppm)

表7.3　空気中のCO 濃度およびばく露時間による中毒症状　(WES9009-2からの引用)

空気中の CO 濃度(%)	ばく露時間	中毒症状
0.02	2 ～ 3h	軽度の頭痛
0.04	1 ～ 2h	前頭痛
	2.5 ～ 3.5h	後頭痛
0.08	45min	頭痛，めまい，吐き気，けいれん
	2h	失神
0.16	20min	頭痛，めまい，吐き気
	2h	死亡
0.32	5 ～ 10min	頭痛，めまい
	30min	死亡
0.64	1 ～ 2min	頭痛
	15 ～ 30min	死亡
1.28	1 ～ 3min	死亡

力が強く，Hb と O_2 との結合を阻害するため，血液による酸素運搬を阻害する。症状は，一般に，頭痛，嘔吐，神経症状に始まり，血中 HbCO が 50%以上では呼吸困難，意識障害に陥り，65% 以上では，昏睡，痙れんが出現し，70% 以上で死に至る。CO による中毒症状は，CO 濃度およびばく露時間に関係し，その例を表 7.3 に示す。したがって，狭い場所や空気の流れの悪い場所での溶接作業では，換気に特別の注意をする必要がある。

溶接ヒュームは，溶融金属やフラックスが気化し，ガス状になった後空気中で酸化され，急速に冷却固化した微粒子である。炭酸ガスアーク溶接の溶接ヒュームは**表 7.4** および**表 7.5** に示すように主成分は酸化鉄であり，被覆アーク溶接に比べて有害性物質は少ないが，多量に吸引するとよくない。

表7.4　溶接において，母材の種類に関係して発生するヒューム中の主な成分　(WES9009-2)

母材の種類	ヒューム中に含まれる主な成分																		
	Si	Mn	Fe	Cr	Cr(Ⅳ)	Ni	Mo	Cu	Al	Co	Zn	V	W	Ti	Ca	Mg	Na	K	F
炭素鋼・低合金鋼	○	○	○	△	△	−	−	−	−	−	−	−	−	−	−	−	−	−	−
ステンレス鋼	○	○	○	○	○	△	△	−	−	−	−	−	−	−	−	−	−	−	−
ニッケル・ニッケル合金	○	○	○	△	△	○	△	△	−	△	−	△	△	−	−	−	−	−	−
銅・銅合金	△	△	−	−	−	△	−	○	−	−	△	−	−	−	−	−	−	−	−
アルミニウム・アルミニウム合金	△	△	−	−	−	−	−	△	○	−	△	−	−	△	−	△	−	−	−

注記　○：含まれるもの　△：母材の成分によっては含まれるもの　−：含まれないか含まれても微量

表7.5　溶接において，付加要因に関係して発生するヒューム中の主な成分(WES9009-2)

付加要因		ヒューム中に含まれる主な成分																		
		Si	Mn	Fe	Cr	Cr(Ⅳ)	Ni	Mo	Cu	Al	Co	Zn	V	W	Ti	Ca	Mg	Na	K	F
フラックス使用 a)		−	−	−	−	+ b)	−	−	−	−	−	−	−	−	+	+	+	+	+	+
母材表面	亜鉛めっき・ジンク塗装	−	−	−	−	−	−	−	−	−	−	+	−	−	−	−	−	−	−	−
	クロムめっき・クロメート処理	−	−	−	+	+ c)	−	−	−	−	−	−	−	−	−	−	−	−	−	−
	アルミめっき	−	−	−	−	−	−	−	−	+	−	−	−	−	−	−	−	−	−	−

注記　＋：付加要因によって更に付加されるもの　−：含まれないか含まれても微量
注 a)　フラックスの種類によって含まれる場合と含まれない場合がある。
b)　フラックスを使用する場合に含まれるまたは付加される。
c)　母材がステンレス鋼またはクロム含有ニッケル合金の場合に付加される。

亜鉛・鉛・カドミウムなどの金属は蒸発しやすく，これらの金属蒸気や酸化物を多量に吸入すると，数時間後に 39 ～ 40℃の発熱（金属性熱症状）をするので，これらの金属を含んだ材料を溶接する場合は，フィルタ付保護面や場合により防毒マスクを着用するなどの配慮が必要である。

溶接によって発生するヒューム中の主な成分の人体への影響を次に示す。

①マンガン(Mn) 軟鋼溶接などでもヒューム中にかなりのマンガン化合物が含まれており，高マンガン鋼の場合のヒュームには多量のマンガン化合物を含む。中毒症状として初期には疲労感，下肢特に腓腹筋（ひふくきん）に痛みをともなう筋肉けいれんが起こりやすい。その他，神経症状として記銘力や集中力障害，無力感，動作緩慢などがある。さらに中毒が進むと，振せん，パーキンソン症候群と行動異常，マンガン顔，痙笑（けいしょう）。

②鉄(Fe) 鉄鋼の溶接などによって発生するヒューム中に極めて多量含有する。ヒュームに含まれる酸化鉄は，その有害性は他の物質に比べ弱い。しかし，肺内に多量に長期間にわたり蓄積すると，肺組織の変化を起こし，肺機能が変化するといわれている。

③クロム(Cr) ステンレス鋼などの溶接などによって発生するヒューム中に含有する。急性症としては，鼻，咽喉および上気道に及ぶアレルギー性の刺激によって，喘息や気管支炎を起こす可能性がある。また，皮膚障害として傷口，粘膜などへクロムが付着し，腐蝕反応により炎症，腫瘍を生ずる。6 価クロム化合物（クロム酸塩，重クロム酸塩）は酸化性が強く，細胞膜透過性が大であることから，3 価クロム化合物に比べはるかに急性毒性が強い。

④銅（Cu）銅および銅合金の溶接によって発生するヒューム中に多量含有する。銅中毒症としては，吸入によって金属熱が知られている。単に金属熱や呼吸器の刺激症状に留まらず，肺より銅が体内に吸収され，嘔吐，肝臓，腎臓の障害が見られ，溶血清貧血，毛細血管などの損傷をともなうことがあり，重症の場合には中枢神経系障害の障害がみられる。

⑤アルミニウム(Al) アルミニウム，アルミニウム合金などアルミニウムを多く含む金属のガスシールドアーク溶接によって発生するヒューム中に含有する。慢性症としては，じん肺症（アルミ肺）の発症が懸念される。

⑥コバルト(Co) コバルトのヒューム(酸化コバルト)は，呼吸気道の粘膜を

刺激し，多量吸入すれば気管支炎，肺炎を生じる。せきや呼吸困難をともなう呼吸器疾患や，X 線によるじん肺所見の報告もある。

⑦亜鉛(Zn) 亜鉛めっき鋼板，鋼管などの溶接などによって発生するヒューム中に含有する。急性症としては，酸化亜鉛の微細な粒子を肺の深部まで吸入すると，数時間経過して悪寒が始まり，かなりの高熱を引き起こす。通常，症状が重くても 24 ～ 48 時間程度で回復する。繰り返しばく露されると，肺胞炎から間質肺炎と進行する可能性がある。

⑧バナジウム（V）バナジウムを含む溶接などによって発生するヒュームに含有する。この吸入による中毒症状として，粘膜の刺激症状，気管支痙攣，咽頭および鼻粘膜の充血，舌の緑色斑点，血清コレステロールの低下などが見られ重症の場合には急性肺炎を招く。

一酸化炭素中毒，酸素欠乏現象，およびヒュームによる障害を防止するためには，作業現場に応じて換気に対する配慮が必要である。図 7.4 は換気方法の一例を示したものである。換気装置が取り付けられない場所では，ヒューム吸引装置やヒューム吸引トーチを用いるなどの局所排気対策も必要である。

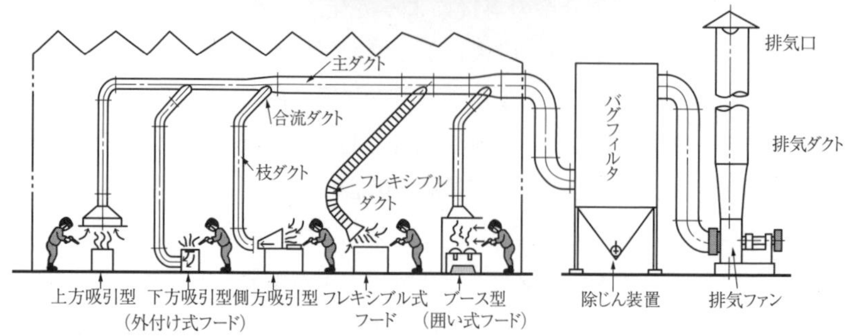

図7.4　局所換気方法の例　(WES9009-2)

この局所排気装置は1年以内ごとに1回，フード，ダクトおよびファンの摩耗，腐食，くぼみ，その他損傷の有無およびその程度，ダクトおよび排風機におけるヒュームのたい積状態，ダクトの接続部におけるゆるみの有無，吸気および排気の能力などについて，定期に点検を行わなければならない。

7.4　火災，爆発による災害

溶接作業は，周囲に可燃性物質や爆発性物質，可燃性の蒸気やガスがあると溶接物の過熱や火花により引火，爆発，火災を起こす危険性があるので注意しなければならない。作業前にはこれらの物質を十分点検し，可燃性物質を遠ざけることはもちろんのこと，火花飛散防止用衝立や手近に消火器を準備するなどの配慮が必要である。特にドラム缶やタンクなどの補修溶接を行う場合は，内部に引火性液体や可燃性ガスなどの残留物が完全に排除されたことを確認の上，細心の注意をはらって作業を行う必要がある。

また，このような危険な物質を貯蔵する容器や構造物に溶接ケーブルを接触させたり，アースをとってはならない。なお，作業終了時には作業場の周囲に飛火しているか否か，十分点検しなければならない。また，溶接物は溶接終了後しばらくの間，高温状態にあり，可燃性物質などの接触により発火する危険性があるため，作業終了直後の点検はもちろんのこと，少なくとも30分経過してから再点検すべきである。

7.5　墜落による災害

溶接作業では，墜落による災害もあり，そのほとんどが重傷や死亡事故になるので，高所作業（高さ2m以上）では下記の事項に注意しなければならない。

①周囲の状況を把握し，危険動作や無理な姿勢で作業しない。

②服装は整え，鉄骨梁や足場上では安全帯（命綱）を使用する。

③安全帽は必ず着用し，脱落防止用のあごひもは堅く締めておく。

④工具や材料は落下せぬように結びつけるか，安全な場所におく。
⑤はしごや足場は安全度を確かめて作業を行う。
⑥長時間かがんで作業する際は，急に立ち上がったりしない（貧血状態になり，ふらつくことがある）。
⑦スパッタやスラグにより下部に火災を発生させないように注意する。作業時は必ずスラグやスパッタなどの清掃をする。

7.6 熱中症の防止対策

熱中症は，溶接の熱によって助長されることがあるが，主として高温環境の元となる夏場の炎天下における屋外作業によって発生することが多い。これを防ぐために下記の事項が必要である。

①作業場の近辺に他の発熱体が存在する場合は，作業場と発熱体との間に，熱を遮ることのできる遮へい物などを設ける
②できるだけ直射日光を遮ることができる簡易な屋根などを設ける。
③作業場に，適度な通風または冷房を行うための設備を設ける。また，作業中は，可能であれば適宜散水などを行うなどが必要である。
④作業場に，氷，冷たいおしぼり，作業場の近隣に水風呂，シャワーなど身体を適度に冷やすことのできる物品，設備などを設ける。
⑤作業場の近隣に，冷房室，日陰などの涼しい休憩場所を設ける。休憩場所は，臥床することのできる広さを確保する。
⑥作業場に，スポーツドリンクを備え付けるなど，水分や塩分が容易に補給できるようにする。
⑦作業場に，温度計や湿度計を設置し，作業中の温湿度の変化に留意する。

参考文献

WES 9009-1 溶接，熱切断及び関連作業における安全衛生　一般
WES 9009-2 溶接，熱切断及び関連作業における安全衛生　ヒューム及びガス
WES 9009-3 溶接，熱切断及び関連作業における安全衛生　有害光
WES 9009-4 溶接，熱切断及び関連作業における安全衛生　電撃及び高周波ノイズ
WES 9009-5 溶接，熱切断及び関連作業における安全衛生　火災及び爆発
WES 9009-6 溶接，熱切断及び関連作業における安全衛生　熱，騒音及び振動
平成 8 年 5 月 21 日労働省基発第 329 号「熱中症の予防について」

付録1　JIS Z 3841 半自動溶接技術検定における実技試験のための練習法

1.1　半自動溶接技術検定について

半自動溶接技能者の認定を受けるための評価試験は，JIS Z 3841「半自動溶接技術検定における試験方法及び判定基準」に基づいて，一般社団法人日本溶接協会が溶接技能者の資格を認証するために必要な事項を規定する WES 8241「半自動溶接技能者の資格認証基準」に則って実施されるものである。以下に，その実施規則を抜粋して示す。

1.1.1　受験資格

(1)　基本級の試験（F）

1 か月以上の溶接技術を習得した 15 歳以上の者。

(2)　専門級の試験（V，H，O，P）

3 か月以上の溶接技術を習得した 15 歳以上の者で，**付表 1.1** に示す各専門級に対応する基本級の資格を有する者。ただし，基本級の試験に合格することを前提として基本級の試験と専門級の試験を同時に受験することができる。

1.1.2　実技試験の種類と技術資格

炭酸ガス半自動アーク溶接に関する実技試験の種類と技術資格（各専門級に対する基本級）を付表 1.1 に示す。

1.1.3　資格認証試験

資格認証試験として，学科試験と実技試験を実施する。
学科試験は以下の項目について問い，正解率 60% 以上で合格となる。
(1)　溶接の一般知識

(2) 溶接機の構造と操作
(3) 鉄鋼材料と溶接材料
(4) 溶接施工
(5) 溶接部の試験と検査
(6) 溶接作業での災害防止

付表1.1　炭酸ガス半自動アーク溶接に関する実技試験の種類と技術資格

基本級			専門級		
名称	記号	板厚	名称	記号	板厚
薄板下向(裏当て金なし)	SN－1F	3.2mm	薄板立向(裏当て金なし)	SN－1V	3.2mm
			薄板横向(裏当て金なし)	SN－1H	3.2mm
			薄板上向(裏当て金なし)	SN－1O	3.2mm
			薄肉固定管(裏当て金なし)	SN－1P	肉厚4.9mm 外径100mm
中板下向(裏当て金あり)	SA－2F	9.0mm	中板立向(裏当て金あり)	SA－2V	9.0mm
			中板横向(裏当て金あり)	SA－2H	9.0mm
			中板上向(裏当て金あり)	SA－2O	9.0mm
			中肉固定管(裏当て金あり)	SA－2P	肉厚11.0mm 外径150mm
中板下向(裏当て金なし)	SN－2F	9.0mm	中板立向(裏当て金なし)	SN－2V	9.0mm
			中板横向(裏当て金なし)	SN－2H	9.0mm
			中板上向(裏当て金なし)	SN－2O	9.0mm
			中肉固定管(裏当て金なし)	SN－2P	肉厚11.0mm 外径150mm
厚板下向(裏当て金あり)	SA－3F	19.0mm	厚板立向(裏当て金あり)	SA－3V	19.0mm
			厚板横向(裏当て金あり)	SA－3H	19.0mm
			厚板上向(裏当て金あり)	SA－3O	19.0mm
			厚肉固定管(裏当て金あり)	SA－3P	肉厚20.0mm以上 外径200または250mm
厚板下向(裏当て金なし)	SN－3F	19.0mm	厚板立向(裏当て金なし)	SN－3V	19.0mm
			厚板横向(裏当て金なし)	SN－3H	19.0mm
			厚板上向(裏当て金なし)	SN－3O	19.0mm
			厚肉固定管(裏当て金なし)	SN－3P	肉厚20.0mm以上 外径200または250mm

注) JIS Z 3841で規定された溶接方法には,上記以外に組合せ溶接SC－**(初めの1～3パスをティグ溶接で行い,その後をマグ溶接で行う)やセルフシールドアーク溶接SS－**がある。

また，実技試験の合否は，外観試験（ビード形状（寸法など），オーバラップ，アンダカット，ピット，変形，裏面の溶込み状況など）および曲げ試験（表曲げ，裏曲げ，側曲げ試験，試験片の大きさや枚数は試験の種類により異なる）により判定する。

1.1.4　実技試験の溶接上の注意

実技試験における溶接上の注意は以下の通り。

(1) 試験材料の溶接は，仮付溶接以外は表面から溶接する。

(2) 試験を通じて試験材料は各種の処理（熱処理，ピーニング，ビードの成形加工など）を行ってはならない。

(3) 板の試験材料は，逆ひずみ，拘束などの方法によって，溶接後の角変形が5°を超えないように作製する。

(4) 板の立向および横向溶接では，溶接を開始してから終了するまで試験材料の上下および左右の方向を変えてはならない。

(5) 管の溶接は，水平および鉛直に試験材を固定して溶接する。水平および鉛直の溶接順序は自由とする。ただし，それぞれの溶接を開始してから終了するまで，水平または鉛直の上下および左右の方向は変えてはならない。

(6) 仮付溶接は，曲げ試験片の採取位置を避けて行う。なお，試験材料の裏面に仮付溶接を行ってもよい。

(7) 板の試験材料の溶接で，逆ひずみをとる場合，裏当て金と母材を密着させるために裏当て金を曲げても良い。

(8) ビードの重ね方および層数は自由とする。

(9) 裏当て金を用いない溶接では，作業台から5mm以上溶接材料を浮かせて溶接する。

(10) 最終層（仕上げ後の表面に現れる溶接ビード）は，試験材料の端から端まで同一方向に溶接する。

(11) アンダカット，オーバラップ，余盛不足などの最終層の補修溶接はその部分だけでなく，試験材料の端から端まで他の表面に現れる溶接ビードと同一方向に溶接する。

(12) ここに記した実技試験における溶接上の注意事項に違反すると失格になることがある。

1.2　実技試験の練習法

第3章および第4章において下向き，水平すみ肉，立向き，横向き，上向きなど，各溶接姿勢に対する溶接の基本操作を実習してきた。

ここでは，その総まとめとして，これから炭酸ガス半自動アーク溶接技術検定試験を受験される方を対象に，実技練習の便宜をはかるため，基本級から専門級にいたる各種目のテストピース準備要領，溶接条件，トーチの操作法および溶接中に起こりやすい欠陥とその対策など，種目別に独立してまとめている。

なお，溶接条件の設定や練習のやり方には，いく通りもの方法があると思うが，ここに示す方法は，1つの代表例として参照していただき，説明の不足分は第3章および第4章の基本操作を参考にしながら，半自動溶接実技練習の自習書としてご活用いただきたい。

1.2.1　薄板下向(SN－1F)

(1) 準備

テストピースのルート間隔，ルート面の精度が裏波溶接に大きく影響するので，テストピースの準備にあたっては細心の注意が必要である。その準備のポイントを付図1.1に示す。

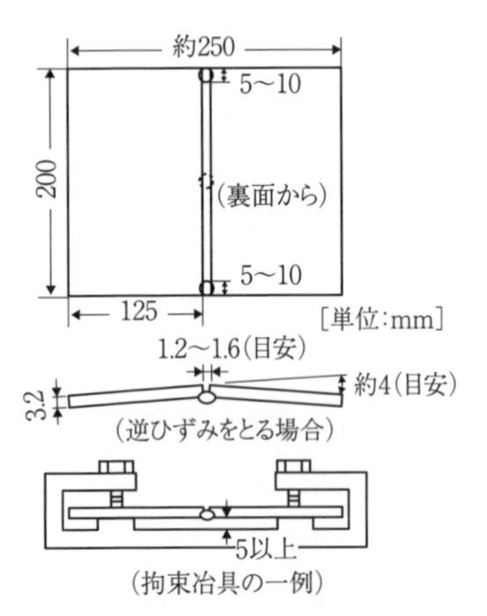

○開先は特に角度をつける必要はなく，テストピースの角のバリを取る程度でよい。

○関先部表裏面の仕上げは母材を削り込まないようにミルスケール（黒皮）を除去しておく。

○ルート間隔は溶接用ワイヤか溶接棒を挟んできめるが，仮付溶接の収縮により0.3～0.5mm程度狭くなるので，あらかじめ見込んで仮付けする。

○仮付溶接はテストピース表面または裏面の両端から15mm以内に（必要に応じて裏面の中央部10mmの範囲も加えて）長さ5～10mmの目安でしっかりと行い，目違いが発生しないように注意する。

○あらかじめ逆ひずみをとるまたは拘束冶具を用いるなどして，溶接後のテストピースの角変形が5°を超えないように注意する。

付図1.1　薄板裏当て金なしのテストピース準備要領

(2) 溶接条件

ワイヤ 1.2mm ϕ，溶接電流 110～130A，アーク電圧 18～20V，炭酸ガス流量 約 15 ℓ /min，ノズル－母材間距離 10～15mm，トーチ角度 前進角 約 10°，トーチ操作　ストレートまたはウィービング。

(3) 操作法

（i）第 4 章 4.1.1 項を参照する。

（ii）溶接中に起こりやすい欠陥と，その主な原因･対策を**付表 1.2** に示す。

付表1.2　薄板下向(SN－1F)溶接中に起こりやすい欠陥　－その原因と対策－

種別	欠　陥	原　因	対　策
薄板下向（SN－1F）	①波不足 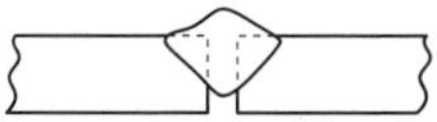	○溶融金属の先行（前進角大） ○溶接速度の速すぎ ○ウィービング幅過大	○円形カット（0.1～0.2mm 深さ）を確認しながら小刻みなウィービングで前進する。
	②裏波片側融合不良（特に手前側が多い） 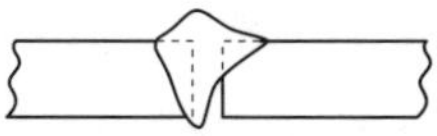	○トーチ角度不良 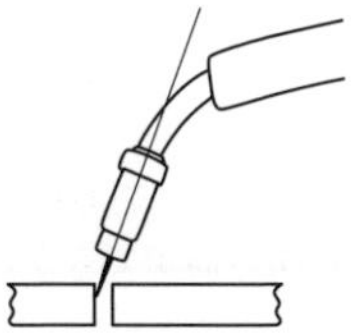	○肘を起こして母材に対して直角に保つ。
	③裏波過大	○溶接速度が遅すぎる	○円形カットの深さを確認
	④溶落ち	○溶接速度が遅すぎる	○ビードが冷えないうちにアークを断続発生させ，抜け穴を補充する。 ○母材が冷えてしまうと，穴があいても裏に出にくい。
	⑤表面ビード不足 アンダカット 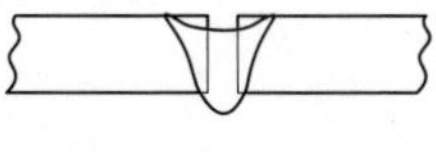	○裏波過大（溶接速度遅すぎ） ○溶接速度の速すぎ	○不足ビードの上にウィービングビードを置き，全長にわたって 2 層で仕上げる。 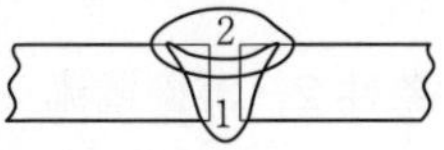 2 1

1.2.2　中板下向裏当て金あり(SA−2F)

(1) 準備

テストピースの準備要領を**付図 1.2** に示す。ルート間隔は 3 ～ 5mm を目安とする。

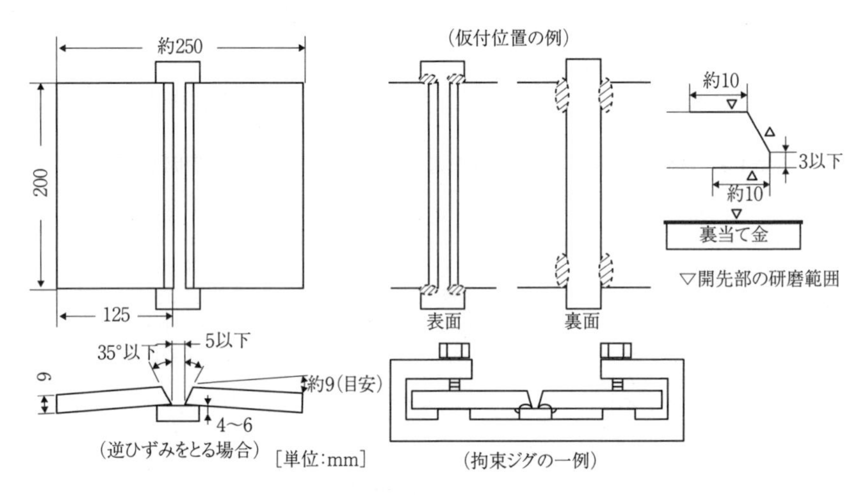

○開先部および裏当て金に油，ゴミ，さびなどが付かないように配慮し，溶接箇所のミルスケールは母材を削り込まないように除去しておく。
○テストピースと裏当て金の間にすき間ができないように裏当て金をグラインダなどで加工し密着させる。
○仮付はテストピースの両端部分で裏当て金を表面から溶接するとともに，裏面からも溶接する。裏面から溶接する場合，曲げ試験片の採取位置を避けて行う。
○あらかじめ逆ひずみをとるまたは拘束ジグを用いるなどして，溶接後のテストピースの角変形が 5° を超えないように注意する。

付図1.2　中板裏当て金ありのテストピース準備要領

(2) 溶接条件

ワイヤ 1.2mmϕ, 炭酸ガス流量 約15～20 ℓ/min, ノズル－母材間距離 15～20mm。

(i)

条件 1 − 溶接電流：170 ～ 200A，アーク電圧：22 ～ 25V，ルート間隔：4 ～ 5mm，後退法または前進法。

(ii)

条件 2 − 溶接電流：250 ～ 300A，アーク電圧：26 ～ 32V，ルート間隔：3 ～ 4mm，前進法。

(3) 操作法

(ⅰ) 1層目は，条件1，あるいは条件2により開先端のルート部と裏当て金を十分溶かしながら溶接する。

条件1による後退法では，凸型ビードをつくらないようにウィービング操作を行い，条件2による前進法では，溶融金属が先行しない程度の速度でトーチ操作する。前進法，後退法ともにトーチ角度は極端に傾けないように注意する。

(ⅱ) アークの発生は，開先の外の裏当て金上から始め，反対側の裏当て金上で終了する。この際クレータの処理も確実に行っておく。

(ⅲ) 2層目以降は，条件1あるいは条件2により，ビードが平らになるように，ウィービング操作は前層のビードの両端でゆっくり，中央部では速く行い3層仕上げとする（**付図1.3**）。

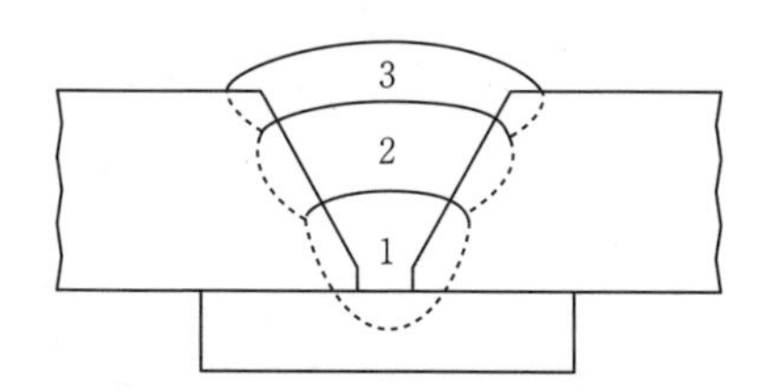

付図1.3　中板下向裏当て金ありの積層

(ⅳ) 2層目の溶接速度が遅すぎると，ビード中央部が母材表面より高くなったり（特に後退法），開先の肩部まで溶けてしまい（特に前進法）最終層が置きにくくなるので，最終ビードの基準線とするために，2層目のビードは母材表面より1～2mm低目に仕上げておく。

(ⅴ) 最終層の溶接は，テストピースの温度がかなり高くなっているので，数分放冷してから行う。

(ⅵ) 最終層も条件1または条件2により，開先の両端まで確実にウィービング操作して，余盛不足やアンダカット，ビード幅の不揃いなどに留意する。

(ⅶ) 多層溶接を行う場合，スラグ巻込みを生ずることもあるので，スラグは各層ごとに除去しておくことが望ましい。

(ⅷ) 溶接中に起こりやすい欠陥とその主な原因・対策を**付表1.3**に示す。

付表1.3　中板下向(SA−2F)溶接中に起こりやすい欠陥　−その原因と対策−

種別	欠陥	原因	対策
中板下向（SA−2F）	①初層融合不良	○プールの先行 ○ストレート操作	○溶融金属が先行しない程度の速度とトーチ角度を保ち，ウィービング操作を行いながら開先の両端を十分溶かす。
	②初層片側融合不良（特に手前側）	○トーチ角度不良 ○ウィービング操作不良（手前側のルート部が作業者側から死角になりやすい）。	○肘を起こして母材に対して直角に保つ。 ○身体を前方にのりだすか，椅子を高くするなどして，ルート部が見えやすい方法をとり，正しいウィービング操作を行う。
	③スラグ巻込み	○各層のスラグ除去不完全	○各層ごとに除去しておく。（特に前のビードの両側）
	④最終層のビードの凹み 余盛過大 ビードの不揃い アンダカット	○最終層前の溶接不良 ○トーチ操作不良	○2層目ビードは開先の層部を溶かさないように注意して母材表面より1〜2mm下げておく。 1〜2mm ○最終層は開先両端まで確実にウィービング操作し，両端では少し止めてアンダカット，余盛不足の発生を防止する。

1.2.3　中板下向裏当て金なし(SN−2F)

(1) 準備

テストピースの準備要領を**付図1.4**に示す。ルート間隔は1.5〜2.0mmを目安とする。

(2) 溶接条件

ワイヤ1.2mm ϕ，炭酸ガス流量15〜20 ℓ /min。

(i) 初層−溶接電流130〜140A，アーク電圧19〜20V，ノズル−母材間距離10〜15mm，前進法。

(ii) 2層および最終層−溶接電流160〜180A，アーク電圧22〜24V，ノズル−母材間距離15〜20mm，前進法または後退法。

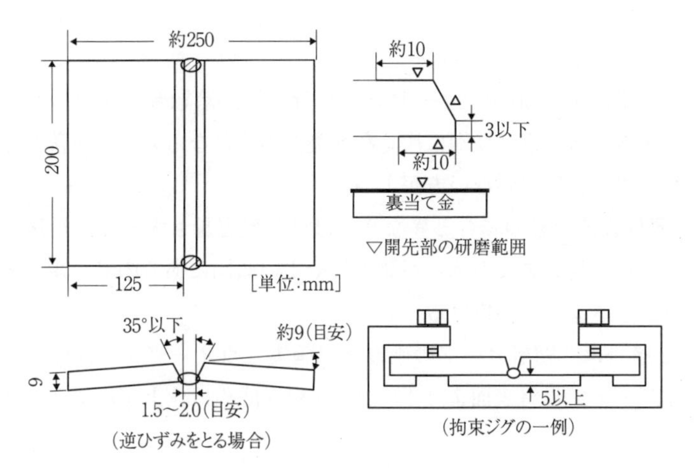

○開先部表裏面の仕上げは母材を削り込まないようにミルスケールを除去しておく。
○仮付は溶接中にはずれないように表面または裏面の両端から15mm以内に2箇所しっかりと溶接する。
○ルート間隔をきめる場合，仮付溶接の収縮により0.3～0.5mm程度狭くなるのであらかじめ見込んで仮付する。
○あらかじめ逆ひずみをとるまたは拘束ジグを用いるなどして，溶接後のテストピースの角変形が5°を超えないように注意する。

付図1.4　中板裏当て金なしのテストピース準備要領

(3) 操作法

（ i ）初層は，前進法による裏波溶接を行い，2層目以後は後退法または前進法によるウィービング操作を行って，**付図1.5**に示すように3層仕上げとする。

（ ii ）初層溶接は，開先中心部で前進角10～20°を保持し，溶接方向に対して左右の小刻みなウィービング（振幅2～3mm）操作を行いながら，溶融プールの変形に注意して前進する。

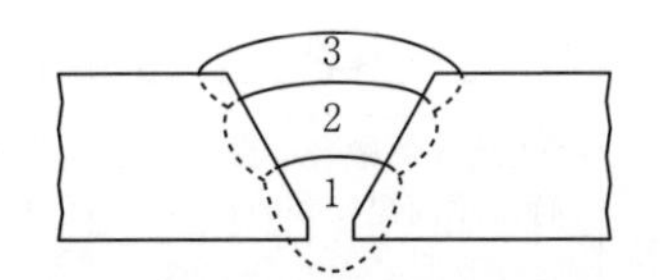

付図1.5　中板下向裏当て金なしの積層

〈注意1〉溶融中に溶融プールが細長く変形して沈みはじめるいわゆる溶落ちの兆候が表れはじめたときは，**付図1.6**に示されるように速やかにウィービングの幅を大きくして熱を分散し，溶融プールが元の正常な状態に戻ってから，トーチ操作も小刻

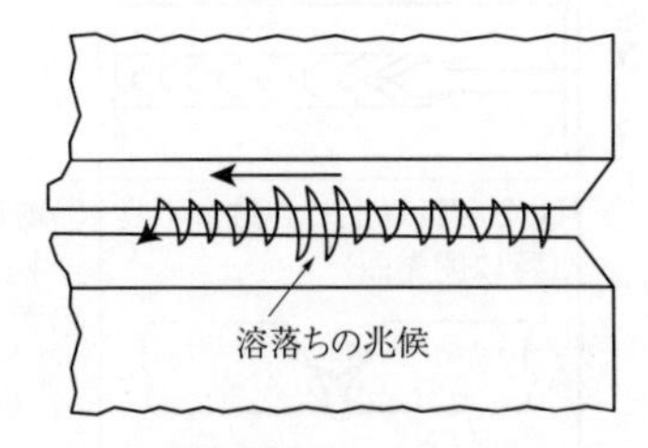

付図1.6　裏波溶接における溶落ち対策

みなウィービングに戻す。

〈注意2〉開先内で前後ウィービングを行うと，溶融金属がワイヤ前方に先行しすぎて溶込みは極端に浅くなり裏波不足となるので，溶落ち寸前の緊急対策以外には用いない方がよい。

(iii) 薄板裏波溶融の場合と異なり，母材の熱容量も大きく，溶落ちよりむしろ溶込不足（裏波不足）が発生しやすい傾向にあるので，ルート部を十分溶融するように心掛ける。

(iv) 2層目は，初層ビードの両端まで確実にウィービング操作を行い，平らなビードで母材表面より1～2mm程度低めに仕上がるようにビードを置く。

(v) 最終層は，開先両端まで確実にウィービング操作して，ビード幅の不揃いや余盛過大のビードをつくらないように気を配り，ビード終端のクレータは十分に補充しておく。

(vi) 溶接中に起こりやすい欠陥とその主な原因・対策を**付表1.4**に示す。

付表1.4　中板下向(SN−2F)溶接中に起こりやすい欠陥　−その原因と対策−

種別	欠陥	原因	対策
中板下向(SN−2F)	①裏波不足	○溶融金属の先行 ○溶接速度が速すぎ ○前後のウィービング操作 ○ウィービングの振幅大	○ルート間隔内にアークフレームが回り込み，ルート部が溶融するのを確認しながらプールの変化に注意して小刻みなウィービング操作を行う。
	②裏波片側融合不良(特に手前側に多い)	○トーチ角度不良 ○ウィービング操作不良	○肘を起こして母材に対して直角になるように保ち，ルート部の両面を均一に溶かす。
	③溶落ち	○溶接速度が遅すぎ ○ストレート操作	○ビードが冷えないうちにアークを断続させて抜け穴を補充する。母材が冷えてしまうと，穴があいていても裏に出にくく，裏波が中断する。
	④2層目以上での融合不良(特に開先面)	○前進法によるストレート操作 ○プールの先行	○溶融金属が先行しない程度の速度で十分溶かしながらウィービング操作。この際，余盛過大にならないように注意する。

1.2.4 厚板下向裏当て金あり(SA－3F)

(1) 準備

テストピースの準備要領を付図 1.7 に示す。ルート間隔は 4 ～ 5mm を目安とする。

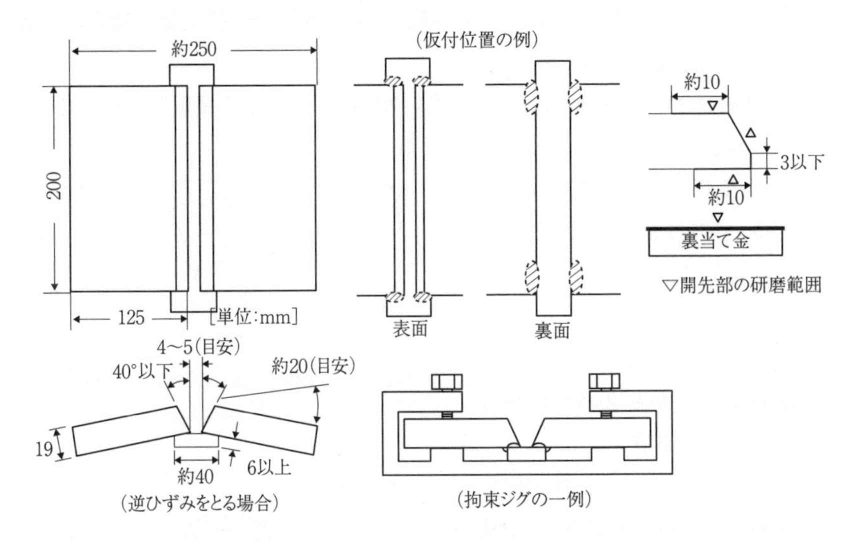

○開先部および裏当て金に油，ゴミ，さびなどが付かないように配慮し，溶接箇所のミルスケールは母材を削り込まないように除去しておく。
○テストピースと裏当て金の間にすき間ができないように裏当て金をグラインダなどで加工し密着させる。
○仮付はテストピースの両端部分で裏当て金を表面から溶接するとともに，裏面からも溶接する。裏面から溶接する場合，曲げ試験片の採取位置を避けて行う。
○あらかじめ逆ひずみをとるまたは拘束ジグを用いるなどして，溶接後のテストピースの角変形が 5° を超えないように注意する。

付図1.7　厚板下向裏当て金ありのテストピース準備要領

(2) 溶接条件

ワイヤ 1.2mm ϕ，炭酸ガス流量 15 ～ 20 ℓ /min，ノズル－母材間距離 約 20mm。

（i）初層－溶接電流 250 ～ 280A，アーク電圧 27 ～ 30V，前進法または後退法。

（ii）2 層～最終層－溶接電流 300 ～ 330A，アーク電圧 32 ～ 35V，前進法または後退法。

(3) 操作法

(ⅰ)初層および2層目のトーチ操作は，中板下向裏当て金あり〔付録1.2.2-(3)-(ⅰ)～(ⅳ)〕に準じて行い，スラグは各層ごとに除去する。

(ⅱ) 溶接の始・終端は当て金の上で行い，テストピースの内側が溶接の始・終端にならないように注意する。特にクレータ部の溶接金属の補充は，各層ごとに確実に行っておく。

(ⅲ) 3層目以後も，均一なウィービング操作でビードを積重ねていくが，4～5層目以上になるとビード幅が広くなり，あまりウィービングの振幅を大きくすると，溶込不良やブローホールの発生原因ともなるので，付図1.8に示すように，4～5層目あたりから2パスに振分けてビードを置く。

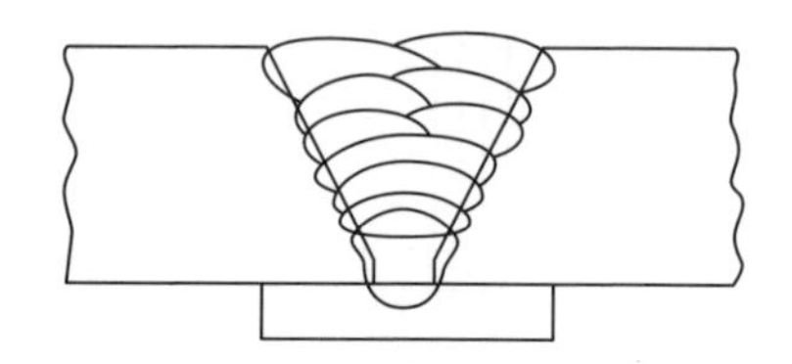

付図1.8　厚板下向裏当て金ありの積層法

(ⅳ) 1パス目のビード幅が広すぎると，2パス目の開先が狭くなり（付図1.9），2パス目は溶込不足や凸形ビードになりやすいので，1パス目のビードはあまり広げすぎないように置く。2パス目は，1パスビードに重なるようにウィービング操作して，ビードのラップ部に溶込不足やビード幅の不揃いが発生しないように注意する。

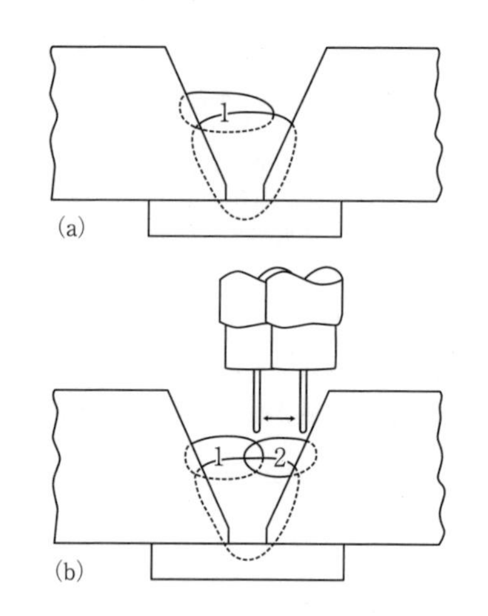

付図1.9　厚板溶接におけるビードの振分け

(ⅴ) 最終層もウィービング操作により2パスで仕上げるが，1パス，2パスビードともに開先の両端では少し止めて，アンダカットや余盛不足の発生に留意し，2パス目のビードは均一にラップさせて，ビード高さや幅に不揃いが生じないように仕上げる。なお，最終層の1パス目と2パス目は同一方向に溶接しなければならない。

(参照) 溶接中に起こりやすい欠陥は，その大半が初層から2～3層のビードに集中しているので，付表1.3を参照する。

1.2.5　厚板下向裏当て金なし(SN－3F)

(1) 準備

テストピースの準備要領を付図1.10に示す。ルート間隔は1.5～2.0mmを目安とする。

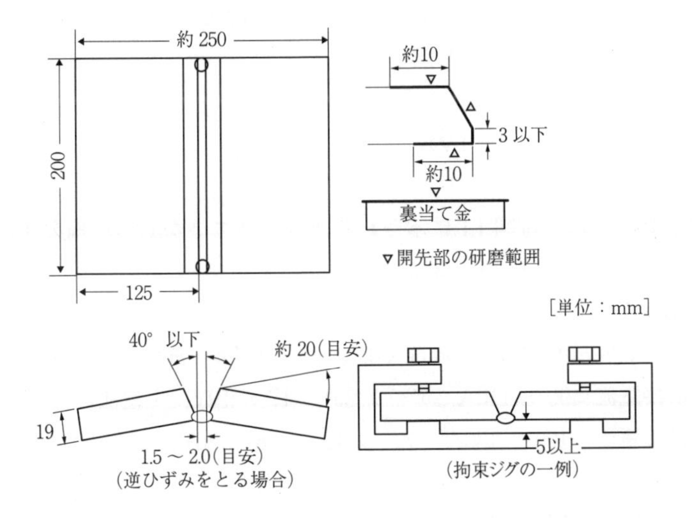

○開先部表裏面の仕上げは母材を削り込まないようにミルスケールを除去しておく。
○仮付はルート面に目違いができないように表面または裏面の両端から15mm以内に2箇所しっかりと溶接する。
○ルート間隔をきめる場合，仮付溶接の収縮により0.3～0.5mm程度狭くなるのであらかじめ見込んで仮付する。
○あらかじめ逆ひずみをとるまたは拘束ジグを用いるなどして，溶接後のテストピースの角変形が5°を超えないように注意する。

付図1.10　厚板裏当て金なしのテストピース準備要領

(2) 溶接条件

ワイヤ1.2mm ϕ，炭酸ガス流量15～20 ℓ /min。

(i) 初層－溶接電流　130～140A，アーク電圧　19～20V，ノズル－母材間距離　10～15mm，前進法。

（ⅱ）2層－溶接電流　150～200A，アーク電圧　20～25V，ノズル－母材間距離　15～20mm，前進法または後退法。

（ⅲ）3層～最終層－溶接電流　300～330A，アーク電圧　32～35V，ノズル－母材間距離　約20mm，前進法または後退法。

（3）操作法

初層および2層目のトーチ操作は，中板下向裏当て金なし〔付録1.2.3－(3)〕に準じて行い，3層目から最終層までは，前項の厚板下向裏当て金あり〔付録1.2.4－(3)－(ⅱ)～(ⅴ)〕の操作法に従ってビードを積重ねていく。

（参照）溶接中に起こりやすい欠陥の大半は，初層から2～3層のビードに集中しているので，付表1.4を参照する。

1.2.6　薄板立向(SN－1V)

（1）準備

テストピースは，付図1.1に示される薄板裏当て金なしの準備要領に従い，ルート間隔は2.0～2.4mmとする。

（2）溶接条件

ワイヤ0.9～1.2mmφ，炭酸ガス流量 約15ℓ/min，ノズル－母材間距離 10～15mm。

(a) 溶接電流　90～110A，アーク電圧　17～19V，上進法。

(b) 溶接電流　100～130A，アーク電圧　18～20V，下進法。

（3）操作法

（ⅰ）上進法の場合

(a) トーチは開先の中心部をねらい，ストレートあるいは小刻みなウィービング操作を行いながら上進する。このとき，トーチ角度は，水平または上進方向へわずかに起こして俯角をつけておく。

(b) 溶接が上部へ進むに従ってトーチに仰角がつきやすくなり，裏波も出にくくなるので，水平またはわずかに俯角をつけたままで無理がなく終端まで溶接できる位置にテストピースは固定する。

（ⅱ）下進法の場合

(a) **付図1.11**に示されるトーチ保持角度で開先の中心部をねらい，ストレートか小刻みなウィービング操作で下進する。

(b) ルート間隔のすき間からアークが裏へ抜け，溶融金属も裏面へ回り込む状態を確認しながら，溶融金属の先行に気をつけて1層で仕上げる。

(c) 溶融金属が先行しそうな場合は，ウィービング幅を小さくし，下進の速度を若干速くして，トーチを進行方向へさらに寝かせ，アーク力で溶融金属の落下を防ぐ。

〈注意1〉裏波は，溶接速度が遅ければ出にくく，速い方が出やすい傾向にある。この下進溶接であまり速度が遅いと，溶接金属の先行原因となるので，やや速めに下進する。

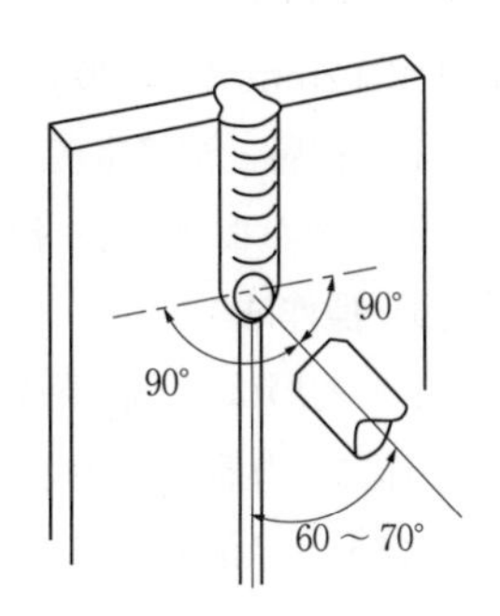

付図1.11 立向下進溶接のトーチ保持角度

〈注意2〉1パス，1層で仕上げる方法であるが，下進溶接のためビード中央部の余盛が，母材表面より低くなる場合がある。その時は，1層目と同じ溶接電流・アーク電圧でもう1層重ね，2層仕上げとする。

(iii) 溶接中に起こりやすい欠陥とその主な原因・対策を**付表1.5**に示す。

付表1.5 薄板立向(SN−1V)溶接中に起こりやすい欠陥 −その原因と対策−

種別	欠陥	原因	対策
薄板立向(SN−1V)	①裏波不足	○溶融金属の先行 (トーチの保持角度不良)	○仰角60～70°を保ち，アーク力で溶融金属を押し上げながら，少し速めの速度で下進する。
	②オーバラップ	○下進速度遅い	○溶融金属の落下にトーチ操作が追従できないときは，溶接電流，溶接電圧を若干低めにとる。
	③余盛不足	○溶融金属の先行	○①の対策参照。少しはやめのウィービング操作で2層仕上げとする。

1.2.7 中板立向裏当て金あり(SA − 2V)

(1) 準備

テストピースは，付図1.2に示される中板裏当て金ありの準備要領に従い，ルート間隔は4～5mmとする。

(2) 溶接条件

ワイヤ 1.2mm ϕ，炭酸ガス流量 約 15ℓ /min，ノズル－母材間距離 10～15mm。

（i）初層－溶接電流　130～140A，アーク電圧　19～20V，上進法。

（ii）2層および3層－溶接電流　120～130A，アーク電圧　18～19V，上進法。

(3) 操作法

（i）初層は，4.3.2 項－図 4.22 に示されるトーチ保持角度で，ウィービング操作により裏当て金とルート部を十分溶かしながら，凸形ビードをつくらないように注意して上進法で溶接する。

（ii）2層目は，初層ビードの両端まで確実にウィービング操作し，**付図 1.12** に示されるように母材表面より 1～2mm 低めに平らなビードを置く。

（iii）3層目は仕上げビードとなるので，アンダカットが生じないように，ウィービング操作は開先両端部でゆっくり，中央部は速く行い，ビードの垂れ下がりにも注意する。

（iv）溶接中に起こりやすい欠陥とその主な原因･対策を**付表 1.6** に示す。

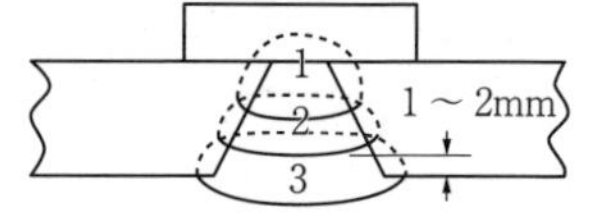

付図1.12　中板立向裏当て金ありの積層

付表1.6　中板立向（SA－2V）溶接中に起こりやすい欠陥－その原因と対策－

種別	欠陥	原因	対策
中板立向裏当て金あり（SA－2V）	①初層ルート部の溶込不良	○凸形ビードを気にするあまり開先両端のトーチ操作がおろそかとなる。 ○トーチ保持角度不良（仰角大）	○開先両端までウィービング操作し，裏当て金とルート部を十分溶かす。
	②2層目ビードの垂れ下がり（凸形ビード）	○トーチ操作不良	○初層ビードの両端まで確実にウィービング操作し，ビード中央部は速く，両端では少し止めて，できるだけ平らに仕上げる。（母材表面より1～2mm低めに）
	③仕上げビードのアンダカット	○トーチ操作不良 ○2層目ビード不良	○母材表面の開先端を均一にウィービング操作して，十分肉を補充しながらビードを重ねる。

1.2.8　中板立向裏当て金なし(SN−2V)

(1) 準備

テストピースは，付図1.4に示される中板裏当て金なしの準備要領に従い，ルート間隔は2.0～2.4mmとする。

(2) 溶接条件

ワイヤ1.2mm ϕ，炭酸ガス流量 約15ℓ/min，ノズル−母材間距離10～15mm。

(ⅰ)(a) 初層−溶接電流　100～110A，アーク電圧　18～19V，上進法。

(b) 初層−溶接電流　130～150A，アーク電圧　19～21V，下進法。

(ⅱ) 2層および3層−溶接電流　120～130A，アーク電圧　18～20V，上進法（2または3層仕上げ）

(3) 操作法

(ⅰ) 初層溶接は上進法か下進法で裏波ビードを置き，その上に上進法によるウィービング操作でビードを重ね，2層または3層仕上げとする。

(ⅱ) 初層溶接上進法の場合

(a) トーチは開先の中心部をねらい，ストレートあるいは小刻みなウィービング操作を行いながら上進する。このとき，**付図1.13**に示されるように，トーチ角度は，水平または上進方向へわずかに起こして俯角をつけておく。

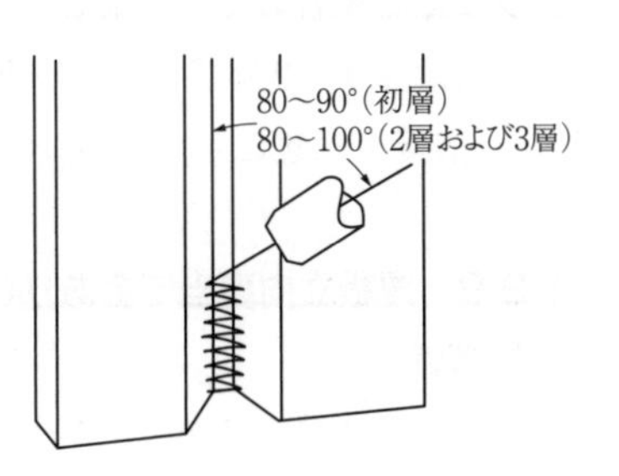

付図1.13　上進法による裏波溶接のトーチ保持角度

(b)溶接が上部へ進むに従ってトーチに仰角がつきやすくなり，裏波も出にくくなるので，水平またはわずかに俯角をつけたままで無理がなく終端まで溶接できる位置にテストピースは固定する。

(ⅲ) 初層溶接下進法の場合

(a) **付図1.14**に示されるトーチ保持角度でストレートあるいは小刻みなウィービング操作を行いな

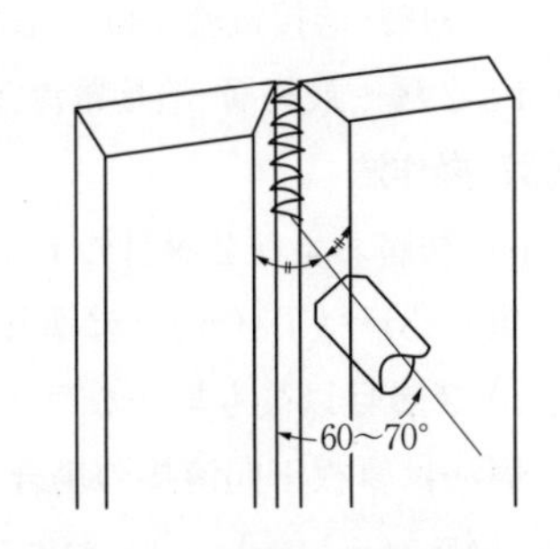

付図1.14　下進法による裏波溶接のトーチ保持角度

がら下進する。

(b) 下進溶接は，裏ビードが凹形になりやすく裏面に出にくいので，アークがルート部のすき間から裏へ抜け，溶融金属も裏面へ回り込む状態を維持する。

(c) ワイヤ先端はできるだけルート部へ挿入し，アーク力で溶融金属の落下を防止する。

〈注意〉小刻みなウィービング操作で，開先の両端を溶かしながらビードを積重ねていくが，ウィービングの幅，ピッチ，トーチの保持角度などにバラツキがあると均一な裏波ビードは得られないで，トーチの操作には細心の注意をはらい上進する。

(iv) 2層目以後は，均一なウィービング操作で，ビードの両端にアンダカットや溶込不良が生じないようにビードを積重ねるが，裏当て金ありの場合と異なり，ルート間隔は狭く，開先の断面も小さくなり必要溶着金属量も少なくてすむので，凸形ビードに注意しながら若干ピッチをつめて2層で仕上げるか，2層目ビードを薄く置き3層仕上げとする。

(v) 溶接中に起こりやすい欠陥とその主な原因・対策を**付表 1.7** に示す。

1.2.9　厚板立向裏当て金あり(SA−3V)

(1) 準備

テストピースは，付図 1.7 に示される厚板裏当て金ありの準備要領に従う。

(2) 溶接条件

ワイヤ 1.2mm φ，炭酸ガス流量 約 15ℓ/min，ノズル−母材間距離 10 ～ 15mm。

(i) 初層−溶接電流 130 ～ 150A，アーク電圧 18 ～ 20V，上進法。

(ii) 2層～最終層−溶接電流 130 ～ 160A，アーク電圧 19 ～ 21V，上進法。

(3) 操作法

(i) 初層および2層目のトーチ操作は，中板立向裏当て金あり〔付録 1.2.7 項−(3)−(i)(ii)〕に準じて行う。

(ii) 3層目以後も均一なウィービング操作でビードを積重ねていくが，積層法は厚板下向溶接の場合と同様の方法をとるので，〔付録 1.2.4 項−(3)−(ii)(iii)(iv)(v)〕および付図 1.8，付図 1.9 を参照する。

(iii) スラグは各層ごとに確実に除去しておく。

付表1.7 中板立向(SN－2V)溶接中に起こりやすい欠陥－その原因と対策－

種別	欠 陥	原 因	対 策
中板立向裏当て金なし（SN－2V）	①裏波不足（上進溶接）	○ウィービング幅過大 ○トーチ角度不良 （仰角大）	○トーチはわずかに俯角をつけておき，ストレートに近い小刻みなウィービング操作を行い，突き抜けそうな場合に振幅を大きくする。
	②裏波不足（下進溶接） 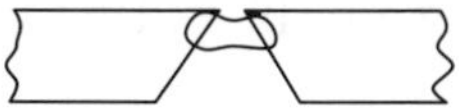	○溶融金属の先行 ○トーチ角度不良 ○溶接速度の遅すぎ	○ワイヤ先端をできるだけルート部へ挿入し，トーチを進行方向に寝かせて，アーク力で溶融金属の落下を抑え，溶融金属を裏面へ押し出すような要領で下進する。
	③裏波過大 （特に上進溶接） 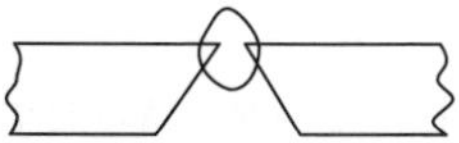	○溶接速度の遅すぎ ○ウィービング幅過小	○上進溶接は下進溶接に比べて溶接速度が遅く，熱が集中しすぎて過大裏波となりやすいので，均一なピッチで速度を上げるか，ウィービング幅を若干広くする。
	④初層溶落ち （特に上進溶接）	○溶接速度の遅すぎ ○ウィービング幅過小	○ビードが冷えないうちにアークを断続発生させ抜け穴を補充する。
	⑤余盛過大 （特に3層仕上げの場合） 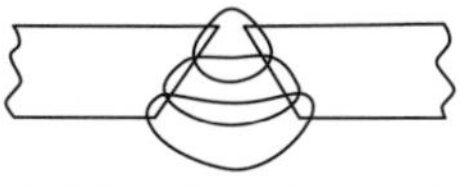	○2層目ビード過大 （凸形）	○ウィービングのピッチを詰めて，2層仕上げとするか，2層目のビードをできるだけ平らに薄く置き，母材表面より1mm程度下げておく。
	⑥仕上げビードのアンダカット 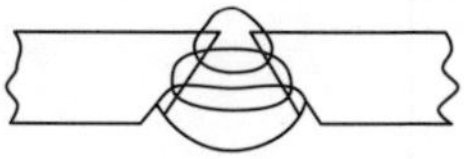	○ウィービング操作不良	○アンダカットは部分的に補充するのではなく，発生した側の全長にわたって補修ビードを置き，2パスまたは3パスで仕上げる。 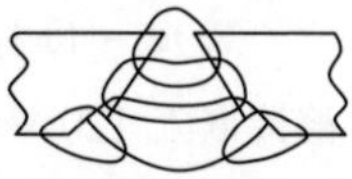

（iv）溶接中に起こりやすい欠陥は，その大半が初層および最終層に集中しているので，付表1.6〔中板立向(SA－2V)溶接中に起こりやすい欠陥－その原因と対策－〕を参照する。

1.2.10　厚板立向裏当て金なし(SN－3V)

(1) 準備

テストピースは，付図1.10に示される厚板裏当て金なしの準備要領に従い，ルート間隔は2.0～2.4mmとする。

(2) 溶接条件

ワイヤ1.2mm φ，炭酸ガス流量 約15ℓ/min，ノズル－母材間距離10～15mm。

(ⅰ)(a) 初層－溶接電流100～120A，アーク電圧18～19V，上進法。

(b) 初層－溶接電流140～160A，アーク電圧19～21V，下進法。

(ⅱ) 2層～最終層－溶接電流130～150A，アーク電圧19～21V，上進法。

(3) 操作法

(ⅰ) 初層溶接を下進法で行う場合は，中板裏当て金なし〔付録1.2.8項－(3)－(ⅱ)〕に準じて行い，上進法による場合は，〔付録1.2.8項－(3)－(ⅲ)〕に示される方法で裏波ビードをつくる。

(ⅱ) 2層目以後は前項の裏当て金ありの場合と同様にビードを積重ねて行く。

(ⅲ) スラグは各層ごとに確実に除去しておく。

(ⅳ) 溶接中に起こりやすい欠陥は，その大半が初層および最終層に集中しているので，付表1.7〔中板立向(SN－2V)溶接中に起こりやすい欠陥－その原因と対策－〕を参照する。

1.2.11　薄板横向(SN－1H)

(1) 準備

テストピースは，付図1.1に示される薄板裏当て金なしの準備要領に従い，ルート間隔は1.4～1.6mmとする。

(2) 溶接条件

ワイヤ1.2mm φ，炭酸ガス流量 約15ℓ/min，ノズル－母材間距離10～15mm，溶接電流120～130A，アーク電圧18～20V，前進法。

(3) 操作法

(ⅰ) トーチの保持角度は，付図1.15に示されるようにわずかに仰角を

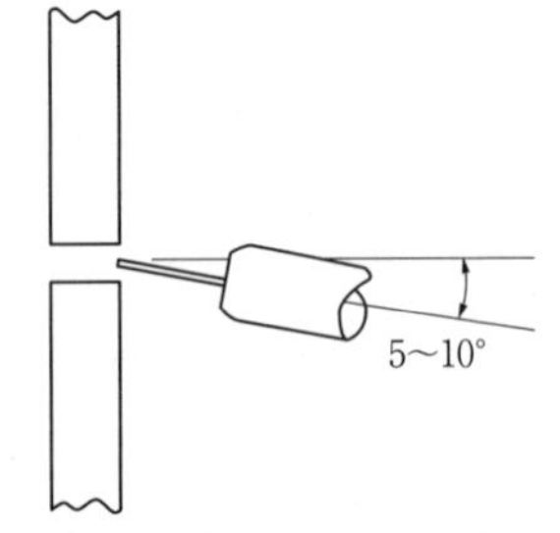

付図1.15　薄板横向溶接におけるワイヤねらい位置とトーチ保持角度

つけ，前進角 10 ～ 20° でルート間隔の中心部をねらいながらストレートまたは小刻みなウィービング操作を行い，溶接線にそってプールを引張るような要領でビードを置く。

（ii）ルート部のすき間からアークフレームが裏へぬけ，溶接金属も裏面へ回り込む状態を確認しながら，溶融金属の垂れ下がりに注意して前進する。

〈注意 1〉 溶接速度が遅すぎると，ビードは垂れ下がりやすくアンダカットも発生しやすい。

〈注意 2〉 1 パス 1 層で仕上げる方法であるが，ビード上端にアンダカットが発生した場合，**付図 1.16** に示されるようにアンダカットの中心部をねらい，トーチはわずかに俯角をつけて，少し速めのストレート操作でアンダカットを補充しておく。このとき，溶接方向は 1 パス目と同じ方向にすること。

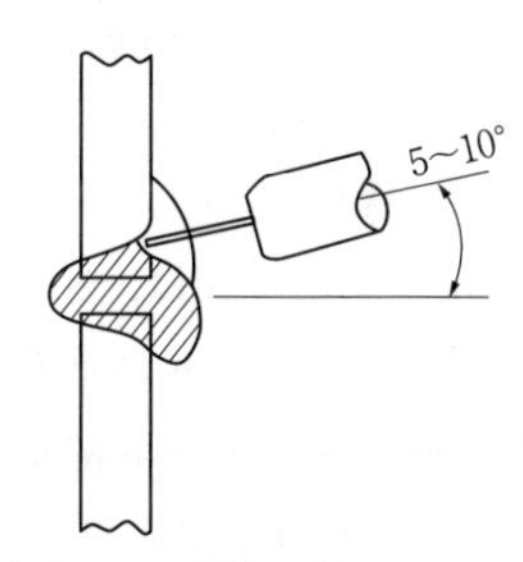

付図1.16　横向溶接における
アダカットの補修法

（iii）溶接中に起こりやすい欠陥とその主な原因・対策を**付表 1.8** に示す。

付表1.8　薄板横向（SN－1H）溶接中に起こりやすい欠陥－その原因と対策－

種別	欠陥	原因	対策
薄板横向（SN－1N）	①裏波不足	○ルート間隔が狭すぎる ○溶融金属の先行 ○溶接速度の速すぎ ○ウィービング幅過大	○ルート部のすき間からアークフレームが裏へ抜け，溶融金属も裏面へ回り込む状態を確認する。
	②裏波過大	○ルート間隔が広すぎる ○溶接速度が遅すぎる	○①の対策を確認しながら，すこし速めの速度で前進する。
	③溶落ち	○溶接速度が遅すぎる ○後退法による運棒	○ビードが冷えないうちにアークを中断させて抜け穴を補充する。母材が冷えてしまうと，穴があいていても裏に出にくく，裏波が中断する。
	④表面ビード不足，アンダカット	○溶接速度が遅すぎるための裏波過大 ○溶接速度の速すぎ	○不足部分のほぼ中心線をねらいストレート，または小刻みなウィービング操作で補充する。（付図 1.16 参照）

1.2.12　中板横向裏当て金あり（SA－2H）

(1) 準備

テストピースは，付図1.2に示される中板裏当て金ありの準備要領に従い，ルート間隔は3～4mmとする。

(2) 溶接条件

ワイヤ　1.2mm ϕ，炭酸ガス流量 約15ℓ/min，ノズル－母材間距離 15～20mm。

（ⅰ）初層から最終層の1つ前の層まで－溶接電流　150～180A，アーク電圧　21～23V，前進法または後退法。

（ⅱ）最終層－溶接電流　130～150A，アーク電圧　19～21V，前進法または後退法。

(3) 操作法

（ⅰ）初層溶接は，小刻みなウィービング操作を行いビードの垂れ下がりに注意して，裏当て金とルート部を十分溶かしながら前進法または後退法で溶接する。

（ⅱ）2層目の1パスビードは，**付図1.17－①**に示されるように初層ビードの下端部をねらい，トーチに0～10°の俯角をつけて前進法または後退法でストレートビードを置く。

2パス目は，トーチに10～15°の仰角をつけ（付図1.17－②参照）上板と1パスビードのつくる谷間の融合不良に注意して，小刻みなウィービング操作を行い前進法または後退法で溶接する。

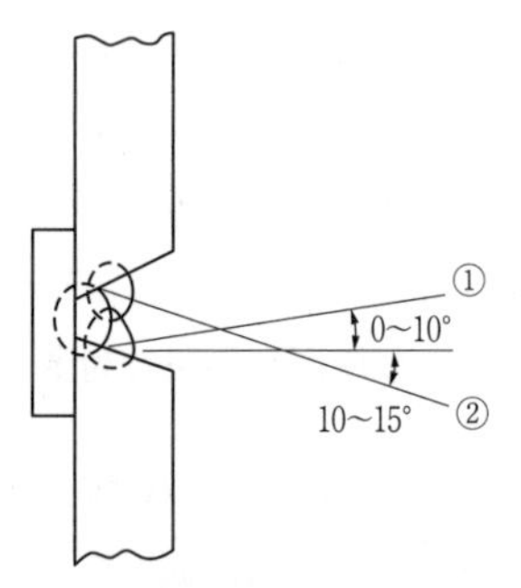

付図1.17　横向溶接における2層目のトーチ保持角度

（ⅲ）3層目は，最終仕上げ層のビードを置きやすくするため，各パスごとのビードに高低差を生じないように注意して，母材表面より2～3mm低めに仕上げておく（**付図1.18**参照）。

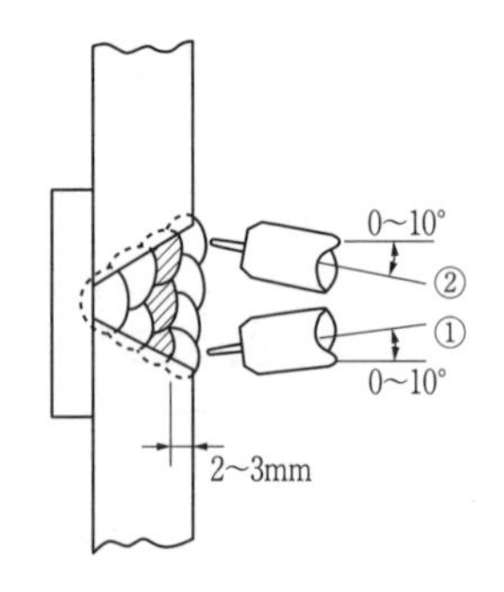

付図1.18　横向溶接における最終層のトーチ保持角度

〈注意1〉横向溶接では，溶接速度が遅すぎるとビードは垂れ気味となり凸形になりやすく，4.4.2 項－図 4.32 に示されるビード・母材間，ビード・ビード間の融合不良が生じやすいので，やや速めの速度で前進する。

〈注意 2〉横向溶接はパス数が多くなり，溶接進行を一方向だけで行うと，ビードの高さが溶接始端部は高く，終端部では低くなりやすい傾向にあるので，各層のビード高さを整えるために，中間層では前進法と後退法を交互に使い分けてもよい。

（iv）最終層は溶接電流，アーク電圧をすこし下げる。1 パス～最終パスの 1 つ前までは付図 1.18 －①に示されるトーチ角度でストレートまたは小刻みなウィービング操作を行い，前パスビードに均一にラップさせて，ビード表面に凹凸をつくらないように滑らかに仕上げる。

ビード上端の最終パスは，付図 1.18 －②に示されるトーチ角度で小刻みなウィービング操作を行い，アンダカットが生じないように細心の注意をはらう。

〈注意 1〉付図 1.18 に示される積層法は，基本的なビードの重ね方を図示したもので，各層のパス数および層数にこだわる必要はない。

〈注意 2〉最終層の各パスのビードは，試験材料の端から端まで同一方向に溶接しなければならない。

〈注意 3〉最終層のビードが母材表面より低かったり，アンダカットが生じた場合などは，部分的に補修するのではなく始端から終端まで全長にわたってビードを置く。

（v）溶接中に起こりやすい欠陥とその主な原因・対策を**付表 1.9** に示す。

1.2.13 中板横向裏当て金なし（SN－2H）

（1）準備

テストピースは，付図 1.4 に示される中板裏当て金なしの準備要領に従い，ルート間隔は 1.5 ～ 2.0mm とする。

（2）溶接条件

ワイヤ 1.2mm ϕ，炭酸ガス流量 約 15 ℓ /min。

（i）初層－溶接電流 130～140A, アーク電圧 19～20V, ノズル－母材間距離 10～15mm, 前進法。

（ii）中間層－溶接電流 150～180A, アーク電圧 21～23V, ノズル－母材間距

付表1.9　中板横向(SA－2H)溶接中に起こりやすい欠陥―その原因と対策―

種別	欠　陥	原　因	対　策
中板横向裏当て金あり（SA－2H）	①初層溶込不良(特に上板側)	○ワイヤねらい位置不良 ○トーチ操作不良(ストレート)	○0～10°の仰角をつけ，前進法または，後退法により小刻みなウィービング操作を行い，裏当て金とルート部を十分溶かす。
	②ビード間の溶込不良（中間層）	○ビードが凸形となり，重ねビードがつくる谷間あるいはビードと開先面の谷間が深く鋭角（40°以下）になっている。	○トーチの保持角度に注意して，小刻みなウィービング操作を行い，ビードの垂れ下りに気をくばりながら，各パスともにできるだけ平らなビードを置く。
	③表面ビードの凹凸，アンダカット	○トーチの操作不良	○0～10°の俯角をつけて下のビードの上端をねらい，小刻みなウィービング操作で積重ねる。(後退法または前進法)

離15～20mm，前進法または後退法。

（iii）最終層－溶接電流 130 ～ 150A，アーク電圧 19 ～ 22V，ノズル－母材間距離 15 ～ 20mm，前進法または後退法。

(3) 操作法

（i）初層溶接は，開先の中心部をねらい，トーチは付図 1.19 に示される 5 ～ 10°の仰角をつけて，ストレートまたは小刻みなウィービング操作を行い，前進法で裏ビードをつくる。この際，アークのフレームがルート部のすき間から

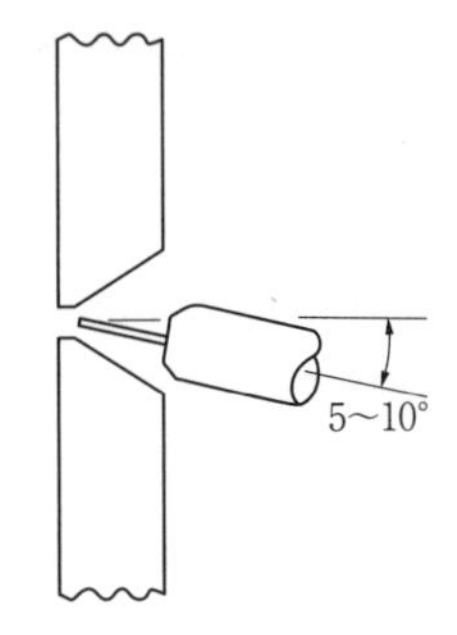

付図1.19　中板横向裏当て金なしのワイヤねらい位置とトーチ保持角度

裏へ抜け，溶融金属も裏面へ回り込む状態を維持する。

〈注意〉ワイヤ先端はできるだけルート部へ挿入し，開先の両端を均一に溶かしながら溶融金属の先行および垂れ下がりに注意する。

（ii）2層目以後最終層までの積層法は，前項の中板裏当て金あり〔付録 1.2.12－(3)－(ii)・(iii)・(iv)〕を参照する。

（iii）溶接中に起こりやすい欠陥とその主な原因・対策を**付表 1.10** に示す。

付表1.10 中板横向(SN－2H)溶接中に起こりやすい欠陥—その原因と対策—

種別	欠陥	原因	対策
中板横向裏当て金なし（SN－2H）	①裏波不足	○溶融金属の先行（トーチ操作不良）	○ワイヤ先端をできるだけルート部に挿入して，ルート間隔内にアークフレームが回り込みルート部が溶融してゆくのを確認しながら溶接する。
	②溶落ち	○溶接速度が遅すぎる。 ○ストレート操作	○ビードが冷えないうちにアークを中断させて抜け穴を補充する。 母材が冷えてしまうと，穴があいていても裏に出にくく，裏波が中断する。
	③ビード間の溶込不良（特に中間層）	○付表 1.9 －②を参照する。	
	④表面ビードの凹凸（余盛不足，アンダカット）	○付表 1.9 －③を参照する。	

1.2.14 厚板横向裏当て金あり(SA－3H)

(1) 準備

テストピースは，付図 1.7 に示される厚板裏当て金ありの準備要領に従い，ルート間隔は 4 ～ 5mm とする。

(2) 溶接条件

ワイヤ 1.2mm ϕ，炭酸ガス流量 15 ～ 20ℓ /min，ノズル－母材間距離 15 ～ 20mm。

（i）初層から最終層の1つ前の層まで－溶接電流 200 ～ 250A，アーク電圧 23 ～ 26V，前進法または後退法。

(ⅱ) 最終層―溶接電流 150 ～ 180A，アーク電圧 20 ～ 23V，前進法または後退法。

(3) 操作法

(ⅰ) 初層溶接は，小刻みなウィービング操作を行い，ビードの垂れ下がりに注意して裏当て金とルート部を十分溶かしながら，前進法または後退法で溶接する。

(ⅱ) 2層目から最終層の1つ前までの中間層は，〔付録 1.2.12－(3)－(ⅱ)・(ⅲ)〕の積層法に従ってビードを重ねていくが，各層ごとに最初のビードと同じ高さに盛るように注意しないと，**付図 1.20** に示されるようにビード表面に傾斜がついてしまう。このような場合は，斜線で示される補修ビードを置き，母材表面に対して平行になるようにビードを整えておく。

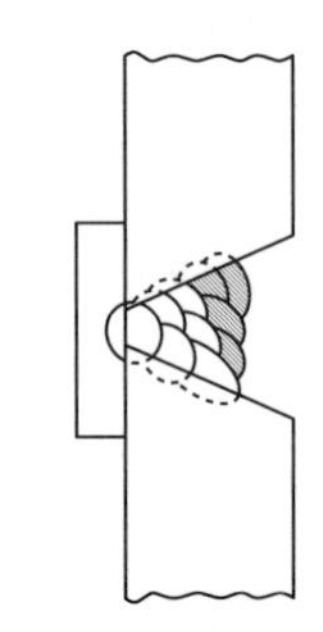

付図1.20　横向溶接における中間層のビード補修法

(ⅲ) 横向溶接ではパス数が多くなるので，溶接を一方向だけで行うと，ビードの高さが溶接の始端部は高く終端部では低くなりやすい傾向にあるので，ビードを整えるために，中間層では前進法・後退法を交互に使い分けてもよい。

(ⅳ) スラグやスパッタなどは，各層ごとに入念にチッピングハンマなどで除去する。

(ⅴ) 最終層の1つ前の層では，各パスごとにビードに高低差を生じないように注意して，母材表面より 2 ～ 3mm 低めに仕上げておく（付図 1.18 参照)。

(ⅵ) 最終層は溶接電流・電圧を下げる。トーチ角度は1パス目から最終パスの1つ前までは付図 1.18 －①に従い，最終パスは付図 1.18 －②に従う。ストレートあるいは小刻みなウィービング操作でビード表面に凹凸をつくらないように均一にビードを積重ねてゆき，ビード上端の最終パスにアンダカットが生じないように細心の注意をはらう。

(ⅶ) 最終層のビードが母材表面より低かったり，アンダカットを生じた場合などは，部分的に補修するのではなく，始端から終端まで全長にわたってビードを置く。このとき，最終層の各パスの溶接方向は同じ方向にすること。

(viii) 溶接中に起こりやすい欠陥とその主な原因・対策は，付表 1.9〔中板横向(SA－2H)〕を参照する。

1.2.15　厚板横向裏当て金なし(SN－3H)

(1) 準備

テストピースは，付図 1.10 に示される厚板裏当て金なしの準備要領に従い，ルート間隔は 1.5 ～ 2.0mm とする。

(2) 溶接条件

ワイヤ 1.2mm φ，炭酸ガス流量 15 ～ 20 ℓ /min。

(i) 初層–溶接電流　130 ～ 140A，アーク電圧　19 ～ 20V，ノズル－母材間距離　10 ～ 15mm，前進法。

(ii) 2 層目から最終層の 1 つ前の層まで–溶接電流 200 ～ 250A，アーク電圧 23 ～ 26V，ノズル－母材間距離 15 ～ 20mm，前進法または後退法。

(iii) 最終層–溶接電流 150 ～ 180A，アーク電圧 20 ～ 23V，ノズル－母材間距離 15 ～ 20mm，前進法または後退法。

(3) 操作法

(i) 初層溶接は開先の中心部をねらい，0 ～ 10° の仰角をつけて（付図 1.19 参照）ストレートあるいは小刻みなウィービング操作を行い，前進法で裏波ビードをつくる。この際，アークがルート部のすき間から裏へ抜け，溶融金属も裏面へ回り込む状態を維持する。

〈注意〉ワイヤ先端はできるだけルート部へ挿入し，開先両端を均一に溶かしながら溶融金属の先行および垂れ下がりに注意する。

(ii) 2 層目から最終層までの積層法は，前項の厚板横向裏当て金あり〔付録 1.2.14－(3)－(ii)～(vii)〕を参照する。

(iii) 溶接中に起こりやすい欠陥とその主な原因・対策は，付表 1.10〔中板横向(SN－2H)〕を参照する。

1.2.16　薄板上向(SN－1O)

(1) 準備

テストピースは，付図 1.1 に示される薄板裏当て金なしの準備要領に従い，ルート間隔は 1.4 ～ 1.6mm とする。

(2) 溶接条件

ワイヤ 1.2mm φ，炭酸ガス流量 約 20 ℓ /min，ノズル－母材間距離 10 ～ 15mm，溶接電流 120 ～ 130A，アーク電圧 18 ～ 19V。

(3) 操作法

(i) 頭上に向かって溶接を行う不自然な姿勢であるために，身体は不安定となり,安定したトーチ操作が困難である。溶接にあたっては,トーチケーブルのゆとり，腕の動きに十分余裕をもたせておく。

(ii) ワイヤは開先の中心部をねらい，トーチの保持角度は，付図 1.21 (a) (b) に従って均一な速度で前進する。

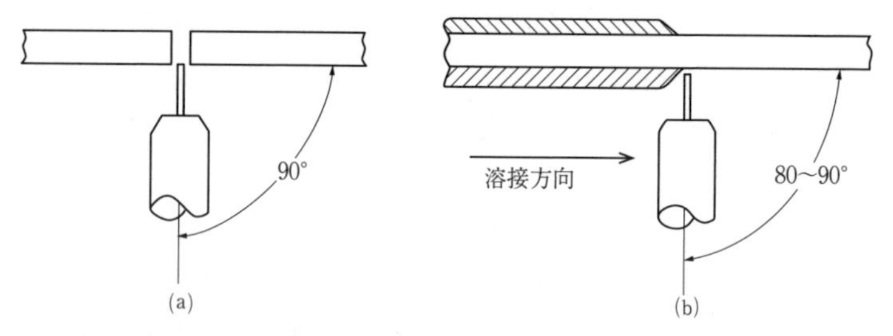

付図1.21　上向裏当て金なしのワイヤねらい位置とトーチ保持角度

(iii) ストレートまたは小刻みなウィービング操作を行い，アーク力で溶融金属の落下を防止しながら,プールを引っ張っていくような気持で操作し,ワイヤがプールから外れないように注意する。

〈注意 1〉溶接速度が遅すぎると溶融金属は垂れ下がり，ビード表面の凹凸がひどくなって甚だしい場合は落下することもあるので，溶融金属の挙動に気を配り一定速度で前進する。

〈注意 2〉トーチが進行方向へ傾きすぎると凸形（垂れ下がり）ビードとなるばかりでなく，ビードの両端にはアンダカットやワイヤの突抜け（ルート部より裏面へ）現象も起こりやすくなるので，トーチの保持角度には常に注意をはらう。

（iv）溶接中に起こりやすい欠陥とその主な原因・対策を**付表 1.11** に示す。

付表1.11　薄板上向(SN－1O)溶接中に起こりやすい欠陥―その原因と対策―

種別	欠陥	原因	対策
薄板上向裏当て金なし（SN－10）	①裏波不足	○溶接速度の速すぎ ○溶接速度遅すぎ（溶融金属先行） ○トーチの保持角度不良	○ワイヤ先端をできるだけルート部に挿入して，アークがルート部のすき間から裏面へ抜け，溶融金属も裏面へ回り込む状態を維持しながら，少し速めの速度で前進する。
	②溶落ち	○トーチの保持角度不良（後退角の付きすぎ） ○トーチ操作不良	○付図 1.21 参照。 ○小刻みなウィービング操作を行う。 ○ビードが冷えないうちに，アークを断続させて抜け穴を補充する。
	③ビード中央の垂れ下がり，（ビード両端アンダカット）	○溶接速度遅すぎ ○溶接電流，アーク電圧過大	○適正条件に設定し，ビード両端に全長にわたってストレートビードを置く。

1.2.17　中板上向裏当て金あり（SA－2O）

(1) 準備

テストピースは，付図1.2に示される中板裏当て金ありの準備要領に従う。

(2) 溶接条件

ワイヤ1.2mm φ，炭酸ガス流量 約20ℓ/min，ノズル―母材間距離10～15mm。

（i）初層－溶接電流130～140A，アーク電圧19～20V。

（ii）2層および最終層－溶接電流120～130A，アーク電圧18～19V。

(3) 操作法

（i）ワイヤは開先の中心部をねらい，トーチの保持角度は，付図1.22に従って均一な速度で前進する。

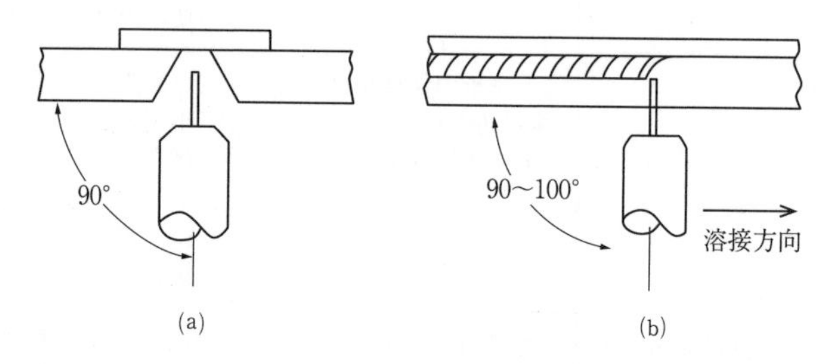

付図1.22　上向裏当て金ありのワイヤねらい位置とトーチ保持角度

（ii）初層は，裏当て金とルート部を十分溶かし，ビードが凸形にならないように若干速めの速度で溶接する。一度に多くの量を溶着すると，ビードは垂れ下がりビードの両端にはアンダカットが生じやすい。

〈注意〉この際，小刻みなウィービング操作を行うが，開先の両端では少し止めて，ルート部の溶込不良およびアンダカットの発生を防止する。

（iii）2層目は，均一なウィービング操作で初層ビードの両端と開先面を十分溶かし，ビードは母材表面より1～2mm下げて，できるだけ平らなビードに仕上げておく。

（iv）3層目は仕上げビードとなるので，アンダカットが生じないように，ウィービング操作は開先の両端部ではゆっくり，中央部は速く行い，ビードの垂れ下がりにも注意する。

（v）溶接中に起こりやすい欠陥とその主な原因・対策を**付表1.12**に示す。

付表1.12 中板上向（SA－20）溶接中に起こりやすい欠陥―その原因と対策―

種別	欠 陥	原 因	対 策
中板上向裏当て金あり（SA－20）	①初層ビードの垂れ下がり	○トーチ操作不良（アーク熱の集中）	○開先の両ルート面を十分溶かし，前進法または後進法でプールの先端部でアークを発生させながら，少し速めの速度で前進する。
	②ビード両端の溶込不良	○初層ビードの垂れ下がり	○トーチ操作は立向き上進の場合と同様にウィービングを行い，開先両端部でゆっくり，ビード中央は速く操作する。
	③仕上げビードのアンダカット	○2層目のビード不良 ○トーチ操作不良	○トーチは母材面に対しておよそ垂直に保ち，開先の表面幅を確実にウィービング操作して十分肉を補充しながら，ビードを積重ねる。

1.2.18 中板上向裏当て金なし（SN－20）

(1) 準備

テストピースは，付図1.4に示される中板裏当て金なしの準備要領に従い，ルート間隔は1.5～2.0mmとする。

(2) 溶接条件

ワイヤ1.2mm φ，炭酸ガス流量 約20 ℓ /min，ノズル－母材間距離 10～15mm，溶接電流120～130A，アーク電圧18～19V。

(3) 操作法

（i）初層溶接は，付図1.22(a)と(b)に示されるトーチ保持角度で開先の中心部をねらい，ワイヤの先端はできるだけルート部へ挿入して，アーク力で溶融金属の落下を防止する。

〈注意1〉アークがルート部のすき間から裏へ抜け，溶融金属も裏面へ回り込む状態を維持しながら前進する。

〈注意 2〉ルート部を溶かしすぎてルート間隔が広がりすぎると，裏波はテストピース裏面の高さより低くなり，裏波ビードと母材との境界部にアンダカットが発生しやすいので，ルート部をアークで溶かしすぎないように留意する。

〈注意 3〉溶接速度が遅すぎると裏波は出にくくなり，逆に速すぎると裏波ビードの両端にアンダカットが生じやすい。

（ii）裏当て金ありの場合と比較して開先部の断面が小さく，必要溶着金属量は少なくてすみ，初層ビードも垂れ下がりやすいので，2層目ビードが仕上げ層となる。

（iii）仕上げ層の溶接は，トーチを母材面に対しておよそ垂直に保ち，均一なウィービング操作で初層ビードの両端を十分溶かしながら，溶融金属の垂れ下がりに気をつけて十分肉を補充し，ビードの両端にアンダカットをつくらないように仕上げる。

（iv）溶接中に起こりやすい欠陥とその主な原因・対策を**付表 1.13** に示す。

付表1.13　中板上向(SN−20)溶接中に起こりやすい欠陥―その原因と対策―

種別	欠陥	原因	対策
中板上向裏当て金なし（SN-20）	①裏波不足 （ビード中央の垂れ下がり）	○溶接速度の遅すぎ	○ワイヤ先端をできるだけルート部に挿入して，アークがルート部のすき間から裏へ抜け，溶融金属も裏面へ回り込む状態を維持しながら，少し速めの速度で前進する。
	②初層溶落ち	○トーチ操作不良	○前進角約 10° をつけて小刻みなウィービング操作を行う。 ○ビードが冷えないうちにアークを断続させて抜け穴を補充する。
	③層間の溶込不良	○付表 1.12―②を参照する	
	④仕上げビードのアンダカット	○トーチ操作不良	○④⑤について，ウィービング幅は開先の表面幅だけ均一に，またピッチも正確に行い，ビードの中央部は速く，両端では少し止めるウィービングの基本操作を再認識する。
	⑤仕上げビード余盛過大	○溶接速度の遅すぎ	

1.2.19　厚板上向き裏当て金あり（SA－3O）

(1) 準備

テストピースは，付図 1.7 に示される厚板裏当て金ありの準備要領に従う。

(2) 溶接条件

ワイヤ 1.2mm ϕ，炭酸ガス流量 約 20ℓ /min，ノズル－母材間距離 15 ～ 20mm。

（ i ）初層から最終層の 1 つ前の層まで—溶接電流 130 ～ 150A，アーク電圧 19 ～ 21V。

（ ii ）最終層－溶接電流 120 ～ 130A，アーク電圧 18 ～ 19V。

(3) 操作法

（ i ）初層より 3 層目までは，1.2.17 項〔中板裏当て金あり (3)－(i)～(iv)〕に準じて行う。

（ ii ）4 層目以後も，均一なウィービング操作でビードを積重ねていくが，4 ～ 5 層目になるとビード幅も広くなり，あまりウィービングの振幅を大きくすると，溶込不良やブローホールの発生原因ともなるので，**付図 1.23** に示すように 4 層目あたりから 2 パスに振分けてビードを置く。

付図1.23　厚板上向溶接の積層法

（iii）振分けビードの 1 パス目のビード幅が広すぎたり垂れ下がると，2 パス目の開先が狭くなり（**付図 1.24** 参照），2 パス目は溶込不足や凸形ビードになりやすいので，1 パス目のビードはあまり広げすぎないようにする。2 パス目は，1 パス目のビードに重なるようにウィービング操作して，ビードのラップ部に溶込不良が発生しないように注意する。

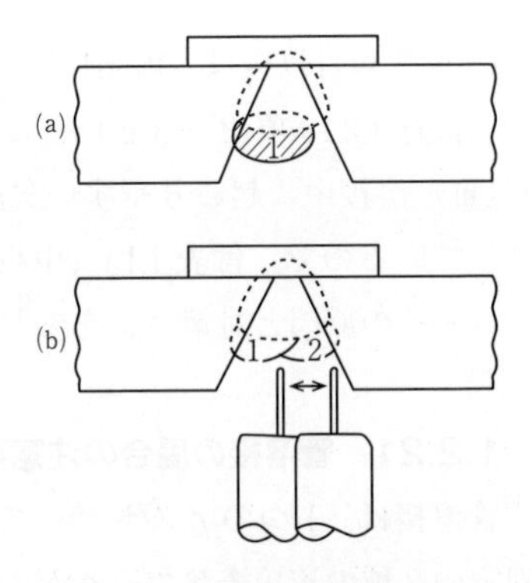

付図1.24　厚板上向溶接における
ビードの振分け法

(iv) 最終層もウィービング操作により2パスで仕上げるが，1パス，2パスビード共に，開先の両端では少し止めてアンダカットや余盛不足の発生に留意し，2パス目のビードは均一にラップさせて，ビード高さや幅に不揃いが生じないように仕上げる。

(v) 溶接中に起こりやすい欠陥は，その大半が初層および中間層に集中しているので，付表1.12〔中板上向(SA－2O)溶接中に起こりやすい欠陥－その原因と対策－〕を参照する。

1.2.20　厚板上向裏当て金なし(SN－3O)

(1) 準備

テストピースは，付図1.10に示される厚板裏当て金なしの準備要領に従う。

(2) 溶接条件

ワイヤ　1.2mm ϕ，炭酸ガス流量　約20 ℓ /min。

(i) 初層－溶接電流 120～130A，アーク電圧 18～19V，ノズル－母材間距離 10～15mm。

(ii) 2層目から最終層の1つ前の層まで—溶接電流 130～150A，アーク電圧 19～21V。

(iii) 最終層－溶接電流 120～130A，アーク電圧 18～19V。

(3) 操作法

(i) 初層および2層目の溶接は，付録1.2.18項〔中板裏当て金なし(3)－(i)～(iii)〕に準じて行う。

(ii) 3層目以後は，前項の厚板上向裏当て金ありと同様の方法をとるので，付録1.2.19項(3)－(ii)～(iv)を参照する。

(iii) 溶接中に起こりやすい欠陥は，その大半が初層および中間層に集中しているので，付表1.13〔中板上向（SN－2O）溶接中に起こりやすい欠陥－その原因と対策－〕を参照する。

1.2.21　管溶接の場合の注意事項

管溶接は，1つのテストピースを付図1.25に示すように，水平固定，鉛直固定の2種の溶接姿勢で行うが，管溶接といっても特別なトーチ操作が必要とされるわけではなく，横向，立向，上向溶接などの基本操作と何ら変わりはない。

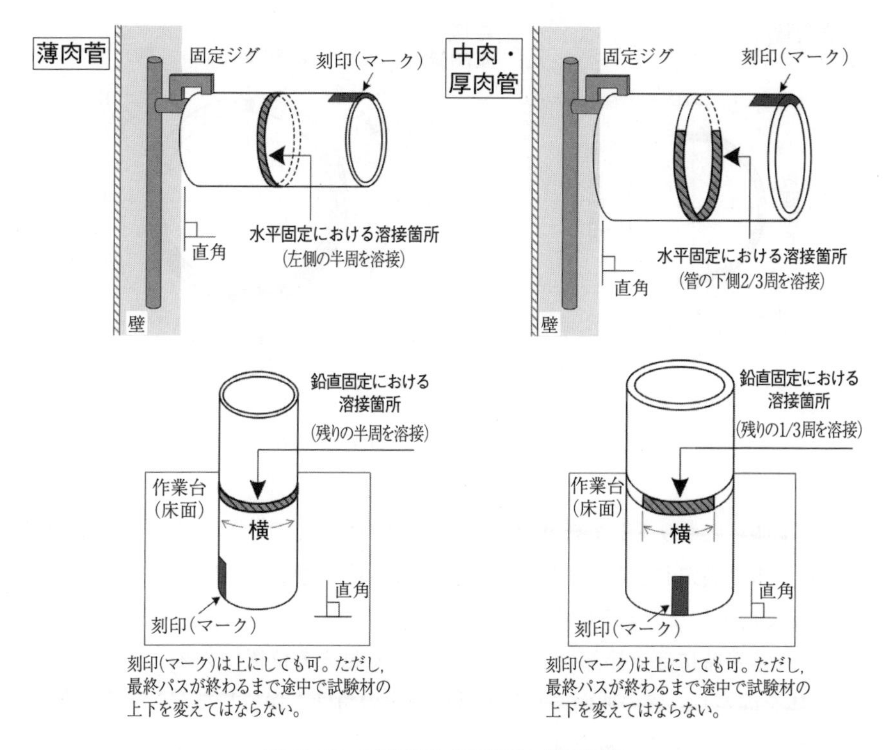

付図1.25 管溶接の水平固定と鉛直固定

(1) テストピースの位置および姿勢

(i) 付図1.25に示すように水平固定ではマークを手前側の真上になるように，ジグをセットし，鉛直固定ではマークを下側にして溶接する。それぞれの溶接を開始してから終了するまで，マークの上下および左右の方向は変えてはならない。

(ii) **付図1.26 (a)** に示すように薄肉管の水平固定ではマークを手前側の真上にして左半分を溶接し，鉛直固定ではマークを床面側（下側）にセットして残りの半周を溶接する。

(iii) 付図1.26 (b) に示すように中肉管，厚肉管の水平固定ではマークを手前の真上にして，管の下側2/3周を溶接し，鉛直固定ではマークを床面側

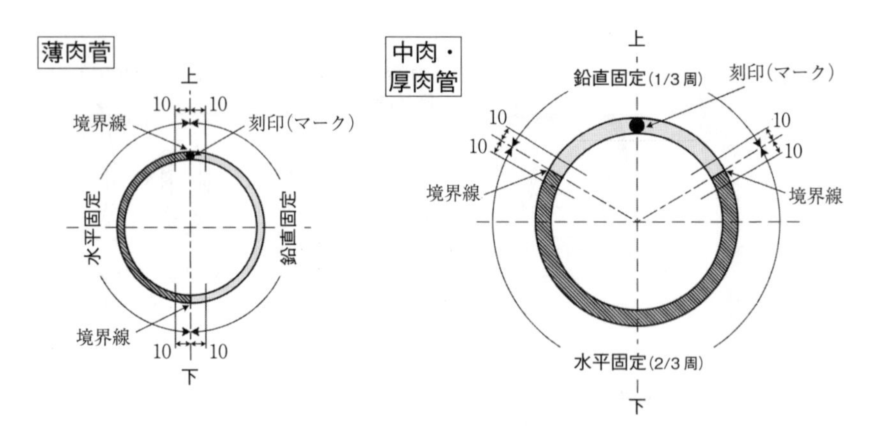

付図1.26　管溶接におけるテストピースの固定法

（下側）にセットして残りの1/3周を溶接する。

(iv) 水平固定および鉛直固定の溶接では，境界線からそれぞれ10mmを超えて溶接しないように注意する。

(v) 溶接時には溶接部の前後，左右がよく見える位置にテストピースと身体を固定し，管の曲面に対して常に一定の角度を保持しながら溶接の進行が容易にできる姿勢を選ぶ。

(2) 溶接条件

(i) 鉛直固定の場合

板厚, 裏当て金あり, 裏当て金なしに応じて横向姿勢（1.2.11～1.2.15項）を参照する。

(ii) 水平固定の場合

板厚，裏当て金あり，裏当て金なしに応じて立向姿勢（1.2.6～1.2.10項）や上向姿勢（1.2.16～1.2.20項）を参照する。

(3) 操作法

(i) 上向姿勢から立向, あるいは立向姿勢から上向と溶接位置が変化し（付図1.26参照）身体もふらつきやすく，トーチの保持が困難であるので，遮光面は，手持面ではなくヘルメット(かぶり面)の使用が望ましい。

(ii) 鉛直固定の場合

横向溶接の積層法に準じて溶接を行うが，トーチ角度が常に変化するので，その変化に対応できるように手首の動きに十分余裕をもたせておく。

（iii）水平固定の場合

立向，上向溶接の積層法に準じて溶接を行うが，溶融金属の挙動に気を配り，溶融金属の先行，ビードの垂れ下がりに注意する。

付録2　溶 接 用 語

アーク長	アーク部両端間の距離。	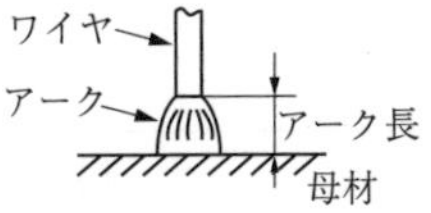 ワイヤ アーク アーク長 母材
アーク電圧	アークの両端（電極と母材とのアーク発生点）間の電圧。	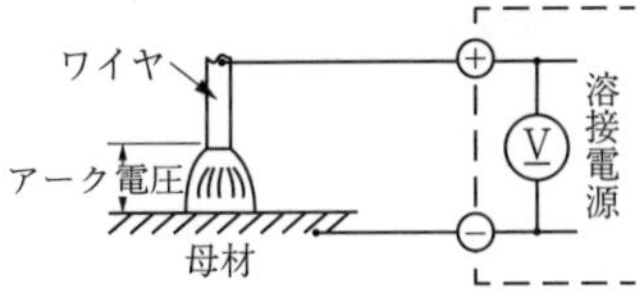 ワイヤ アーク電圧 母材 溶接電源 V
アンダカット	母材または既溶接の上に溶接して生じた止端の溝。	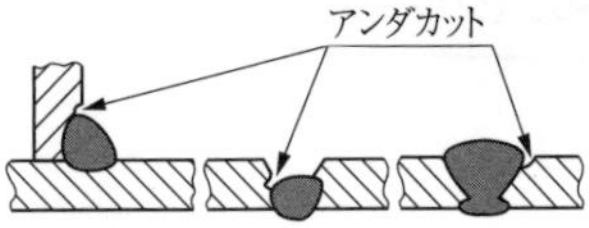 アンダカット
イナートガスアーク溶接	ティグ溶接およびミグ溶接の総称。	
ウィービング法	溶接棒またはトーチを溶接方向に対してほぼ横方向に交互に動かしながら溶接する方法。	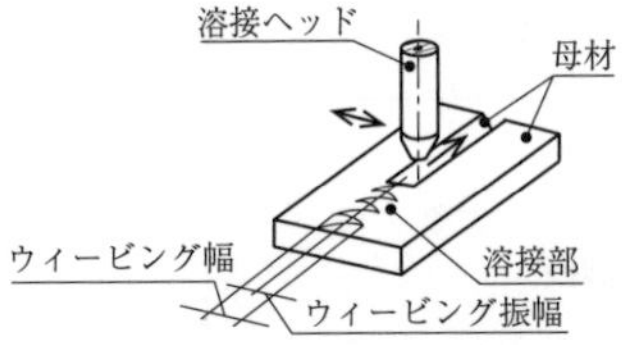 溶接ヘッド 母材 ウィービング幅 溶接部 ウィービング振幅
裏当て	開先溶接において，片面から溶接施工するため，または溶け落ち，欠陥の発生などを防止するために，開先の底部に裏から当てる金属，粒状フラックスなど。 注記：金属板であって母材とともに溶接される場合は，裏当て金ともいう。	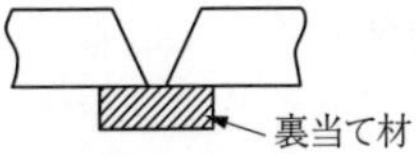 裏当て材
裏波ビード	片面溶接法において，電極と反対側（裏側）とにできる整った波形のビード。	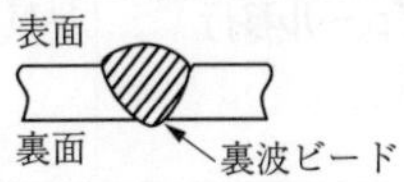 表面 裏面 裏波ビード

用語	説明	図
裏はつり	開先溶接で，開先底部の欠陥部分または第1層部分などを裏側からはつり取ること。	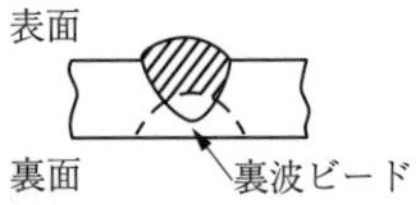 表面 裏面 裏波ビード
上向姿勢	溶接線がほぼ水平な継手に対し，下方から上を向いて行う溶接姿勢。	
オーバラップ	容着金属が止端で母材に融合しないで重なった部分。	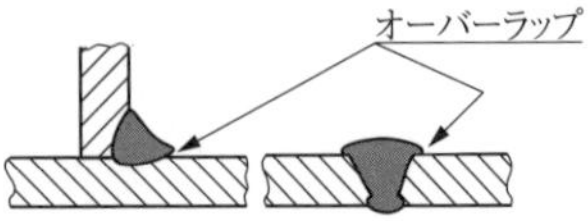 オーバーラップ
開先（グルーブ）	溶接する母材間に設ける溝。グルーブともいう。	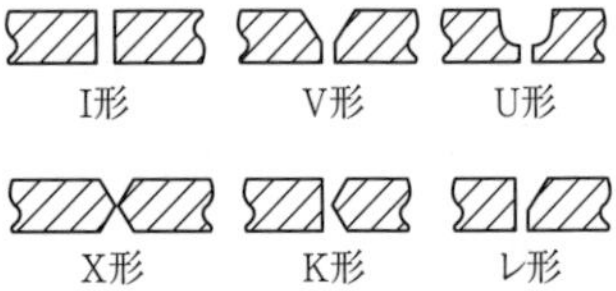 I形　V形　U形 X形　K形　レ形
開先角度	溶接する母材間に設ける溝の角度。	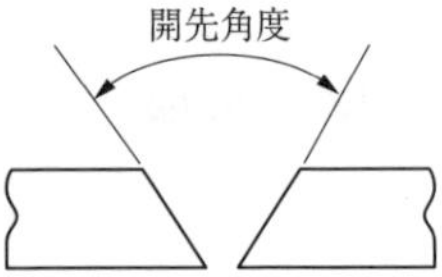 開先角度
脚長	継手のルートからすみ肉溶接の止端までの距離。	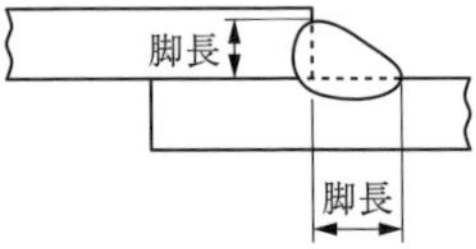 脚長 脚長
クレータ	溶接ビードの終端にできるくぼみ。	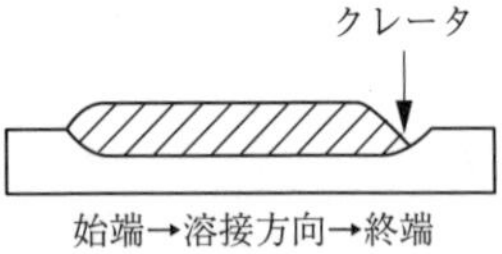 クレータ 始端→溶接方向→終端
グロビュール移行	アークによって溶けた溶接ワイヤが大きな粒となって，母材へ移行すること。	

後進溶接	溶接の進行方向が溶接棒またはトーチの方向と反対の溶接。進行方向に対し同一方向にトーチを傾け溶接する方法。	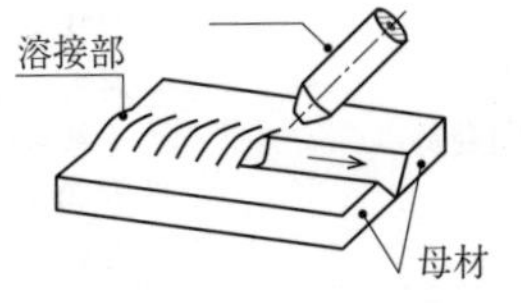
後退法（溶着順序の後退法）	進行方向と溶着方向とが反対になるように溶着する方法。バックステップ溶接という。	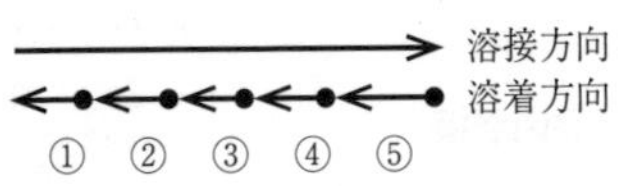
後熱	溶接部またはガス切断部に後から熱を加えること。	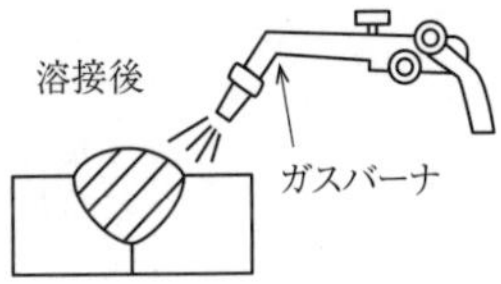
磁気吹き（アークブロー）	アークが電流の磁気作用によって片寄る現象。アークブローともいう。	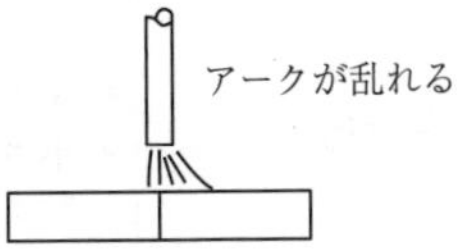
下向姿勢	溶接軸がほぼ水平となる継手に対し上方から下を向いて行う溶接姿勢。	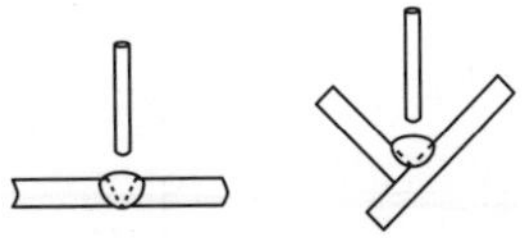
止端（したん）（トウ）	母材の面と溶接ビードの表面とが交わる点。	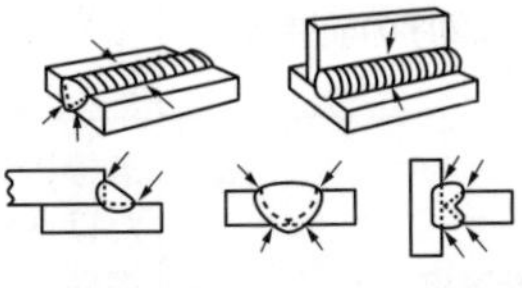
使用率	全時間に対する負荷時間の比の百分率。全時間の周期は，10分間とする。	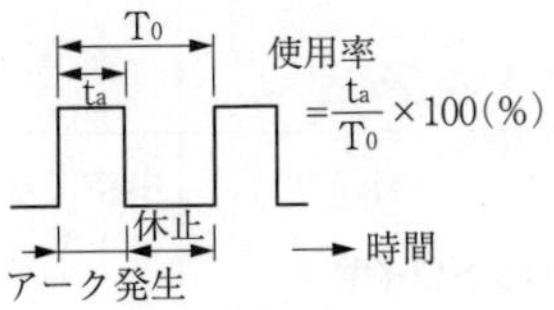
垂下特性	アーク溶接用電源の外部特性の一種であって，負荷電流の増大とともに端子電圧が著しく低くなる特性。	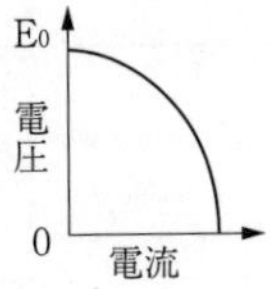

横向姿勢	溶接軸がほぼ水平な継手に対し，横方向にビードを置く姿勢。図のうち，右端のものを特に水平すみ肉姿勢という。	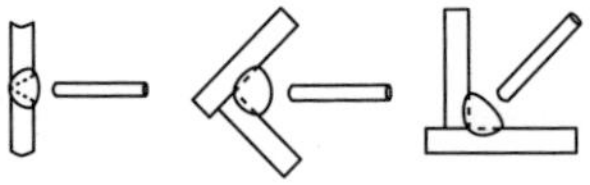
すみ肉溶接	重ね継手，T継手，角継手などにおいて，ほぼ直交する2つの面を溶接結合する三角形状の断面をもつ溶接。	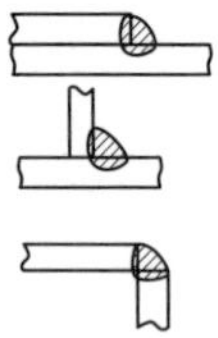 重ね継手 T継手 かど継手
スバッタ	アーク溶接，ガス溶接，ろう接などにおいて，溶接中に飛散するスラグおよび金属粒。	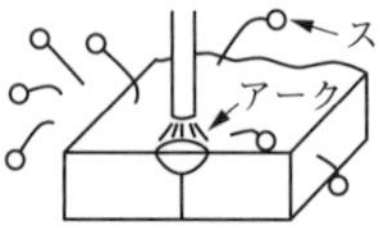 スパッタ アーク
スプレー移行	アークによって溶けた溶接ワイヤ先端がワイヤ径よりも小さな粒となって母材へ移行すること。	
スラグ	溶接部に生じる非金属物質。	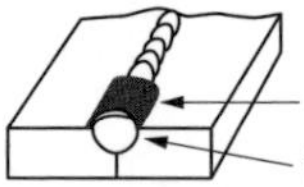 スラグ 溶着金属
前進法 (溶着順序の前進法)	進行方向と溶着方向とが同一になるように溶着する方法。	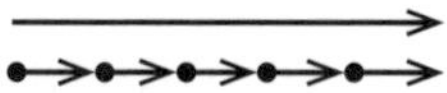 溶接方向 溶着方向 ① ② ③ ④ ⑤
前進溶接	溶接の進行方向が溶接棒またはトーチの方向と同一の溶接。	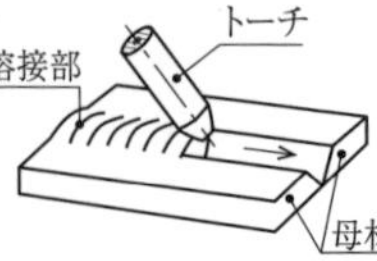 トーチ 溶接部 母材
ソリッドワイヤ	中空でない断面同質の溶接ワイヤ。	 ワイヤ断面
多層溶接	ビードを2層以上重ねる溶接。	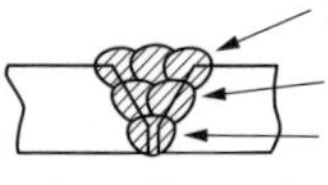 3層目 2層目 1層目 (3層溶接の場合)

立向溶接	溶接軸がほぼ鉛直な継手に対し，上または下から鉛直にビードを置く溶接姿勢。	 上進溶接 下進溶接
タック溶接（仮付溶接）	本溶接の前に定められた位置に溶接物の部材を保持するための溶接。 注記：従来，一時的溶接を含めて仮付溶接ともいわれている。	
短絡移行	溶接ワイヤの先端が母材と短絡して，溶融金属が母材へ移行すること。	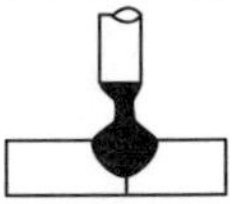
定格溶接電流	溶接機に定められた条件で流し得る電流。	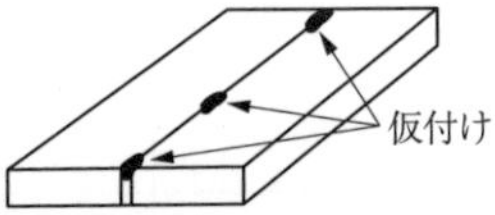 仮付け
定電圧特性	アーク溶接用電源の外部特性の一種であって，負荷電流が増大しても端子電圧があまり変化しないもの。	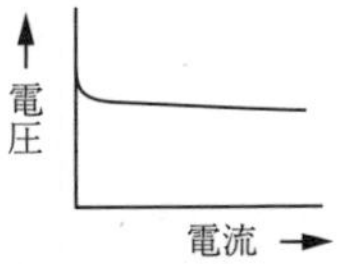 電圧 電流
突出し長さ	コンタクチップの先端から溶接ワイヤが突出している長さ。	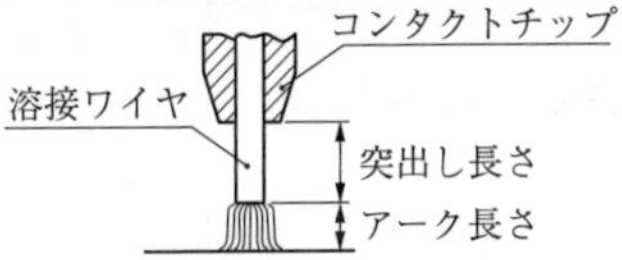 コンタクトチップ 溶接ワイヤ 突出し長さ アーク長さ
溶込み	母材の溶けた部分の最頂点と，溶接する面の表面との距離。	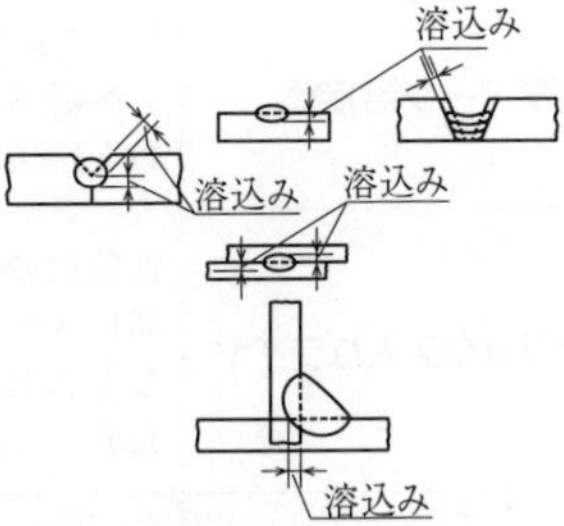 溶込み 溶込み 溶込み 溶込み
熱影響部	溶接や切断などの熱で金属組織，冶金的性質，機械的性質などが変化を生じた溶融していない母材の部分。	 溶接金属（母材+溶着金属） 熱影響部

ノズル−母材間距離	ノズルの先端と母材表面の距離。	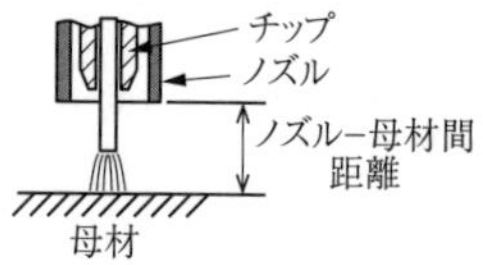
パス	溶接線に沿って行う1回の溶接操作。 注記：溶接は，1または複数のパスで構成される。	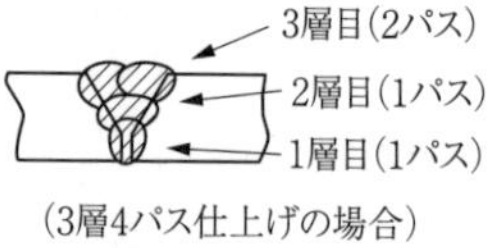
パス間温度	多層溶接において次のパスを溶接する直前の溶接金属および近接する母材の温度。	
ピーニング	特殊なハンマで溶接部を連続的に打撃して，表面層に塑性変化を与える操作。	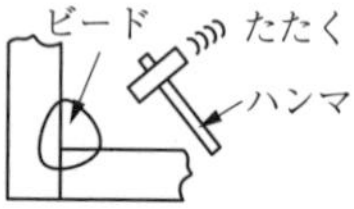
ピット	溶接部の表面まで達し，開口した気孔。	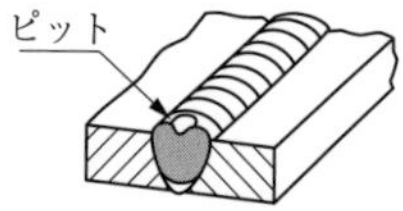
被覆アーク溶接	被覆アーク溶接棒を用いて行う溶接。単に手溶接ともいう。	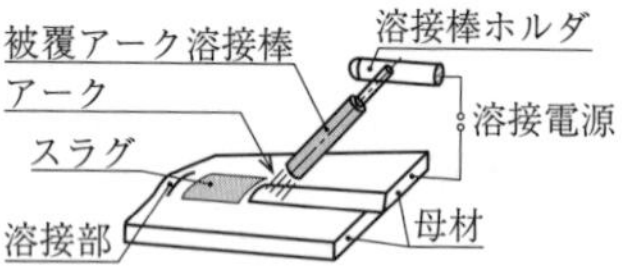
被覆アーク溶接棒	アーク溶接の電極として用いる溶接棒で，被覆剤を施してあるもの。溶接棒ともいう。	
フラックス入りワイヤ	管状になっていて，その内部にアークの安定化，脱酸などの目的でフラックスを充填した溶接ワイヤ。	
ブローホール	溶接金属中に生じる球状の空洞。	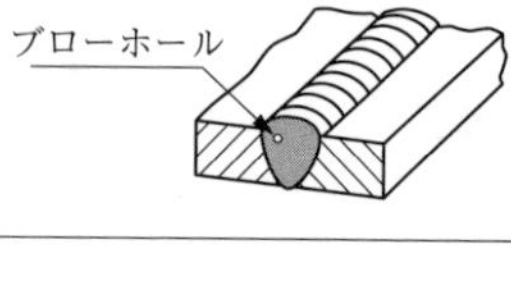

棒プラス（逆極性）	直流アーク溶接の場合の接続方法で，母材を 電源のマイナス側に，溶接棒または電極をプラス側に接続すること。溶接ワイヤの場合には，ワイヤプラスともいう。	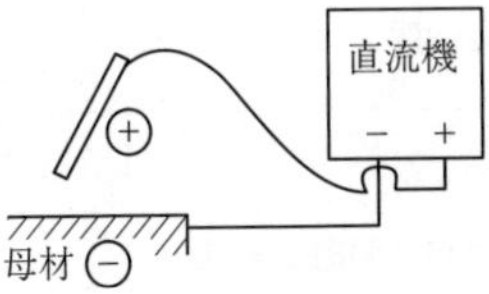
棒マイナス（正極性）	直流アーク溶接の場合の接続方法で，母材を電源のプラス側に，溶接棒または電極をマイナス側に接続すること。溶接ワイヤの場合はワイヤマイナスともいう。	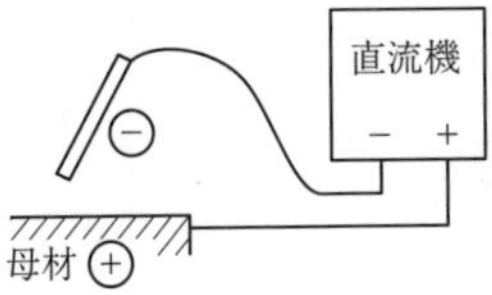
母材	溶接または切断される材料。	
マグ溶接	炭酸ガス，アルゴンと炭酸ガスとの混合ガスなどの活性シールドガスを用いる，ガスシールドメタルアーク溶接。	
ミグ溶接	アルゴン，ヘリウムなどのイナートガスでシールドするガスシールドメタルアーク溶接。	
溶接電流	溶接に必要な熱を与えるために流す電流。	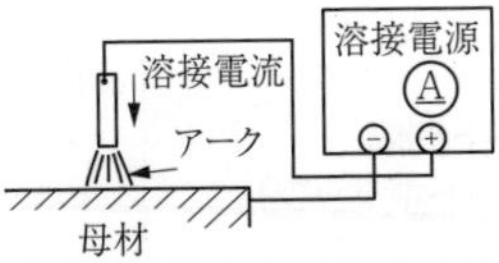
溶接ひずみ	溶接によって部材に生ずる変形。	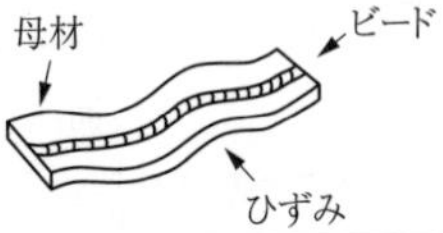
溶接割れ	冷却または応力の影響で発生する固相の局部破壊による不連続部。	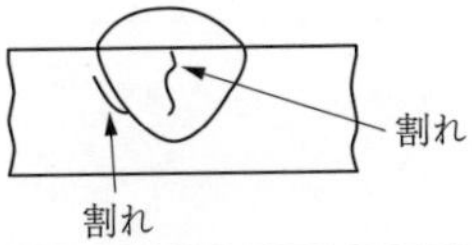
溶着金属	溶加材から溶接部に移行した金属。	
溶着率	溶加材の消耗質量に対する溶着金属の質量比。	
溶着速度	単位溶接時間当たりの溶着金属の質量。	

溶融速度	単位時間に溶加材の溶ける長さまたは質量。	
溶融池（溶融プール）	溶接中にアークなどの熱によってできた溶融金属の溜まり。	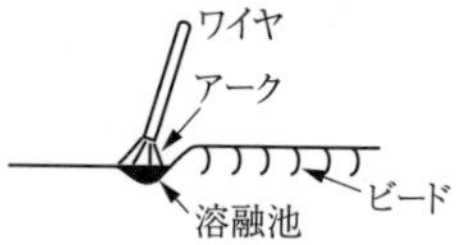
予熱	溶接または熱切断に先立って行う母材の加熱。	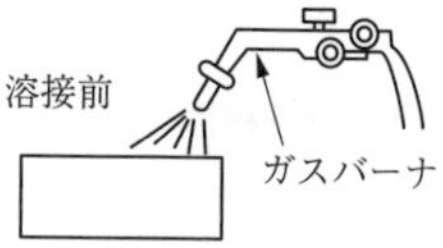
溶滴	溶加材がアークなどの加熱で溶けて作る溶融金属の粒。	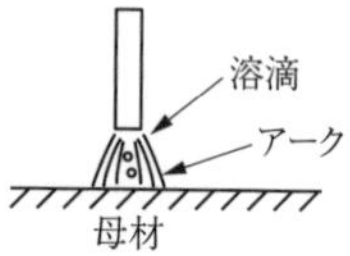
余盛	母材面から盛り上がった部分，またはすみ肉溶接では止端を結ぶ線以上に盛り上った溶着金属。	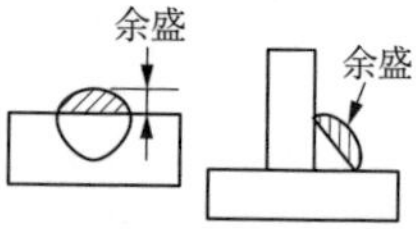
ルート間隔（ルートギャップ）	溶接継手の底部の間隔。	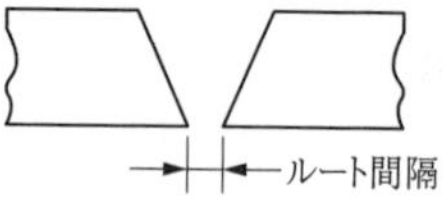
ルート面（ルートフェース）	開先の底部の立ち上がった面。	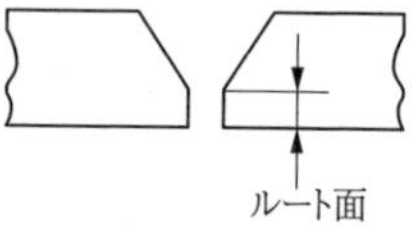

付録3　半自動溶接条件表

(1) I形突合せ溶接条件例（裏当て金なし）

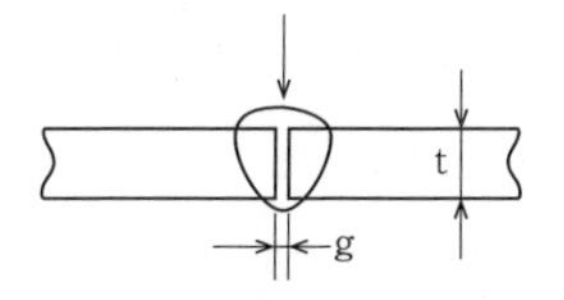

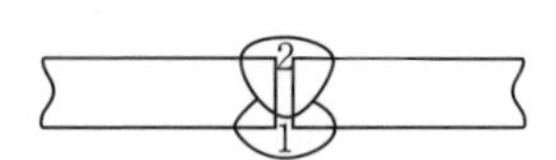

板　厚 t(mm)	ルート間隔 g(mm)	ワイヤ径 (mm φ)	溶接電流 (A)	アーク電圧 (V)	溶接速度 (cm/min)	炭酸ガス流量 (ℓ /min)	層　数	
1.2	0	0.8, 0.9	70～80	18～19	45～55	10	1	
1.6	0	0.8～1.0	80～100	18～19	45～55	10～15	1	
2.0	0～0.5	0.8～1.0	100～110	19～20	50～55	10～15	1	
2.3	0.5～1.0	1.0, 1.2	110～130	19～20	50～55	10～15	1	
3.2	1.0～1.2	1.0, 1.2	130～150	19～21	40～50	10～15	1	
4.5	1.2～1.5	1.2	150～170	21～23	40～50	10～15	1	
6.0	1.2～1.5	1.2	220～260	24～26	40～50	15～20	表1 裏1	2
9.0	1.2～1.5	1.2	320～340	32～34	45～55	15～20	表1 裏1	2

(2) V形，X形開先条件例

板厚 t(mm)	開先形状	ルート間隔 g(mm)	ルート面 h(mm)	ワイヤ径 (mmφ)	溶接電流 (A)	アーク電圧 (V)	溶接速度 (cm/min)	炭酸ガス流量 (ℓ/min)	層数	
12		0～0.5	4～6	1.2	300～350	32～35	30～40	20～25	表	2
					300～350	32～35	45～50	20～25	裏*	
				1.6	380～420	36～39	35～40	20～25	表	2
					380～420	36～39	45～50	20～25	裏*	
16		0～0.5	4～6	1.2	300～350	32～35	25～30	20～25	表	2
					300～350	32～35	30～35	20～25	裏*	
				1.6	380～420	36～39	30～35	20～25	表	2
					380～420	36～39	35～40	20～25	裏*	
16		0	4～6	1.2	300～350	32～35	30～35	20～25	表	2
					300～350	32～35	30～35	20～25	裏	
				1.6	380～420	36～39	35～40	20～25	表	2
					380～420	36～39	35～40	20～25	裏	
19		0	5～7	1.6	400～450	36～42	25～30	20～25	表	2
					400～450	36～42	25～30	20～25	裏	
				1.6	400～420	36～39	45～50	20～25	1 表·裏	4
					400～420	36～39	35～40	20～25	2	
25		0	5～7	1.6	400～420	36～39	40～45	20～25	1 表·裏	4
					420～450	39～42	30～35	20～25	2	

*印は裏はつり有

(3) 水平すみ肉溶接条件例

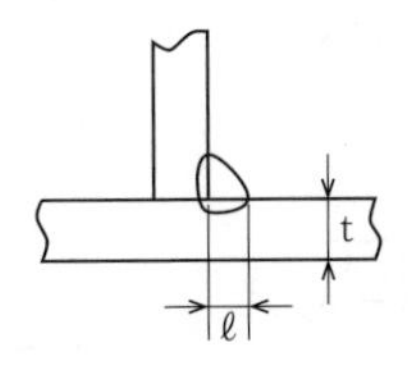

板　厚 t(mm)	脚長 ℓ(mm)	ワイヤ径 (mmφ)	溶接電流 (A)	アーク電圧 (V)	溶接速度 (cm/min)	炭酸ガス流量 (ℓ/min)
1.2	2.5 ~ 3.0	0.8 ~ 1.0	70 ~ 100	18 ~ 19	50 ~ 60	10 ~ 15
1.6	2.5 ~ 3.0	0.8 ~ 1.2	90 ~ 120	18 ~ 20	50 ~ 60	10 ~ 15
2.0	3.0 ~ 3.5	0.8 ~ 1.2	100 ~ 130	19 ~ 20	50 ~ 60	15 ~ 20
2.3	3.0 ~ 3.5	1.0, 1.2	120 ~ 140	19 ~ 21	50 ~ 60	15 ~ 20
3.2	3.0 ~ 4.0	1.0, 1.2	130 ~ 170	19 ~ 21	45 ~ 55	15 ~ 20
4.5	4.0 ~ 4.5	1.2	190 ~ 230	22 ~ 24	45 ~ 55	15 ~ 20
6.0	5.0 ~ 6.0	1.2	250 ~ 280	26 ~ 29	40 ~ 50	15 ~ 20
9.0	6.0 ~ 7.0	1.2	280 ~ 300	29 ~ 32	35 ~ 40	15 ~ 20
12.0	7.0 ~ 8.0	1.2	300 ~ 340	32 ~ 34	30 ~ 35	20 ~ 25

(4) 下向すみ肉溶接条件例

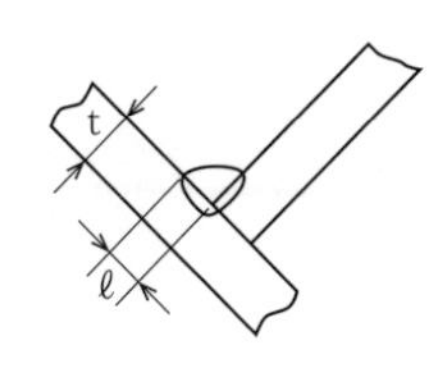

板　厚 t(mm)	脚長 ℓ(mm)	ワイヤ径 (mmφ)	溶接電流 (A)	アーク電圧 (V)	溶接速度 (cm/min)	炭酸ガス流量 (ℓ/min)
1.2	2.5 ~ 3.0	0.8 ~ 1.0	80 ~ 110	18 ~ 19	50 ~ 60	10 ~ 15
1.6	2.8 ~ 3.0	0.8 ~ 1.2	100 ~ 120	18 ~ 20	50 ~ 60	10 ~ 15
2.0	3.0 ~ 3.5	1.0, 1.2	110 ~ 130	19 ~ 20	50 ~ 60	15 ~ 20
2.3	3.0 ~ 3.5	1.0, 1.2	120 ~ 140	19 ~ 21	50 ~ 60	15 ~ 20
3.2	3.5 ~ 4.0	1.0, 1.2	140 ~ 170	20 ~ 22	45 ~ 55	15 ~ 20
4.5	4.0 ~ 4.5	1.2	200 ~ 250	23 ~ 26	45 ~ 55	15 ~ 20
6.0	5.0 ~ 6.0	1.2	280 ~ 300	29 ~ 32	45 ~ 50	15 ~ 20
9.0	6.0 ~ 8.0	1.2	300 ~ 350	32 ~ 34	40 ~ 45	15 ~ 20
12.0	10.0 ~ 12.0	1.2	320 ~ 350	33 ~ 36	25 ~ 35	20 ~ 25
		1.6	380 ~ 420	36 ~ 40	25 ~ 35	20 ~ 25

(5) 重ねすみ肉溶接条件例

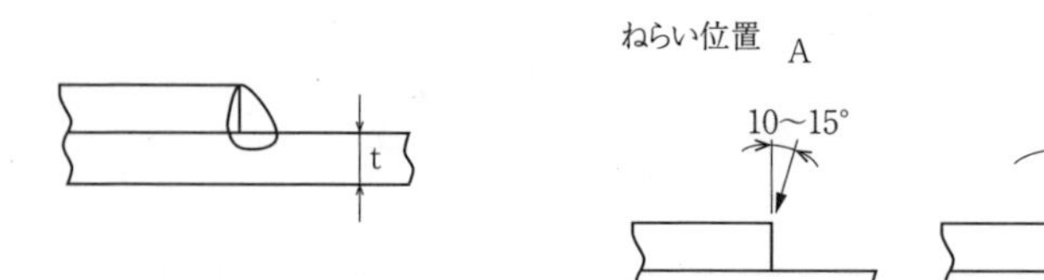

板　厚 t(mm)	ワイヤ径 (mmφ)	溶接電流 (A)	アーク電圧 (V)	溶接速度 (cm/min)	ねらい位置	炭酸ガス流量 (ℓ/min)
1.2	0.8 〜 1.0	80 〜 110	18 〜 19	45 〜 55	A	10 〜 15
1.6	0.8 〜 1.2	100 〜 120	18 〜 20	45 〜 55	A	10 〜 15
2.0	1.0, 1.2	100 〜 130	18 〜 20	45 〜 55	A または B	15 〜 20
2.3	1.0, 1.2	120 〜 140	19 〜 21	45 〜 50	B	15 〜 20
3.2	1.0, 1.2	130 〜 160	19 〜 22	45 〜 50	B	15 〜 20
4.5	1.2	150 〜 200	21 〜 24	40 〜 45	B	15 〜 20

演習問題

1.　溶接機器の取扱いと操作

問題 1.1　次の図は，炭酸ガス半自動アーク溶接機の接続系統図である。図中の（　　）内に適切な名称を下記の語群から選び，その番号を記入せよ。

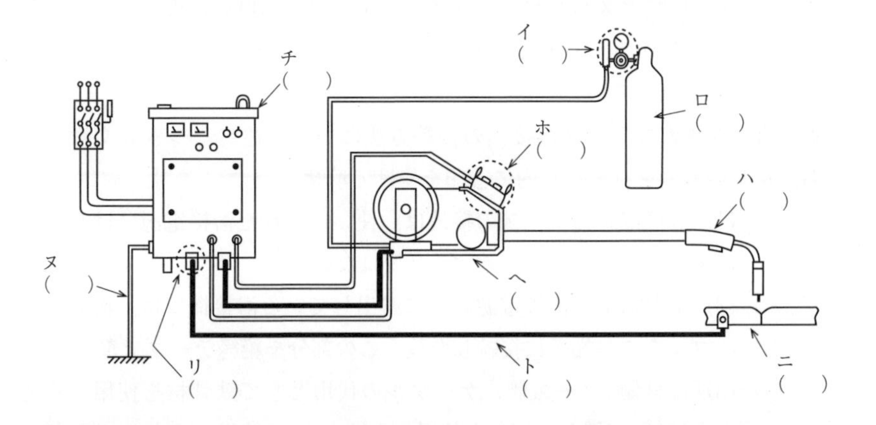

語群：

(1) 溶接トーチ，(2) 溶接電源プラス側端子，(3) 溶接電源マイナス側端子，(4) 母材側溶接ケーブル，(5) 接地線，(6) リモコンボックス，(7) 炭酸ガスボンベ，(8) 炭酸ガス流量調整器，(9) 溶接電源，(10) 母材，(11) ワイヤ送給装置

問題 1.2　炭酸ガスアーク溶接機の設置および作業場所について述べた下記の文章のうち，内容に誤りのあるものを（　　）内に×印をつけて示せ。

（　　）(1) 溶接電源は，直射日光のあたる場所や，湿気の多いところへ設置しないようにすべきである。

（　　）(2) 溶接機の一次側入力電源に設けられているヒューズの電流容量は，大きいほど安全である。

（　　）(3) 溶接機を多数使用する場合，それぞれの溶接電源の間は少なくとも 30cm 程度あける必要がある。

（　　）(4) 溶接電源の二次側のケーブルが長すぎると，短絡移行域での溶接作業は安定に維持しにくいが，一次側ケーブルは長くてもかまわない。

（　　）(5) 炭酸ガスアーク溶接では，溶接する場所で 5m/sec 程度の風があっても，普通，溶接には問題がない。

（　　）(6) 炭酸ガスボンベは，ガスを流すとボンベ自体が冷えすぎて霜がつくので，直射日光のあたる場所に置く方がよい。

問題 1.3　炭酸ガスアーク溶接機の接続方法について述べたつぎの文章のうち，正しいものを（　　）内に○印をつけて示せ。

（　　）(1) 溶接電源のケースの接地は，使い古された溶接電源には必要であるが，新品では接地する必要はない。

（　　）(2) 出力端子が溶接電源の外に露出している溶接機では，溶接ケーブルをこの端子に接続した後，この部分を絶縁テープで覆う。

（　　）(3) 母材側（アース側）ケーブルの代用として鉄骨材を使用する場合には，銅線ケーブルを使用する場合の 10 倍以上の太さ（断面積）のものであればよい。

（　　）(4) 短絡移行域でのアーク溶接において溶接ケーブルが長い場合には，溶接ケーブルをまっすぐに伸ばして使用するよりも，一ヶ所にぐるぐる巻きにして束ねておいた方が，アークの安定性がよい。

（　　）(5) 溶接電源のケースを接地する接地線には，ほとんど電流が流れないので，1.25mm^2 のビニール電線で十分である。

問題 1.4 溶接準備の手順について述べたつぎの文章中の（　　）内に，下記の語群から適切なものを選び，その記号を記入せよ。

(1) 炭酸ガスボンベを運搬する場合には，ボンベに（イ.　　　）を被せて移動する。ボンベの使用にあたっては，ボンベの口金に付着している（ロ.　　　）や，ほこりを除去したのち，炭酸ガス流量調整器を取りつける。

(2) 炭酸ガス流量調整器を取りつけた後，ボンベの元栓を開く前に，圧力調整ハンドルのある調整器では，このハンドルが(ハ.　　　)ことを確認する。

(3) 炭酸ガス流量調整器の圧力は，通常（ニ.　　　）kg/cm^2 に調整する。

(4) 炭酸ガスアーク溶接トーチの先端でのワイヤの極端な（ホ.　　　）を抑えるため，ワイヤ送給装置に取りつけられた（ヘ.　　　）のつまみを調整して，ワイヤの適度な矯正を行う。

(5) 溶接準備の段階として，電源設備の（ト.　　　）電圧が溶接機の所定の範囲に入っているか，また（チ.　　　）入力機の場合は，各相間の電圧がバランスしているかを確認しておく。

語群：
(1) 0.5 ～ 1，(2) 2 ～ 3，(3) 10 ～ 15，(4) 入力，(5) 緩んでいる，(6) 締め込んである，(7) 油類，(8) 曲がり，(9) ワイヤ矯正装置，(10) キャップ，(11) 三相，(12) 単相

問題 1.5 次の文章は，溶接機の種類とその特徴について述べたものである。下の語群から（　　）内に適するものを選び，その番号を記入せよ。

ソリッドワイヤを用いる炭酸ガスアーク溶接電源は直流電源のため，主回路には（イ.　　　）が用いられている。

電源の種類としては，インバータ制御式，サイリスタ制御式，（ロ.　　　）式，スライドトランス式が代表的である。

インバータ制御式，サイリスタ制御式の溶接機では，アーク発生中でも（ハ.　　　）の変更が容易である。また，（ニ.　　　）を用いて溶接条件の設定および変更が遠隔操作できる。

> **語群：**
> (1) 三相, (2) タップ切換え, (3) 入力, (4) 整流素子, (5) 溶接条件,
> (6) 冷却水, (7) リモコンボックス

問題 1.6　次の図は，炭酸ガスアーク溶接機のトーチスイッチを操作する場合の，溶接機の作動ブロックダイヤグラムである。図中の □ 内に適する言葉を下記の語群の中から選び，その番号を記入せよ。

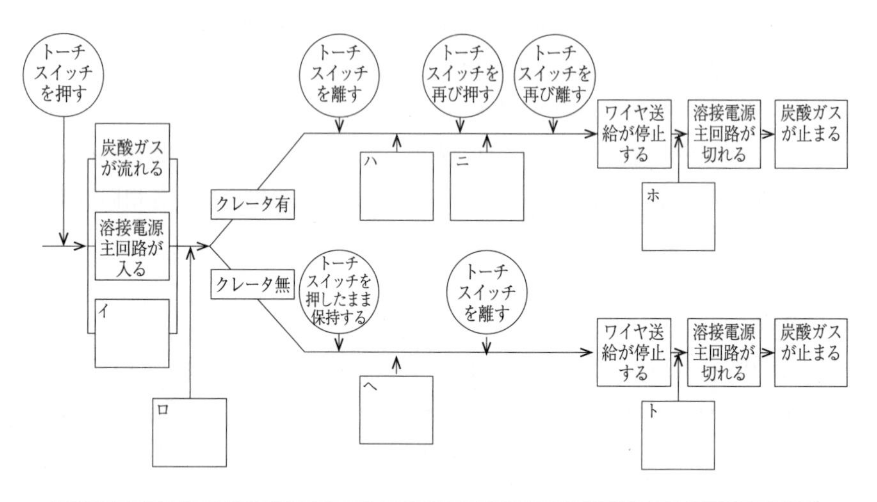

> **語群：**
> (1) アークが持続する，(2) アーク持続のままクレータ条件に移る，
> (3) アークが消滅する，(4) アークが発生する，(5) ワイヤが送給される

問題 1.7　次の文章は，炭酸ガスアーク溶接の溶接作業終了時のガス回路の処置に対する注意事項について述べたものである。下記の語群から（　　）内に適するものを選び，その番号を記入せよ。

溶接終了後は，まずガスボンベの（イ.　　　）を閉めて，溶接電源前面パネルのガスチェック（点検）ボタンを押し（ロ.　　　）の状態にして，炭酸ガス流量調整器とトーチ間のガスを（ハ.　　　）する。

その後，圧力調整ハンドルのある流量調整器では，このハンドルを（ニ.　　）に回して緩めておく。

これらの作業を行っておかないと，溶接終了後も炭酸ガス流量調整器の圧力計の針が（ホ.　　）ままであり，ボンベの元栓を閉めたことを確認できない。

語群： (1) 左，(2) 右，(3) 放出，(4) 元栓，(5) 停止，(6) 上った，(7) 下った，(8) 点検，(9) 溶接，(10) 盾環

問題 1.8　次の文章は，炭酸ガスアーク溶接電源および溶接トーチの使用率について，使用上注意すべきことがらを述べたものである。内容に誤りのあるものを（　　）内に×印をつけて示せ。

（　　）(1) 定格使用率が60%の炭酸ガスアーク溶接電源では，10分間を基準にし，そのうちの6分間は定格電流値で使用可能であり，残りの4分間は休止する必要がある。

（　　）(2) 炭酸ガスアーク溶接電源では，通常，主回路に熱容量の小さい整流素子を使用しているので，使用率を極端に低くしても定格電流をこえる電流では使用してはならない。

（　　）(3) 溶接電源に定められた定格電流未満で使用する場合，一般には溶接電流に応じて定格使用率よりも高い使用率で使用することができる。

（　　）(4) マグ溶接では，母材やアークからの輻射熱が少ないので，トーチの使用率は，同一電流の炭酸ガスアーク溶接の場合よりも高くできる。

（　　）(5) 水冷式トーチでは，定格電流の半分以下の電流で使用する場合には，冷却水は流さなくてもよい。

問題 1.9　次の図は炭酸ガスアーク溶接トーチの先端部の構造を示したものである。図中の□内に適切な名称を下記の語群の中から選び，その番号を記入せよ。

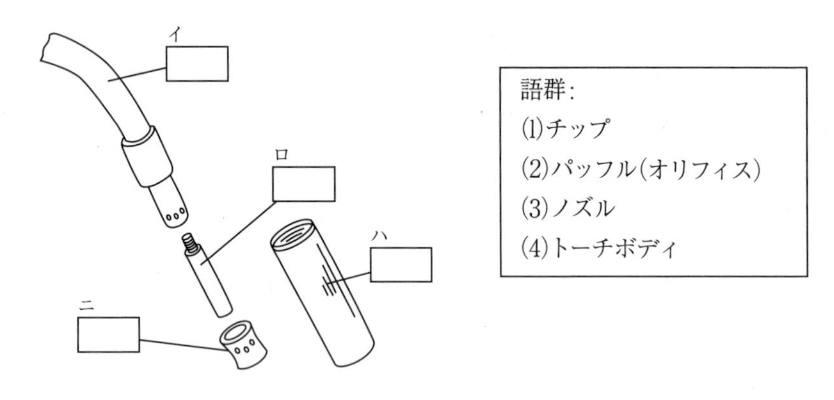

問題 1.10　次の計算式は，溶接電源を連続（使用率 100%）で使用する場合の，使用可能な電流を計算するための計算式である。

$$連続使用電流 = \sqrt{\frac{定格使用率（\%）}{100}} \times 定格電流$$

今，定格電流が 400A，定格使用率が 50% の溶接電源を連続（使用率 100%）で使用する場合には，電流直を何 A 以下で使用すればよいかを計算し，下の語群のうちの正しい値を選んで，その記号を（　　）内に記入せよ。

（注）$\sqrt{0.5}=0.7$ として計算すること。

（　　）（イ）35A，（ロ）45A，（ハ）280A，（ニ）200A，（ホ）250A

問題 1.11　次の図は三相式炭酸ガスアーク溶接機の接続系統図である。短絡移行溶接を行う場合，図中で，接続方法や使用方法が明らかに誤っているものが 5 個所ある。下に示す（1）～（5）の空欄に，その内容を簡単に記述せよ。

(1)・・・・・(　　　　　　　　　　　　　　　　)
(2)・・・・・(　　　　　　　　　　　　　　　　)
(3)・・・・・(　　　　　　　　　　　　　　　　)
(4)・・・・・(　　　　　　　　　　　　　　　　)
(5)・・・・・(　　　　　　　　　　　　　　　　)

2. 溶接の基本操作と実技の練習

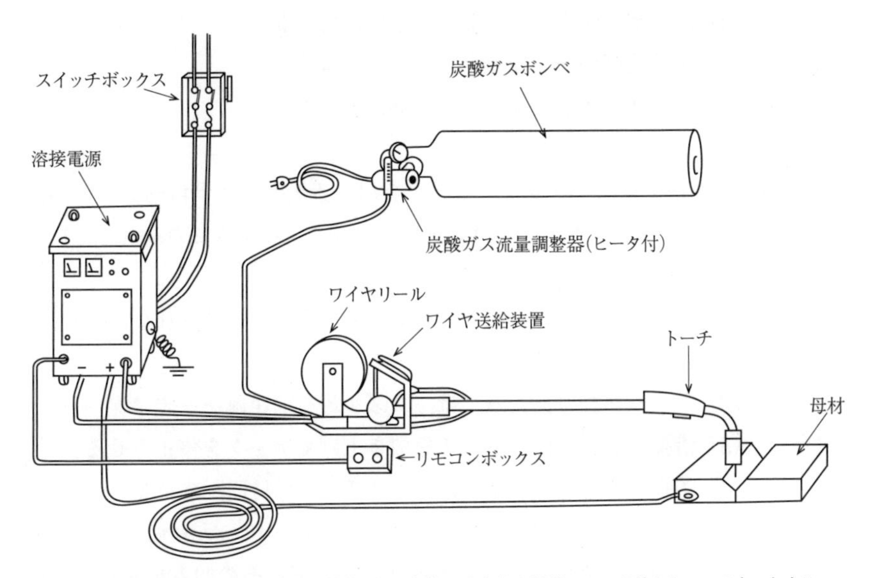

(注)図ではスイッチボックスの内部が見えるが，実際には安全上保護カバーが施されているものとする。

問題 2.1 次の文章は，炭酸ガスアーク溶接におけるアークの状態について記したものである。(　　) 内の語句のうち，適切な方の番号を○印でかこめ。

(1) アーク電圧を高くすると．アークの長さが（イ．1. 長く, 2. 短く）なるが，高くしすぎると（ロ．1. ワイヤが母材に突込む。，2. 大粒のスパッタが発生しやすくなる。）

(2) 短絡移行域での適正なアークの状態を見分ける方法としては，(ハ．1. アークの音　2. アークの色）によるのが，比較的簡単である。

(3) 大電流域では，アーク電圧を（ニ．1. 低く，2. 高く）していくと，アークが母材表面より埋もれた状態になるが，アークは切れずに続く。

問題 2.2 次の文章は，炭酸ガスアーク溶接において，他の溶接条件を固定して下記の条件を変えたときのビード形状の変化について記したものである。正しい文章にのみ（　　）内に○印をつけよ。

(　　) (1) アーク電圧が高くなると，ビード幅は広くなる。
(　　) (2) アーク電圧が高くなると，余盛は高くなる。
(　　) (3) 溶接電流が小さくなると，ビード幅は狭くなる。
(　　) (4) 溶接電流が小さくなると，余盛は低くなる。
(　　) (5) 溶接速度が速くなると，ビード幅は狭くなる。
(　　) (6) 溶接速度が速くなると，余盛は高くなる。

問題 2.3　次の各文章は，ソリッドワイヤを用いる炭酸ガス半自動アーク溶接のトーチ操作について述べたものである。誤っている文章にのみ（　　）内に×印をつけよ。

(　　) (1) アークスタート時には，溶接トーチが持ち上げられないように，しっかりと保持する。
(　　) (2) トーチ移動にあたっては，ノズル母材間距離を一定に保つ。
(　　) (3) 溶接終了時には，トーチを引き上げてアークを停止させる。
(　　) (4) 溶接電流を大きくするほど，ノズル－母材間距離を短めにする。
(　　) (5) クレータ処理については，トーチスイッチの入り切りによってアークの発生と停止を何回か繰り返して，その凹みを埋める方法がある。

問題 2.4　次の各文章は，トーチ操作の前進法，後退法の特徴を記したものである。前進法の特徴を示す文章にのみ（　　）内に○印をつけよ。

(　　) (1) 溶接線が見えやすく，ねらいが正確につけられる。
(　　) (2) 溶融金属が前方へ流れやすく，溶込みが浅くなる。
(　　) (3) 余盛が高く，幅の狭いビードとなる。
(　　) (4) 100A 程度以下の小電流でのアークが安定しやすくなる。
(　　) (5) 余盛が低く，平たいビードとなる。
(　　) (6) 溶融金属が前方へ流れにくく，溶込みが深くなる。
(　　) (7) 作業になれると，アークの発生中にでき上ったビードの幅，余盛高きが見やすい。
(　　) (8) 安定した裏波ビードを得やすい。

問題 2.5　次の各章のうち，ウィービング操作の目的について適切なものを選び，その文章の（　　）内に〇印をつけよ。

（　　）(1) 余盛の形状を整える。
（　　）(2) 幅の狭いビードを置く。
（　　）(3) 薄板の突合せ溶接などで，溶落ちを防止する。
（　　）(4) 立向上進溶接での溶融金属の垂れ落ちを防止する。
（　　）(5) アークスタートをよくする。

問題 2.6　炭酸ガス半自動アーク溶接について述べた，次の各文章中の（　　）内にあてはまる語句を下記の語群の中から選び，その番号を記入せよ。

(1) 安定した溶接作業姿勢は，身体に負担をかけないだけでなく，トーチの（イ.　　）を広くとるためにも大切である。
(2) アークスタート時には，トーチが持ち上げられる感じになるので，（ロ.　　）が大きくならないように注意する。
(3) トーチ移動を円滑に行い，溶接長の全長にわたって，ノズル母材間距離や（ハ.　　）の変動を少なくするには，前進法では右ききの人は溶接を身体の（ニ.　　）から始めるのがよい。

> 語群：
> (1) 右側，(2) 中央，(3) 左側，(4) ワイヤ径，(5) 移動範囲，(6) トーチ角度，(7) ノズル－母材間距離，(8) 裏当て材

問題 2.7　次の各文章中の（　　）内にあてはまる語句を下記の語群から選び，その番号を記入せよ。

(1) 実際の溶接作業では 1 本の短いビードで溶接が終了するものだけではない。そのため，長い溶接長の場合ビード端部の処理や（イ.　　）の処理が必要になる。
(2) ビードの始端部は，溶込み（ロ.　　）になりやすく，対策が必要である。その対策法の 1 つに，始端部が溶接線外になるようにする方法があり，（ハ.　　）を用いる方法がある。
(3) 溶接電流が大きくなるほど，クレータが（ニ.　　）なる。この凹みを

埋める場合，クレータ制御装置のついている溶接機では，一般にクレータ部での溶接電流を本溶接部における電流の約（ホ.　　）％程度にして処理する。

語群：
(1) 20～30, (2) 60～70, (3) ビード継ぎ, (4) 裏当て材, (5) 短く，(6) 大きく，(7) 不足，(8) タブ板，(9) 過大

問題 2.8　次の文章は，立向溶接における上進法と下進法の特徴を記したものである。上進法の特徴的なものを3つ選び，（　　）内に○印をつけて示せ。

（　　）(1) ビードの余盛が低く，表面は滑らかである。
（　　）(2) 1パスで大きな脚長のビードを置くことができる。
（　　）(3) 溶接電流を高く設定できる。
（　　）(4) 溶込み不足を生じやすい。
（　　）(5) 溶接速度を速くせざるを得ない。
（　　）(6) 厚板の溶接に適している。
（　　）(7) アンダカットが発生しやすい。
（　　）(8) 薄板の溶接に適している。

問題 2.9　次の文章は，横向溶接について述べたものである。（　　）内に下の語群から適当なものを選び，その番号を記入せよ。　　横向溶接では，重力によって(イ.　　)が垂れ下がりやすく，ビードの上端には(ロ.　　)，下端には，（ハ.　　）を生じやすい。したがって，1パスで置くことのできる（ニ.　　）も制限をうけることになる。　開先断面が大きく，幅の広いビードを必要とする場合は，一般に（ホ.　　）が行われる。

語群：
(1) 溶着金属量，(2) アンダカット，(3) 多層溶接，(4) 溶込み，(5) スラグ，(6) 1層溶接，(7) 溶融金属，(8) オーバラップ

問題 2.10　下のa，b，c図は，立向すみ肉溶接でストレートビードを置いた

場合の状態を示したものである。a, b, c の状態に対応する，それぞれのビード断面図を（イ），（ロ），（ハ）から選び，その記号を（　　）内に記入せよ。

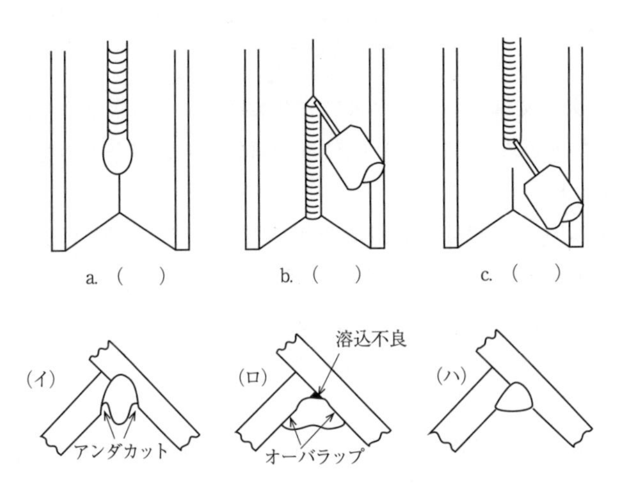

問題 2.11　次の文章は，炭酸ガスアーク溶接法による下向溶接について述べたものである。誤りのある文章にのみ（　　）内に×印をつけよ。

（　　）(1) 薄板の裏波溶接は，短絡移行法で行う方がやりやすい。

（　　）(2) 後退法では溶込みが浅く，ビード幅は広くなる。

（　　）(3) ウィービング幅は，ノズル口径の 1.5 倍を限度として操作する。

（　　）(4) 開先内での大溶着量の溶接では，溶融金属の先行に注意する。

（　　）(5) 溶接速度が遅すぎると，アンダカットが発生しやすい。

（　　）(6) ノズル－母材間距離は 25mm 以内に保持する。

問題 2.12　次の文章はウィービング操作について述べたものである。（　　）内に下の語群から適当なものを選び，その番号を記入せよ。

(1) 薄板で突合せ精度が悪い溶接物や，裏波溶接のようにルート間隔をとって溶接する場合に行う（イ.　　　）ウィービング操作は，（ロ.　　　）を避けるために有効である。

(2) 厚板などで幅の広いビードを必要とする場合には，振幅の（ハ.　　　）ウィービング操作を行う。

(3) ウィービングの振幅と（ニ.　　　）は均一に行い，ビード中央部では速く，両端では少し止めて，（ホ.　　　）や融合不良の発生を防止する。

> **語群：**
> (1) オーバラップ, (2) 振幅, (3) 裏波溶接, (4) アンダカット, (5) 大きい, (6) ピッチ, (7) 溶落ち, (8) 小刻みな

問題 2.13　次の文章は，炭酸ガスアーク溶接法による水平すみ肉溶接について述べたものである。(　　) 内に下の語群から適当なものを選び，その番号を記入せよ。

(1) 水平すみ肉溶接では，大電流を用いても 1 パスで置ける最大の脚長は (イ.　　　) mm である。2 パス仕上げのビードは，脚長が (ロ.　　　) mm を必要とする溶接に用いられ，必要脚長が (ハ.　　　) mm になると，3 パス仕上げとするのが一般的である。

(2) 大電流による水平すみ肉溶接では，極端に溶接速度を下げたり，上下の幅の広い (ニ.　　　) 操作を行うと，溶融金属は垂れ下がりやすく，垂直板には (ホ.　　　)，水平板側には (ヘ.　　　) を生じやすい。

> **語群：**
> (1) ストレート, (2) 12～14, (3) アンダカット, (4) 8～12, (5) オーバラップ, (6) ウィービング, (7) 7～8

問題 2.14　次の文章は，炭酸ガスアーク溶接法による裏当て金なしの裏波溶接について述べたものである。誤りのある文章にのみ (　　) 内に×印をつけよ。

(　　) (1) 後退法は溶込みが大きく，裏波溶接には最適である。

(　　) (2) 溶融池が細長くなり沈みはじめた時は，溶落ちの寸前である。

(　　) (3) 前後に行う長楕円のウィービング操作は，溶込みが浅く，溶落ち対策には有効である。

(　　) (4) 裏ビードが出にくい場合は，ウィービング幅を広げる。

(　　) (5) 短絡移行法によりストレートか小刻みなウィービング操作で前進する。

(　　) (6) 溶落ちの兆候が現われた時には，ウィービングの幅を広げて，アーク熱の集中をさける。

3. 溶接施工

問題 3.1 炭酸ガス半自動アーク溶接に用いられるワイヤについての下記の文章のうち，誤りのあるものを，（　　）内に×印をつけて示せ。

（　　）(1) ソリッドワイヤの表面は，一般に防錆と給電をよくするために銅メッキが施されている。

（　　）(2) JIS で規定されているソリッドワイヤのうち「YGW-11」は薄板の溶接や全姿勢溶接に適している。

（　　）(3) 同じ溶接電流で比較すると，フラックス入りワイヤの方がソリッドワイヤに比べてアークによる吹きつけ力が強く，溶込みの深いビードが得られる。

（　　）(4) フラックス入りワイヤによる溶接ビードの表面にはスラグが多く残るが，スラグはく離後の表面は滑らかで美しい。

（　　）(5) 同じ溶接電流，溶接速度では，太径のワイヤを用いた方が溶込みが深くなる傾向がある。

問題 3.2 ガスシールドアーク溶接用のシールドガスについて，次の文章中の（　　）内に，下記の語群から適当なものを選んで，その番号を記入せよ。

(1) 炭酸ガスボンベは，外気温が高くなるとボンベ圧力が（イ.　　　）するので，保管場所に留意すべきである。

(2) 炭酸ガスボンベ用の流量調整器には，(ロ.　　　)防止のために(ハ.　　　)付のものがある。

(3) マグ溶接に用いるシールドガスは，炭酸ガスと（ニ.　　　）との混合ガスであり，炭酸ガスの混合比率としては（ホ.　　　）% 前後がよく使用されている。

語群：
(1) 加温ヒータ，(2) 冷却ファン，(3) 凍結，(4) 爆発，(5) 降下，(6) 上昇，(7) 2，(8) 20，(9) 80，(10) アルゴン，(11) 窒素，(12) アセチレン

問題 3.3　個別調整方式の溶接機を用いて，短絡移行法で炭酸ガスアーク溶接を行う場合，溶接中，アーク電圧調整ダイヤルのみを回して，適正条件からアーク電圧を高くすると，次の項目は，それぞれ（イ），（ロ），（ハ）のうちどのような状態になるか。

例にならって解答欄に記号で記入せよ。

項　目	(イ)	(ロ)	(ハ)	解答欄
(例) アーク電圧は	高くなる	変わらない	低くなる	（イ）
(1) アーク長は	長くなる	変わらない	短くなる	
(2) 短絡回数は	増加する	変わらない	減少する	
(3) スパッタ発生量は	増加する	変わらない	減少する	
(4) ワイヤ送給量は	増大する	変わらない	減少する	
(5) ビードの溶込みは	深くなる	変わらない	浅くなる	
(6) ビード幅は	広くなる	変わらない	狭くなる	
(7) ビード高さは	高くなる	変わらない	低くなる	

問題 3.4　個別調整方式の溶接機を用いて，炭酸ガスアーク溶接でストレートビードを置く場合，溶接中，溶接電流調整ダイヤルのみを回して，溶接電流を増加させると，次の項目はそれぞれ（イ），（ロ），（ハ）のうちどのような状態になるか。例にならって解答欄に記号で記入せよ。

項　目	(イ)	(ロ)	(ハ)	解答欄
(例) 溶接電流は	高くなる	変わらない	低くなる	（イ）
(1) ワイヤ送給速度は	増加する	変わらない	減少する	
(2) アーク長は	長くなる	変わらない	短くなる	
(3) ビードの溶込みは	深くなる	変わらない	浅くなる	
(4) ビードの余盛量は	多くなる	変わらない	少なくなる	

問題 3.5　次の文章は，炭酸ガスアーク溶接と比べた場合のマグ溶接の特徴について述べたものである。正しいものの（　　）内に○印をつけて示せ。

（　　）(1) ビード表面にスラグの付着が少なく，外観が滑らかになる。

（　　）(2) スパッタの発生量が多くなる。

（　　）(3) 短絡移行域における適正なアーク電圧は低くなる。

（　　）(4) 短絡移行溶接ではビードの溶込みが深くなる。

（　　）(5) 大電流域ではスプレー移行になる。

問題 3.6　次の文章は，炭酸ガスアーク溶接機の二次側に接続する溶接ケーブルについて述べたものである。（　　）内の語句のうち，適切な方の番号を○印で囲め。

(1) 溶接ケーブルは，太いものほど電圧の降下は（イ．1. 多い，2. 少ない）

(2) 短絡移行溶接では，長い溶接ケーブルを用いるときは，（ロ．1. 余りはコイル状ぐるぐる巻いておく方がよい。，2. 平行に往復しておく方がよい。）

(3) 溶接ケーブルが長い場合，溶接電源の電圧調整は（ハ．1. 高めに，2. 低めに）設定しなければならない。

問題 3.7　下の表は炭酸ガス半自動アーク溶接における短絡移行溶接での，標準的な溶接条件例を示したものである。各欄の数字のうち，最も適切なものの記号を，例にならって解答欄に記入せよ。

溶接条件表

項　目	溶接条件	解答欄
(例) 溶接電流 (A)	(イ) 15　(ロ) 150　(ハ) 400	(ロ)
(1) ワイヤ径 (mm ϕ)	(イ) 1.2　(ロ) 2.4　(ハ) 4.8	
(2) ワイヤ突出し長さ (mm)	(イ) 5　(ロ) 15　(ハ) 50	
(3) アーク電圧 (V)	(イ) 20　(ロ) 30　(ハ) 4.8	
(4) シールドガス流量 (ℓ/min)	(イ) 1.5　(ロ) 15　(ハ) 150	
(5) 溶接速度 (cm/min)	(イ) 3　(ロ) 30　(ハ) 300	

問題 3.8　炭酸ガスアーク溶接における磁気吹きについて述べた下記の文章のうち，正しいものの（　　）内に○印をつけよ。

（　　）(1) 磁気吹きとは，溶接電源の冷却ファン（扇風機）の風によってアークが吹かれる現象である。

（　　）(2) 激しい磁気吹きが生じると，大粒のスパッタが飛びだしたり，アーク切れが起こることがある。

（　　）(3) 溶接ケーブルを溶接継手線に沿ってできるだけ近くに並行して置いた方が，磁気吹きは防止できる。

（　　）(4) 細長い母材では，磁気吹き防止のために，溶接ケーブルのアース点に近づける方向に溶接を行った方がよい。

（　　）(5) 母材の端では，磁気吹きが生じやすいので，できるだけタブ板を使用した方がよい。

問題 3.9　炭酸ガスアーク溶接中に，ノズル母材間距離を適正値より長くすると，次の項目はそれぞれ（イ），（ロ），（ハ）のうちのどのような状態になるか。例にならって解答欄に記号で記入せよ。

項　目	(イ)	(ロ)	(ハ)	解答欄
(例) ワイヤ突出し長さは	長くなる	変わらない	短くなる	(イ)
(1) 溶接電流は	増加する	変わらない	減少する	
(2) ワイヤ送給速度は	増加する	変わらない	減少する	
(3) 溶込みは	深くなる	変わらない	浅くなる	
(4) スパッタの発生量は	増加する	変わらない	減少する	
(5) ブローホール（気孔）は	多くなる	変わらない	少なくなる	

問題 3.10　下図の (a) ～ (c) は炭酸ガスアーク溶接法によって，板厚 9mm の水平すみ肉溶接を行う場合のワイヤのねらい位置を示したものである。おのおのの場合に対応するビード断面形状を（イ）～（ハ）の中から選び，

（　　）内にその記号を記入せよ。

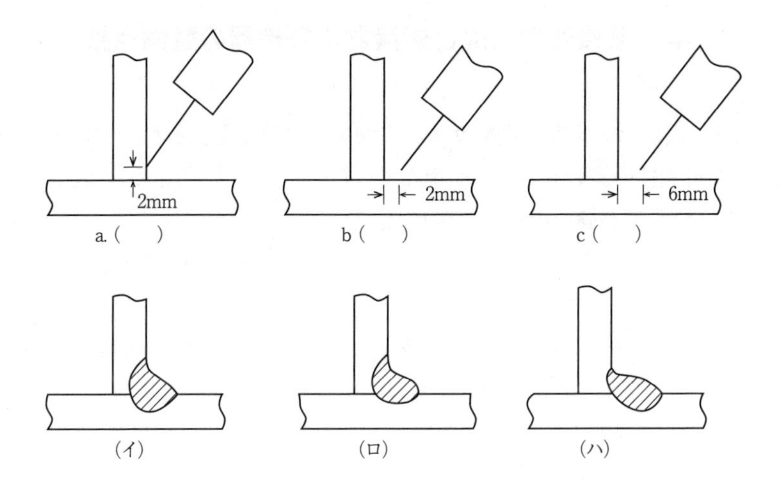

ビード断面形状

4.　溶接部の欠陥と対策および機器の整備点検

問題 4.1　次に示す状態で炭酸ガス半自動アーク溶接を行った。ブローホール発生の可能性の高いものを5つ選んで，（　　）内に○印をつけよ。

（　　）(1) 風の強い屋外で溶接した。

（　　）(2) アーク電圧をアークが不安定にならない程度に低くして溶接した。

（　　）(3) 鋼材の表面にペンキが多量に塗ってあったが，そのまま溶接した。

（　　）(4) ワイヤの表面がさびていたが，そのまま溶接した。

（　　）(5) 母材側（アース側）溶接ケーブルを太い径のものにして溶接した。

（　　）(6) ノズル－母材間距離を 50mm にして溶接した。

（　　）(7) ガス流量を 5ℓ / 分に設定して溶接した。

（　　）(8) すみ肉溶接において，ワイヤ先端のねらい位置を，コーナーから水平板側（フランジ側）に 4mm ずらして溶接した。

問題 4.2　次の溶接欠陥のうち，目視によって有無を判断できるものを選び，（　　）内に○印をつけよ。

（　　）(1) オーバラップ，（　　）(2) アンダカット，（　　）(3) 両面溶接の溶込み不足，（　　）(4) ピット，（　　）(5) ビード下割れ，（　　）(6) 脚長不足，（　　）(7) クレータ割れ，（　　）(8) スラグ巻込み，（　　）(9) ルート割れ

問題 4.3　次の文章のうち，溶接部の割れ防止に有効なものを選び，（　　）内に○印をつけよ。

（　　）(1) 高炭素鋼では，予熱して溶接する。

（　　）(2) 炭酸ガス流量を多くして溶接する。

（　　）(3) 大電流，低電圧で溶接する。

（　　）(4) 開先面の汚れを十分に清掃して溶接する。

（　　）(5) クレータ処理を行う。

問題 4.4　下記の (1) ～ (4) は溶接機器の作動異常について述べたものである。その原因を下記の項目から１つ選び，その記号を（　　）内に記入せよ。

原因

(1) ワイヤが円滑に送給できない。　（　　）
(2) 電流，電圧の調整ができない。　（　　）
(3) ガスが流れない。　（　　）
(4) 冷却水が循環しない。　（　　）

原因：
イ．コンジットケーブルの曲がりを強くして使用している。
ロ．ガス電磁弁にゴミが詰まっている。
ハ．溶接機のケースの締め付けねじが緩んでいる。
ニ．呼び水をしていない。
ホ．母材側溶接ケーブル（アース側）がはずれている。
ヘ．リモコンボックスの接続が緩んで，接触不良となっている。

問題 4.5　炭酸ガスアーク溶接中にワイヤ送りが不安定になった場合に，点検する必要のある項目を下記のものから３つ選んで，(　　)内に○印をつけよ。

(　　) (1) バッフルは取り付けられているか。
(　　) (2) スプリングチューブは詰まっていないか。
(　　) (3) 加圧ロールの締め付けは適正か。
(　　) (4) ノズルにスパッタが付着していないか。
(　　) (5) 母材側溶接ケーブルの接続が緩んでいないか。
(　　) (6) コンジットケーブルの曲がりが強すぎないか。

問題 4.6　次の文章は，炭酸ガスアーク溶接トーチの取扱いについて述べたものである。誤りのある文章の（　　）内に×印をつけよ。

(　　) (1) スパッタがノズルに付着したので，トーチをたたいて除去した。
(　　) (2) バッフルは，溶接電流が 200A 以下の低電流の場合には使用しなくてよい。

(　　) (3) チップの締め付けが緩んでいると，アークは不安定となる。

(　　) (4) チップの締め付けはニッパーではなく，スパナで確実に締め付ける。

(　　) (5) スプリングチューブを新しいものと交換する時には，トーチケーブルを波形に強く曲げて寸法合わせを行う。

問題 4.7　次の図は溶接欠陥を示したものである。下記の欠陥を示す名称の(　　)内に，対応する図中の欠陥の番号を記入せよ。

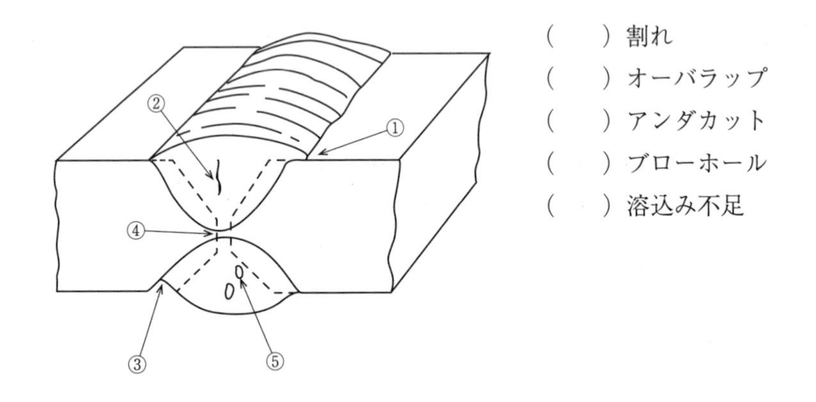

(　　) 割れ
(　　) オーバラップ
(　　) アンダカット
(　　) ブローホール
(　　) 溶込み不足

問題 4.8　次の文章は，炭酸ガスアーク溶接においてトーチノズルに付着するスパッタに関して述べたものである。正しい文章の(　　)内に○印をつけよ。

(　　) (1) トーチノズルにスパッタが多量に付着しても，ガス流量を多くすれば，溶接を続けてもよい。

(　　) (2) トーチノズルに付着したスパッタを除去するには，ノズルを母材にたたきつけて取る方法がよい。

(　　) (3) トーチノズルにスパッタ付着防止剤を塗っておくと，スパッタが取れやすい。

(　　) (4) 大電流域での溶接の場合，ノズル母材間距離を 10mm 以下にすると，スパッタが付着しやすくなる。

5. 安全衛生

問題 5.1　次の文章は，アークの遮光について述べたものである。文章中の｛　｝内の正しいものの番号を○印で囲め。

炭酸ガスアーク溶接のアーク光は，一般に被覆アーク溶接と比べて，（イ. 1. 強い，2. 同じである，3. 弱い）ため，（ロ. 1. 被覆アーク溶接の場合よりも濃い，2. 被覆アーク溶接の場合と同じ，3. 被覆アーク溶接の場合よりも薄い）遮光ガラスを使用するのが原則である。したがって，JIS T 8141 における，遮光度番号の（ハ. 1. 小さい，2. 同じ，3. 大きい）ものを使用する。

問題 5.2　下記の文章は，感電防止対策について述べたものである。正しい文章の（　　）内に○印をつけよ。

（　　）(1) 溶接電源のケースアースは，14mm^2 以上の指定の導線で接地する。

（　　）(2) 炭酸ガスアーク溶接電源は無負荷電圧が低いので，電源端子とケーブルとのボルト締付け部は緩くしても差し支えない。

（　　）(3) 溶接作業場はスパッタの飛火による火災防止のため，水をまいておく。

（　　）(4) 作業を一時中断したり，作業場を離れるときは，電源スイッチを切る。

（　　）(5) 火傷防止のため，湿った革手袋や靴で溶接作業を行う。

（　　）(6) 溶接電源のケースは必ず直接接地し，ボンベやタンクなどに接地してはならない。

問題 5.3　次の文章は，炭酸ガスアーク溶接のガス・ヒュームについて述べたものである。文章の（　　）内に適切な語句を下記の語群から選んで，その番号を記入せよ。

(1) 密室内で炭酸ガスアーク溶接を行う場合，空気中の炭酸ガス量が増し，その量が 15% 以上になると（イ.　　　）不足となるため，（ロ.　　　）する必要がある。また炭酸ガスはアークの高温により一部が有毒な（ハ.　　　）に分解するので，新鮮な空気を供給する必要がある。

(2) 溶接部から発生するヒュームを多量に吸入するのは身体に悪い。特に（ニ.　　　）や（ホ.　　　）を含んだ金属を溶接する時，これらの蒸気を吸入すると発熱するので，換気はもちろんのこと，フィルタ付保護面や（ヘ.　　　）を着用する配慮が必要である。

語群：
(1) 換気，(2) 遮光，(3) 一酸化炭素，(4) 酸素，(5) X 線，(6) 鉄，(7) 亜鉛，(8) アルミニウム，(9) 鉛，(10) ハンドシールド，(11) 安全靴，(12) 防毒マスク

問題 5.4　次の文章は，溶接作業の安全対策について述べたものである。文章の（　　）内に適切な語句を下記の語群から選び，その番号を記入せよ。

(1) 溶接作業時には，周囲に（イ.　　　）などの引火性物質や（ロ.　　　）などの可燃性物質があると，スパッタなどで引火，燃焼することがある。これらの物質を遠ざけることはもちろんのこと，(ハ.　　　）を用いたり，消火器を準備するなどの配慮が必要である。

(2) アークから出る光は，可視光線のほかに紫外線や（ニ.　　　）を含んでいるので，（ホ.　　　）を用いて目を保護する必要がある。アークの光は電流が大きくなると（ヘ.　　　）なるので，電流の大きさによって遮光ガラスを選択する必要がある。

(3) 溶接作業においては，絶縁良好な革手袋や作業着を着用しなければならない。汗で湿った場合，身体の電気抵抗値や接触抵抗値が（ト.　　　）くなり，したがって，同じ電圧で感電しても大きい（チ.　　　）が体内に流れ危険になる。

語群：
(1) ガラス，(2) 布，(3) マイカ，(4) X 線，(5) シンナー，(6) 扇風機，(7) γ 線，(8) 赤外線，(9) 強く，(10) 弱く，(11) 遮光面，(12) 高，(13) 電圧，(14) 電流，(15) 低，(16) 衝立

問題 5.5　左群に示した作業者自身の災害の防止対策として，最も効果的なものを右群から一つ選んで，線で結べ。

左　群	右　群
(1) 感電	(イ) ハンドシールド
(2) 眼障害	(ロ) 安全帯
(3) 皮膚の火傷	(ハ) 腕カバー
(4) 墜落防止	(ニ) 換気装置
(5) 酸素欠乏	(ホ) 溶接電源の接地

演習問題の解答

1．溶接機器の取扱いと操作

1.1　イ－(8), ロ－(7), ハ－(1), ニ－(10), ホ－(6), ヘ－(11), ト－(4), チ－(9), リ－(3), ヌ－(5)

1.2　(2), (4), (5), (6)

1.3　(2), (3)

1.4　イ－(10), ロ－(7), ハ－(5), ニ－(2), ホ－(8), ヘ－(9), ト－(4), チ－(11)

1.5　イ－(4), ロ－(2), ハ－(5), ニ－(7),

1.6　イ－(5), ロ－(4), ハ－(1), ニ－(2), ホ－(3), ヘ－(1), ト－(3)

1.7　イ－(4), ロ－(8), ハ－(3), ニ－(1), ホ－(6),

1.8　(4), (5)

1.9　イ－(4), ロ－(1), ハ－(3), ニ－(2)

1.10　(ハ)

1.11　(1)三相電源なのに, 一次側の配線が単相(2線)になっている。

(2)⊕端子と⊖端子の接続が逆である。

(3)ボンベが横に倒してある(垂直に立てて用いること)。

(4)炭酸ガス流量調整器のヒータ加熱用のコードが100Vに接続されていない。

(5)母材側溶接ケーブルが1個所でぐるぐる巻きになっている(適正な長さにして余りが過大にならないようにするか, ぐるぐる巻きにして束ねず, 平行に往復させて置くこと)。

2. 溶接の基本操作と実技の練習

2.1 イ－1, ロ－2, ハ－1, ニ－2
2.2 (1), (3), (4), (5)
2.3 (3), (4)
2.4 (1), (2), (5), (8)
2.5 (1), (3), (4)
2.6 イ－(5), ロ－(7), ハ－(6), ニ－(1)
2.7 イ－(3), ロ－(7), ハ－(8), ニ－(6), ホ－(2)
2.8 (2), (6), (7)
2.9 イ－(7), ロ－(2), ハ－(8), ニ－(1), ホ－(3)
2.10 a－(ロ), b－(イ), c－(ハ)
2.11 (2), (5)
2.12 イ－(8), ロ－(7), ハ－(5), ニ－(6), ホ－(4)
2.13 イ－(7), ロ－(4), ハ(2), ニ－(6), ホ(3), ヘ－(5)
2.14 (1), (4)

3. 溶接施工

3.1 (2), (3), (5)
3.2 イ－(6), ロ－(3), ハ－(1), ニ－(10), ホ－(8)
3.3 (1)－(イ), (2)－(ハ), (3)－(イ), (4)－(ロ), (5)－(ハ)(6)－(イ), (7)－(ハ)
3.4 (1)－(イ), (2)－(ハ), (3)－(イ), (4)－(イ)
3.5 (1), (3), (5)
3.6 イ－2, ロ－2, ハ－1
3.7 (1)－(イ), (2)－(ロ), (3)－(イ), (4)－(ロ), (5)－(ロ)
3.8 (2), (5)
3.9 (1)－(ハ), (2)－(ロ), (3)－(ハ), (4)－(イ), (5)－(イ)

3.10　a－(ロ), b－(イ), c－(ハ)

4.　溶接部の欠陥と対策および機器の整備点検

4.1　(1), (3), (4), (6), (7)
4.2　(1), (2), (4), (6), (7)
4.3　(1), (4), (5)
4.4　(1)－イ, (2)－ヘ, (3)－ロ, (4)－ニ
4.5　(2), (3), (6)
4.6　(1), (2), (5)
4.7　(②)割れ, (①)オーバーラップ, (③)アンダカット, (⑤)ブローホール, (④)溶込み不足
4.8　(3), (4)

5.　安全衛生

5.1　イ－1, ロ－1, ハ－3
5.2　(1), (4), (6)
5.3　イ－(4), ロ－(1), ハ－(3), ニ－(7)または(9), ホ－(9)または(7), ヘ－(12)
5.4　イ－(5), ロ－(2), ハ－(16), ニ－(8), ホ－(11), ヘ－(9), ト－(15), チ－(14)
5.5　(1)－(ホ), (2)－(イ), (3)－(ハ), (4)－(ロ), (5)－(ニ)

実技マニュアル 新版 炭酸ガス半自動アーク溶接

定価はカバーに表示しています。

2018年4月20日　初版第1刷発行

編　者　一般社団法人 日本溶接協会
発行者　久 木 田　裕
発行所　産報出版 株式会社
〒101-0025 東京都千代田区神田佐久間町 1-11
TEL03-3258-6411／FAX03-3258-6430
ホームページ http://www.sanpo-pub.co.jp/
印刷・製本　株式会社精興社

 ／ ISBN 978-4-88318-053-0